Planung und Steuerung
des Serienanlaufs komplexer Produkte

Europäische Hochschulschriften
Publications Universitaires Européennes
European University Studies

Reihe V
Volks- und Betriebswirtschaft

Série V Series V
Sciences économiques, gestion d'entreprise
Economics and Management

Bd./Vol. 2385

PETER LANG
Frankfurt am Main · Berlin · Bern · New York · Paris · Wien

Sascha von Wangenheim

Planung und Steuerung des Serienanlaufs komplexer Produkte

Dargestellt am Beispiel der Automobilindustrie

PETER LANG
Europäischer Verlag der Wissenschaften

Die Deutsche Bibliothek - CIP-Einheitsaufnahme

Wangenheim, Sascha von:

Planung und Steuerung des Serienanlaufs komplexer Produkte : dargestellt am Beispiel der Automobilindustrie / Sascha von Wangenheim. - Frankfurt am Main ; Berlin ; Bern ; New York ; Paris ; Wien : Lang, 1998
(Europäische Hochschulschriften : Reihe 5, Volks- und Betriebswirtschaft ; Bd. 2385)
Zugl.: Stuttgart, Univ., Diss., 1998
ISBN 3-631-34182-2

Gedruckt auf alterungsbeständigem,
säurefreiem Papier.

D 93
ISSN 0531-7339
ISBN 3-631-34182-2

Printed in Germany 1 2 3 4 5 7

VORWORT

Eine Dissertation stellt die selbständige wissenschaftliche Leistung eines einzelnen dar, sie ist jedoch nicht möglich ohne die Unterstützung durch viele. Ihnen möchte ich an dieser Stelle meinen Dank aussprechen:

In erster Linie möchte ich Herrn Prof. Dr. *Péter Horváth* für die Annahme der „Vaterschaft" für diese Dissertation danken. Aus der langjährigen Zusammenarbeit verdanke ich ihm weit mehr als nur fachliche Qualifikation und die Möglichkeit zur Promotion.

Herrn Prof. Dr. *Hans Dietmar Bürgel* danke ich für die Übernahme des Zweitgutachtens. Seine Anregungen und seine freundliche Unterstützung gaben mir in schwierigen Phasen die Motivation zum Weitermachen.

Mein besonderer Dank gilt Herrn Prof. *Takeyuki Tani,* Ph. D. von der Kobe University, der mir nicht nur die Untersuchung der japanischen Automobilindustrie ermöglicht, sondern auch wertvolle Erfahrungen über die japanische Kultur vermittelt hat. Danken möchte ich auch Herrn Prof. *Hiroshi Miya* von der Gakushuin University, Tokyo, für die anregenden Diskussionen und das Beseitigen der Sprachbarrieren bei den Interviews in der japanischen Automobilindustrie.

Dank sagen möchte ich auch den Mitgliedern des Arbeitskreises „Integrationsmanagement für neue Produkte" der *Schmalenbach-Gesellschaft/ Deutsche Gesellschaft für Betriebswirtschaftslehre e.V.* für ihre Diskussionsbereitschaft und die wertvollen Anregungen, die ich aus unserer gemeinsamen Arbeit erhalten habe.

Meinen Kolleginnen und Kollegen am Lehrstuhl Controlling der Universität Stuttgart gebührt an dieser Stelle mein Dank für die langjährige gute Zusammenarbeit. Besonders bedanken möchte ich mich bei Herrn Dr. *Stefan Niemand* für die engagierte Unterstützung eines Grünschnabels in der Anfangszeit am Lehrstuhl, bei Herrn Dr. *Kai Scholl* und Herrn Dr. *Dietmar Voggenreiter* für die motivierenden Gespräche unter Leidensgenossen sowie bei Herrn Dipl.-Kfm. (t.o.) *Ali Axel Arnaout* für seine Hilfe und manch gemeinsame Aktion wider den Ernst des Lebens.

Meine Familie ermöglichte mir, meine Ziele ohne Einschränkungen zu erreichen und bot mir den notwendigen Rückhalt auf diesem Weg. Meine Frau *Chris* motivierte mich, stetig voranzuschreiten und verzichtete dabei auf viele gemeinsame Stunden. In tiefempfundener Dankbarkeit widme ich ihnen diese Arbeit.

Langenargen, Juli 1998

INHALTSVERZEICHNIS

ABKÜRZUNGSVERZEICHNIS

a.a.O.	am angegebenen Ort
Abw.	Abweichung
AP	Arbeitspaket
BMW	Bayrische Motorenwerke Aktiengesellschaft
bspw.	beispielsweise
DBW	Die Betriebswirtschaft
DFA	Design for Assembly
DFM	Design for Manufacturing
DIN	Deutsche Industrie-Norm
EDM	Engineering Data Management
EW	Entwicklungswert
F&E, F+E, FuE	Forschung und Entwicklung
FB/IE	Fortschrittliche Betriebsführung und Industrial Engineering
FhG	Fraunhofer-Gesellschaft
FK	Kosten bis zur Fertigstellung (Cost-to-complete)
GM	General Motors Corporation
HBM	Harvard Business Manager
HBR	Harvard Business Review
I	Istkosten
IEEE	Insitute of Electrical and Electronics Engineering
J	Japan
o. Jg.	ohne Jahrgang
JoCM	Journal of Cost Management
JPIM	Journal of Product Innovation Management
KA	Kostenabweichung
krp	Kostenrechnungspraxis
LA	Leistungsabweichung
MIT	Massachusetts Insitute of Technology

MS	Meilenstein
n.o.S.	noch ohne Seitenangabe
o. V.	ohne Verfasserangabe
OECD	Organisation for Economic Co-operation and Development
p	Irrtumswahrscheinlichkeit
PK	Gesamtkosten des Projekts
ppm	parts per million
QFD	Quality Function Deployment
R&D	Research and Development
rel.	relativ, relative
RKW e.V.	Rationalisierungs-Kuratorium der Deutschen Wirtschaft
S	Sollkosten
SE	Simultaneous Engineering
S.	Seite
SET	Simultaneous Engineering Team
t	Zeit
T_0, T_1, T_2	Zeitpunkte im Innovationsprozeß
USA	United States of America
VDA	Verband der Deutschen Automobilindustrie
VDI	Verein Deutscher Ingenieure
VDI-Z	Zeitschrift des Verbands Deutscher Ingenieure für Maschinenbau und Metallbearbeitung
w	Wahrscheinlichkeit
WiSt	Wirtschaftswissenschaftliches Studium
ZA	Zeitabweichung
ZfB	Zeitschrift für Betriebswirtschaft
zfbf	Zeitschrift für betriebswirtschaftliche Forschung
zfo	Zeitschrift Führung und Organisation
ZwF	Zeitschrift für wirtschaftliche Fertigung

ABBBILDUNGSVERZEICHNIS

TABELLENVERZEICHNIS

1 Einleitung

1.1 Problemstellung

Die Breite und Tiefe des technologischen Wissens unterliegt einem exponentiellen Wachstum. Der daraus resultierende technologische Fortschritt in den verschiedenen Technologiebereichen steht in einem engen Zusammenhang mit dem Wettbewerb zwischen den Unternehmen, die Produkte aus den jeweiligen Technologiebereichen vermarkten. Diese Interdependenzen wurden bereits *Joseph A. Schumpeter* beschrieben (vgl. *Schumpeter* 1947, S. 149 ff.): Agile Unternehmer versuchen, den technologischen Fortschritt voranzutreiben und die gewonnenen Erkenntnisse schnellstmöglich in neue oder verbesserte Produkte umzusetzen, um sich Wettbewerbsvorteile zu verschaffen und so – zumindest für eine gewisse Zeit – „Monopolgewinne“ zu erzielen. Sofern sich jedoch die Innovation am Markt durchsetzt, übernehmen andere Unternehmen die neue Technologie und die Wettbewerbsvorteile des „Schumpeter-Unternehmers“ gehen schnell verloren. Um sich diese wieder zu verschaffen, muß der Unternehmer nach neuen Innovationsmöglichkeiten suchen.

Eine Vielzahl empirischer Untersuchungen weist nach, daß sich diese Innovationsspirale in den vergangenen zwanzig Jahren in vielen Branchen zusehends beschleunigte und dadurch die Produktlebensdauer am Markt immer weiter verkürzt wurde (vgl. z. B. *Bullinger* 1990, S. 77). Dies hat grundlegende Veränderungen des Wettbewerbs zur Folge: die Fähigkeit, neue Technologien in marktfähige Produkt zu verwandeln und dadurch den Markt bei Bedarf schnell mit Innovationen versorgen zu können, entscheidet über Erfolg oder Mißerfolg eines Unternehmens. Dies gilt sowohl für den Technologieführer, der seine Position im Markt verteidigen muß, als auch für den Folger, der den Anschluß an den technologischen Fortschritt nicht verlieren darf. Die Entwicklungsgeschwindigkeit wird somit zum entscheidenden Wettbewerbsfaktor (vgl. u.a. *Reichwald* 1990; *Rosenthal* 1992; *Stalk, Hout* 1990; *Tiby* 1987).

Seit Mitte der 80er Jahre wurden bei europäischen Unternehmen aufgrund dieser Veränderungen im Wettbewerb zahlreiche organisatorische und methodische Konzepte zur Verkürzung der Entwicklungszeit implementiert. Diese wurden teilweise von den rapid-innovativen japanischen Wettbewerbern übernommen, deren aggressives Innovationsverhalten wesentlich zur Beschleunigung der Innovationsspirale beigetragen hat (vgl. u. a. *Brockhoff, Urban* 1988; *Schmelzer* 1990; *Smith, Reinertsen* 1991). Die Implementierung dieser Konzepte in den westlichen Unternehmen zeigte beachtliche Erfolge. Die Dauer der Entwicklung vom Projektstart bis zum Produktionsbeginn hat sich in den letzten Jahren immer weiter verkürzt, die Entwicklungszeiten wurden den japanischen Vorbildern bereits stark angenähert (vgl. *o.V.* 1994, S. 26 ff.).

Hierbei wird in europäischen Unternehmen jedoch oftmals nicht beachtet, daß die Innovationstätigkeit mit dem Produktionsstart nicht beendet ist. Die Diffusion der Innovation im Unternehmen, gemessen am Zeitraum bis zum Erreichen eines zufriedenstellenden Produktivitätsniveaus nach dem Einführen neuer Produkte und Prozesse, ist nahezu unverändert lang geblieben. Welche eklatanten Unterschiede es hier zwischen einzelnen Unternehmen gibt, zeigte unter anderem eine Benchmarking-Studie, die 1995 in der Automobilindustrie durchgeführt wurde (vgl. Abbildung 1-1).

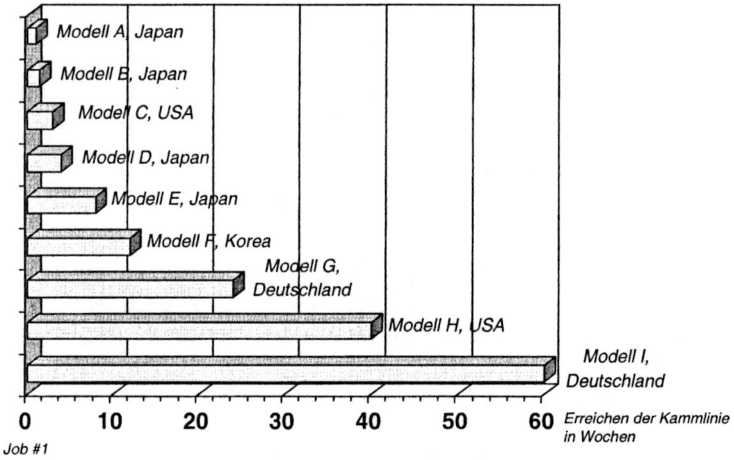

Abbildung 1-1: Benchmarking der Produktionsanläufe in der Automobilindustrie[1]

Lange Produktionshochläufe haben bei einem zunehmenden Innovationswettbewerb und der stetig abnehmenden Dauer von Produktlebenszyklen verheerende wirtschaftliche Konsequenzen für ein Unternehmen (vgl. *Bullinger, Wasserloos* 1990a, S. 23):

- Der Markt kann nicht in ausreichendem Maß mit Neuprodukten versorgt werden und eine eventuelle Position als Technologiepionier geht durch Nachfolger mit kürzeren Produktionshochläufen und höherem Potential zur Marktversorgung schnell verloren.
- Durch die geringeren kumulierten Produktionsmengen im Vergleich zu Wettbewerbern mit kürzeren Produktionshochläufen können Erfahrungs-

[1] Entnommen aus *Hessenberger* 1996, S. 5. Job # 1 ist die geläufige Bezeichnung für das erste kundenfähige Fahrzeug im Rohbau.

kurveneffekte langsamer realisiert werden, die Kostenposition im Wettbewerb verschlechtert sich dadurch zunehmend.

- Die zu Beginn des Produktlebenszyklus entgangenen Deckungsbeiträge aufgrund der geringeren Absatzmengen können im späteren Verlauf bei zunehmender Marktsättigung kaum mehr aufgeholt werden.[2]
- Durch die Verzögerung der Umsatzeinzahlungen entstehen erhebliche Kapitalkosten und es kann – vor allem bei kleineren Unternehmen mit einem schmalen Produktprogramm – aufgrund der zum Einführungszeitpunkt umfangreichen kumulierten Auszahlung für die Entwicklung zu großen Liquiditätsengpässen kommen.

Die Problematik langer Produktionshochläufe liegt auf der Hand: „Companies can simply not afford any more to design a product, transfer it to production and debug it or adapt it during a period of sometimes two years" (*Dierdonck* 1990, S. 205).

Der Übergang von der Entwicklung in die Produktion erweist sich sowohl in zeitlicher als auch in wirtschaftlicher Hinsicht als kritischer Punkt im Produktlebenszyklus: das Produkt befindet sich kurz vor dem Markteintritt und es existieren **keine zeitlichen Slacks** mehr. Gleichzeitig wird bei Bekanntwerden der neuen Produktgeneration am Markt ein Teil der Kunden die Kaufentscheidung für das Vorgängermodell zurückstellen und den Innovationssprung des Nachfolgemodells abwarten (vgl. *Rose* 1988, S. 7). Der Umsatz bricht infolgedessen ein und das Nachfolgemodell muß auch aus wirtschaftlichen Gründen **schnell** auf den Markt gebracht werden (vgl. *Saunders, Jobber* 1994, S. 436 f.; *Geigenberger* 1992, S. 2 f. sowie *Inness* 1995, S. 321).

In der Zukunft ist dem Übergang von der Entwicklung in die Produktion verstärkte Beachtung zu schenken, denn die anhaltende Tendenz zu kürzeren Produktlebenszyklen am Markt und die notwendige Verkürzung der Entwicklungszeiten verschärft die Problematik von zwei Seiten:

- Die Anzahl der **Produktwechsel** und somit auch die Anzahl der Produktionshochläufe in einem bestimmten Zeitraum erhöht sich (vgl. u. a. *Backhaus, Gruner* 1997, S. 179; *Gehler* 1983, S. 301).
- Durch die **verkürzte Entwicklungsphase** verbleibt weniger Zeit, um die technischen Probleme, die mit einem neuen Produkt und neuen Produk-

---

2 Unter der Prämisse, daß die Mehrproduktion auch abgesetzt werden kann, wurden für den Hersteller I in Abbildung 1-1 bei gegebenen Produktionskapazitäten von jeweils 1.000 Fahrzeugen pro Tag, bei vergleichbarem Innovationsgrad und bei vergleichbaren Stückdeckungsbeiträgen **Opportunitätskosten** gegenüber Hersteller C in Höhe von **2,5 Mrd. DM** ermittelt.

tionsverfahren verbunden sind, im Entwicklungsprozeß bis zum Übergang in die Serienproduktion zu lösen (vgl. *Thurmond, Kunak* 1988, S. 232).

Wodurch lassen sich nun die Unterschiede in der Dauer der Produktionshochläufe erklären?

Bereits seit den 30er Jahren wurden Produktivitätszuwächse beim Anfahren einer neuen Produktion empirisch untersucht und als Resultat individueller und kollektiver Lernprozesse identifiziert (vgl. *Wright* 1936, S. 122 ff.).[3] Die in Abbildung 1-1 gezeigten Unterschiede lassen sich jedoch nicht nur mit unterschiedlichen Lernkurven erklären. Vielmehr ist zu vermuten, daß die Ursachen in einer unterschiedlichen Gestaltung des Übergangs von der Entwicklung in die Produktion zu suchen sind. Dabei sind zwei Aspekte zu betrachten:

- Zum einen geht es beim Übergang von der Entwicklung in die Produktion um die **Koordination** zwischen den an der Entwicklung beteiligten Organisationseinheiten und den an der Serienproduktion beteiligten Organisationseinheiten.
- Zum anderen geht es um den **physischen Transfer** des Entwicklungsergebnisses aus den Laborbedingungen der Entwicklung in die Serienproduktionsumgebung.

Eine isolierte Betrachtung des Produktionshochlaufs ist daher unzulänglich. Es ist vielmehr zu klären, welche Kontextfaktoren und welche Maßnahmen in den beiden o. g. Bereichen eine Harmonisierung an der Schnittstelle zwischen Entwicklung und Produktion herbeiführen können und somit die Dauer des Produktionshochlaufs verkürzen.

1.2 Zielsetzung

Von generellem wissenschaftlichem Interesse ist die Suche nach den Ursachen für die unterschiedliche Dauer von Produktionshochläufen. Diesem Interesse soll prinzipiell in den folgenden Ausführungen nachgegangen werden. Die lange Dauer eines Produktionshochlaufs ist jedoch kein Problem sui generis, sondern vielmehr ein Symptom für grundlegende Probleme an der Schnittstelle zwischen Entwicklung und Produktion. Diese Probleme und deren Ursachen sind das eigentliche Untersuchungsobjekt dieser Arbeit.

---

3 Das Hauptaugenmerk bei der Ermittlung von Lernkurven ist die Ableitung von Erfahrungskurven, die Aussagen über das Kostenverhalten im Verlauf von Produktlebenszyklen ermöglichen sollen (vgl. stellvertretend für die zahlreichen Arbeiten *Baur* 1967, S. 107 ff., einen umfassenden Überblick über die verschiedenen Lernkurvenmodelle gibt *Hieber* 1991, S. 33 ff.).

Forschungsleitende Hypothese ist dabei, daß die Differenzen zwischen den Produktionshochläufen und damit die Probleme an der Schnittstelle zwischen Entwicklung und Produktion auf Unterschiede in der Koordination zwischen den organisatorischen Einheiten der Entwicklung und den Einheiten der Produktion sowie auf eine unterschiedliche Gestaltung des physischen Transfers von der Entwicklung in die Produktion zurückzuführen sind.

Aus betriebswirtschaftlicher Sicht stellt sich die Frage, wie die Schnittstellenprobleme durch eine effiziente Gestaltung und eine effektive Steuerung der Schnittstelle zwischen Entwicklung und Produktion gelöst werden können. Die Zielsetzung dieser Arbeit ist somit, die Ursachen für die Schnittstellenprobleme zu erkunden und daraus Rückschlüsse für die Planung und Steuerung des Übergangs von der Entwicklung in die Produktion zu ziehen.

Als primäres Untersuchungsfeld wird die Automobilindustrie ausgewählt, da hier offensichtlich massive Probleme an der Schnittstelle zwischen Entwicklung und Produktion bestehen. Diese Schnittstellenprobleme sind auch aus anderen Branchen bekannt (vgl. z.B. *Glaser, Rubenstein* 1985; *Souder, Padmanabhan* 1989), es ist jedoch zu vermuten, daß sie mit der Komplexität des Entwicklungsobjekts exponentiell ansteigen. Die Schnittstelle zwischen Entwicklung und Produktion ist daher unter den Rahmenbedingungen komplexer Serienprodukte zu betrachten.

1.3 Innovationsgrad

Sowohl von wissenschaftlicher Seite als auch in der Unternehmenspraxis zeigen sich erhebliche Lücken im Kenntnisstand über den Übergang von der Entwicklung in die Produktion. So finden sich kaum empirische Untersuchungen über die Schnittstelle zwischen Entwicklung und Produktion im allgemeinen und den Serienanlauf im besonderen (vgl. Abschnitt 2.5 sowie *Bürgel et al.* 1996, S. 63). Die betriebswirtschaftliche Forschung hat die späten Phasen der Produktentwicklung und den Übergang von der Entwicklung in die Produktion bislang weitestgehend vernachlässigt.

An dieser Lücke setzt die vorliegende Arbeit an und versucht, einen Beitrag zu einem besseren Verständnis des Übergangs von der Entwicklung in die Produktion zu leisten und Ansätze zur Verbesserung der Planung und Steuerung bei der Innovation komplexer Serienprodukte aufzuzeigen.

1.4 Vorgehensweis

Die Vorgehensweise zur Realisierung der genannten Ziele ist in Abbildung 1-2 graphisch dargestellt.

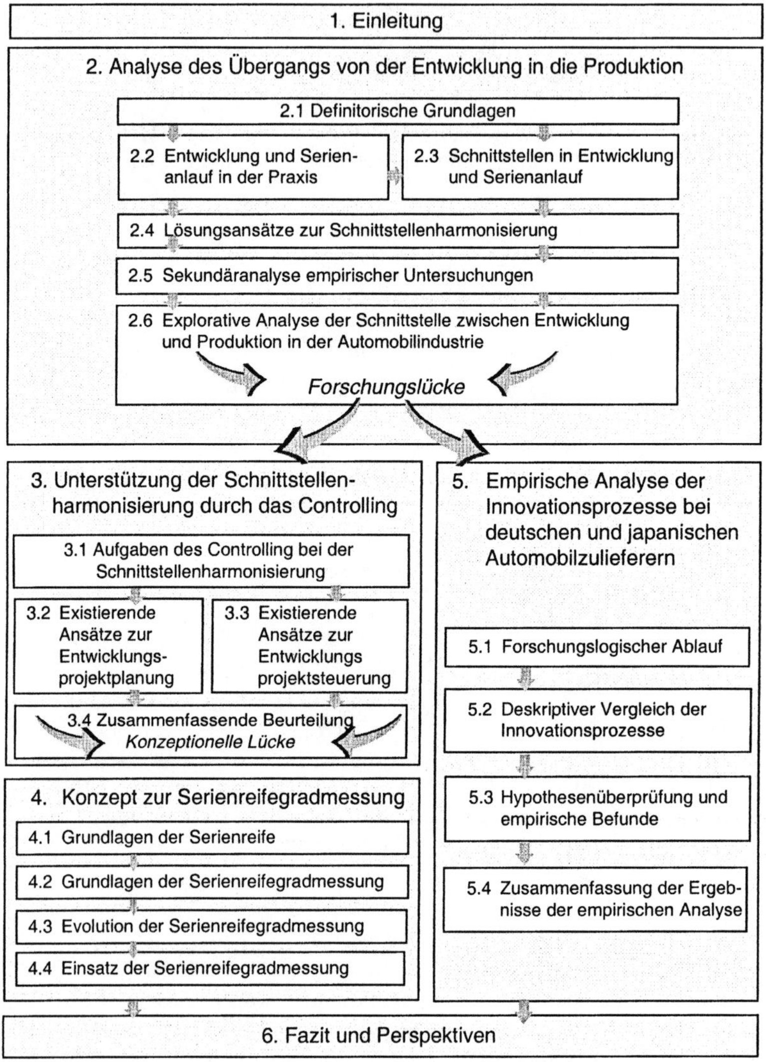

Abbildung 1-2: Aufbau der Arbeit

Im 2. Kapitel wird der Übergang von der Entwicklung in die Produktion sowohl aus Sicht der betriebswirtschaftlichen Forschung als auch aus der Perspektive der Unternehmenspraxis am Beispiel der Automobilindustrie beleuchtet. Besonderes Augenmerk wird dabei auf die Schnittstellen im Innovationsprozeß und die Veränderungen durch die eingangs beschriebene Verkürzung der Entwicklungszeit und die Beschleunigung des technologischen Wandels gelegt. Durch eine Sekundäranalyse existierender Untersuchungen sowie eine explorative Interviewreihe bei Automobilherstellern wird versucht, die Ursachen für die langen Produktionshochläufe und die Schnittstellenprobleme am Übergang von der Entwicklung in die Produktion zu ermitteln und die Forschungslücke bei der Planung und Steuerung der Innovation komplexer Serienprodukte aufzuzeigen.

Das Kapitel 3 widmet sich der Aufgabe des Controlling bei der Schnittstellenharmonisierung im Innovationsprozeß. Hierzu werden zunächst die Anforderungen an das Controlling bei der Innovation komplexer Serienprodukte formuliert. Anschließend werden die bestehenden Controllingansätze auf ihre Einsatzfähigkeit zur Planung und Steuerung der Innovation komplexer Serienprodukte hin analysiert. Dabei zeigt sich eine konzeptionelle Lücke im bestehenden Controlling-Instrumentarium.

Im Kapitel 4 werden Konzepte zur Serienreifegradmessung dargelegt, die den Anforderungen zur Planung und Steuerung von Innovationsprozessen bei komplexen Serienprodukten gerecht werden und dazu geeignet sind, die aufgezeigte Lücke im Controlling-Instrumentarium zu schließen. Zur Veranschaulichung der Ausführungen werden erste Umsetzungen dieser Konzepte zur Serienreifegradmessung in der Automobilindustrie beschrieben.

Die Schnittstelle zwischen Automobilhersteller und Automobilzulieferer erweist sich nach den Ergebnissen der explorativen Analyse als kritischer Punkt am Übergang von der Entwicklung in die Serienproduktion. Aus diesem Grund wurde eine umfangreiche schriftliche Befragung von Automobilzulieferern durchgeführt, die die Probleme im Innovationsprozeß zwischen Automobilhersteller und Automobilzulieferer herausarbeitet, deren Ursachen ermittelt und Ansatzpunkte für eine verbesserte Planung und Steuerung des Innovationsprozesses an der Schnittstelle zwischen Automobilhersteller und Automobilzulieferer aufzeigt. Die Konzeption sowie die Ergebnisse der empirischen Analyse werden in Kapitel 5 dargelegt.

Abschließend werden im Fazit die wesentlichen Ergebnisse zusammengefaßt, die Perspektiven der Anwendung der Serienreifegradmessung und der Erkenntnisse aus der empirischen Untersuchung erörtert und die Übertragbarkeit der Erkenntnisse auf andere Branchen diskutiert.

2 Analyse des Übergangs von der Entwicklung in die Produktion

Im Kapitel 2 soll ein Überblick über die Problemstellungen am Übergang von der Entwicklung in die Produktion gegeben und der Stand der betriebswirtschaftlichen Forschung ermittelt werden. Hierzu ist zunächst ein einheitliches Begriffsverständnis als Grundlage für die weiteren Ausführungen sicherzustellen. In Abschnitt 2.1 werden die semantischen Grundlagen erläutert und die Thematik theoretisch eingeordnet. Zur Veranschaulichung wird in Abschnitt 2.2 der Innovationsprozeß in der Praxis am Beispiel der Automobilindustrie erläutert. Im Anschluß daran erfolgt eine Betrachtung der organisatorischen und produktbezogenen Schnittstellen, an denen beim Übergang von der Entwicklung in die Produktion erhöhte Integrationsbedarfe entstehen. Nach der theoretischen und praktischen Analyse der Schnittstellen im Innovationsprozeß gibt Abschnitt 2.4 einen Überblick über die Lösungsansätze zur Harmonisierung der Schnittstellen. Dabei wird insbesondere auf das Konzept des Simultaneous Engineering eingegangen, das eine Reihe der zuvor dargestellten Lösungsansätze zur Schnittstellenharmonisierung kombiniert. Im Abschnitt 2.5 wird der Stand der empirischen Forschung zu den zuvor dargelegten Schnittstellenaspekten dargelegt. Aufgrund der ermittelten Lücken im Wissenstand über die Phase des Serienanlaufs in der Automobilindustrie erfolgte eine explorative Analyse mittels Intensivinterviews bei deutschen und japanischen Automobilherstellern und -zulieferern, deren Ergebnisse in Abschnitt 2.6 wiedergegeben werden.

2.1 Semantische Grundlagen und Einordnung des Themas

Die Betriebswirtschaftslehre ist in vielen Teildisziplinen, sowohl in der Theorie als auch in der Praxis, durch eine Vielzahl unterschiedlicher Begriffsdefinitionen geprägt. Die Gefahr mißverständlicher Begriffsverwendung zwischen Autor und Leser ist daher relativ hoch. Aus diesem Grund werden im folgenden die Bedeutungen einiger grundlegender Begriffe dieser Arbeit erläutert.

2.1.1 Die Entwicklung und ihre Teilbereiche

Obwohl in der betriebswirtschaftlichen Literatur der Begriff „Forschung und Entwicklung" zumeist unzertrennlich verwendet wird, unterscheidet sich die Forschung funktional stark von der Entwicklung (vgl. u. a. *Brockhoff* 1994, S. 23 ff.; *Bürgel et al.* 1996, S. 9 f.; eine von der *Frascati*-Definition [s. u.] abweichende Begriffsabgrenzung findet sich bei *Specht, Beckmann* 1996, S. 15 f.). Die Forschung umfaßt die Teilbereiche Grundlagenforschung und Angewandte Forschung. Im Rahmen der **Grundlagenforschung** wird generell die Gewinnung neuer, naturwissenschaftlicher und technischer Erkenntnisse angestrebt, ohne die Zielsetzung direkter Anwendbarkeit der Ergebnisse auf praktische Problemstellungen. Bei der **Angewandten Forschung** steht die Lösung einer konkreten Problemstellung im Vordergrund. Die Forschung und ihre Teilbereiche sind kein Untersuchungsobjekt dieser Arbeit, weshalb hierauf im folgenden nicht weiter eingegangen wird.

Bei der Verwendung des Begriffs **Entwicklung** in der betriebswirtschaftlichen Literatur wird häufig der Definition des *Frascati-Handbuchs*[1] gefolgt: „Experimental Development [im Original hervorgehoben] is systematic work, drawing on existing knowledge gained from research and/or practical experience, that is directed to producing new materials, products or devices, to installing new processes, systems and services, or to improving substantially those already produced or installed" (*OECD* 1994, S. 29). Das Hauptkriterium zur Unterscheidung der Entwicklung von anderen Aktivitäten ist nach den Bestimmungen des *Frascati-Handbuchs* die Existenz eines nennenswerten Anteils an Neuheit und die Klärung wissenschaftlicher oder technologischer Unsicherheit (vgl. *OECD* 1994, S. 33). Der Grad der Neuheit bzw. Unsicherheit sind dabei relativ zur aktuellen Position des einzelnen Unternehmens zu sehen.

Diese Definition erschwert die in der Unternehmenspraxis oftmals übliche Einordnung des Bereichs Konstruktion in die Entwicklung.[2] Die Konstruktion verwendet zumeist bekannte und bereits angewandte Prinzipien zur Lösung konzeptioneller Problemstellungen ohne nennenswerten Innovationsgrad oder Erklärungsgehalt technologischer Unbestimmtheit. Einige Autoren unterscheiden daher in eine **experimentelle Entwicklung** im Sinne der *Frascati*-Definition, eine **konstruktive Entwicklung** und eine **Routine-Entwicklung** (vgl. *Scholz* 1977, S. 20 ff.; *Bürgel et al.* 1996, S. 11 ff.). Im Rahmen der konstruktiven Entwicklung werden vorhandene Konstruktionsprinzipien zur Kombination bekannter technischer Lösungen angewandt, die Routine-Entwicklung ist darüber hinaus noch weitestgehend formalisiert, so daß sie bspw. auch von Computerprogrammen umfassend unterstützt werden kann (vgl. *Scholz* 1977, S.

---

1 Das *Frascati-Handbuch* wurde im Auftrag der *OECD* von einem Expertengremium 1963 als Vorschlag für eine einheitliche Vorgehensweise bei Untersuchungen im Bereich Forschung und Entwicklung erarbeitet (vgl. *OECD* 1994, S. 3). Seither bildeten die hier festgelegten Definitionen und Abgrenzungen die Basis für die Bezugsrahmen vieler empirischer Untersuchungen.

2 Viele Autoren haben diesen Umstand bislang bemängelt, die Definition wurde aber auch in der vorliegenden fünften Fassung des *Frascati-Handbuchs* von 1993 beibehalten (vgl. u.a. *Scholz* 1977, S. 4 sowie *OECD* 1994, S. 29 und S. 33). Zur Differenzierung schlägt das *Frascati-Handbuch* vor, „ ... [to] include design required during R&D, exclude design for production process" (*OECD* 1994, S. 41). Diese Trennung läßt sich aber im Rahmen simultaner Entwicklung von Produkten und Produktionsprozessen nur schwer durchführen (vgl. Abschnitt 2.4).

22). In beiden Fällen wird der Eindruck erweckt, daß der Anteil an Neuheit gering und eine technologische Unsicherheit nicht existent ist, da die technische Realisierbarkeit und die Funktionsfähigkeit des Entwicklungsobjekts von vornherein gewährleistet zu sein scheinen. In der Realität zeigt es sich jedoch, daß auch die Konstruktion nicht immer auf bereits existierende Lösungsprinzipien zurückgreifen kann und sich vielmehr Iterationen zwischen experimentellen Entwürfen und der konstruktiver Umsetzung in konkrete Zeichnungen und Prototypen ergeben. Daher wird im folgenden die Konstruktion ebenfalls zur Entwicklung gerechnet (vgl. hierzu auch *Warnecke* 1993a, S. 138 ff.).

Als **Entwicklungsprojekt** wird in dieser Arbeit die Gesamtheit der Aufgaben zur Entwicklung neuer oder verbesserter Produkte und Prozesse bezeichnet, unter dem Begriff **Entwicklungsprozeß** wird hier die Gesamtheit der Aktivitäten in der Entwicklung zur Erfüllung dieser Aufgaben in ihrem inhaltlichen Zusammenhang und zeitlichen Ablauf verstanden.

Die Entwicklung läßt sich in Anlehnung an *Specht* und *Beckmann* nach der primären Zielsetzung in eine Vorentwicklung und eine Produkt- und Prozeßentwicklung differenzieren (vgl. *Specht, Beckmann* 1996, S. 16 f.).

Die **Vorentwicklung** dient der Implementierung neuer Technologien in einzelnen Bauteilen, Komponenten, Produkten und Prozessen. Ergebnis der Vorentwicklung sind Definitionen von Produktkonzepten, Konstruktionszeichnungen und Prototypen. Diese gehen als Innovationsbeitrag in die Entwicklung konkreter neuer Produkte und Prozesse ein (vgl. *Specht, Beckmann* 1996, S. 17). Bestandteil einer Vorentwicklung kann z. B. ein neues Getriebekonzept sein, das in einer späteren, noch im Rahmen der Produkt- und Prozeßentwicklung hervorzubringenden Fahrzeuggeneration eingesetzt wird.

Im Rahmen der **Produkt- und Prozeßentwicklung** wird ein konkretes neues Produkt und/oder ein konkreter neuer Prozeß auf Basis der Ergebnisse aus der Grundlagenforschung, der angewandten Forschung und der Vorentwicklung sowie aufgrund der Erkenntnisse aus den Anwendungsfeldern und Märkten hervorgebracht (zur Diskussion der Aufgabenumfänge vgl. *Zanger* 1995, Sp. 1427 f.). Das Ergebnis der Produkt- und Prozeßentwicklung wird auch als **Invention** bezeichnet (vgl. *Brockhoff* 1994, S. 27). Produktentwicklung und Prozeßentwicklung können prinzipiell getrennt und eigenständig erfolgen, sie stehen in der Praxis jedoch häufig in einem engen Zusammenhang (vgl. *Pleschak* 1991, S. 6 ff.). Im Anschluß erfolgt die Markteinführung des neuen Produkts und das damit verbundene Anfahren der dazugehörigen Produktionsprozesse (vgl. *Specht, Beckmann* 1996, S. 17).

2.1.2 Die Produktion und ihre Teilbereiche

In Anlehnung an *Kern* wird in dieser Arbeit der Begriff **Produktion** verstanden als die systematische technische Transformation von Gütern in andere Güter mit der Absicht, die entstehenden Güter zu veräußern oder innerbetrieblich weiter zu verwenden (vgl. *Kern* 1992c, S. 3). Bei Dienstleistungen wird ebenfalls oftmals von Produktion gesprochen, auch wenn die Eigenschaft einer technischen Transformation hier nicht zutrifft. Durch die im Vergleich zu physischen Produkten stark unterschiedlichen Merkmale von Dienstleistungen[3] ist eine gemeinsame Betrachtung dieser beiden Güterarten hier nicht sinnvoll. Die folgenden Ausführungen und die Verwendung des Begriffs Produktion beziehen sich daher auf physische Produkte.

Bei der Produktion physischer Produkte lassen sich verschiedene **Teilbereiche** und verschiedene **Produktionstypen** unterscheiden.

Die Produktion umfaßt primär die Teilbereiche **Teilefertigung**[4] und **Montage** (vgl. *Warnecke* 1993b, S. 1). Im Rahmen der Teilefertigung werden Einzelteile für die Montage oder für die direkte Lieferung an Kunden erzeugt. In der Montage erfolgt die Kombination der Einzelteile zu komplexeren Baugruppen und Produkten (vgl. *VDI* 1978, S. 1 ff.).

Diese Arbeit fokussiert auf die Automobilindustrie. Hier liegt im Regelfall der Produktionstyp der **Serienproduktion** vor, der von den Produktionstypen der **Massenproduktion** und der **Einzelfertigung**[5] sowohl im Hinblick auf den Zusammenhang mit Kundenaufträgen als auch im Hinblick auf die Unterschiede in der Entwicklung zu differenzieren ist (vgl. *Eversheim* 1996, S. 19 ff.).

Bei der **Massenproduktion** werden die Produkte zunächst für vordefinierte Märkte und Kundengruppen entwickelt. Nach Abschluß der Entwicklung werden die Produkte ohne konkreten Kundenauftrag in hohen Stückzahlen auf

---

3 Dienstleistungen unterscheiden sich von physischen Produkten durch vier Merkmale (vgl. *Brentani* 1991, S. 38 ff.): Immaterialität der Leistung, Heterogenität durch permanente Veränderung im Zeitverlauf, Zusammenfallen von Erstellung und Verbrauch sowie Nicht-Speicherbarkeit der Leistung.

4 In vielen betriebswirtschaftlichen Veröffentlichungen werden die Begriffe Fertigung und Produktion synonym verwendet (vgl. *Hahn, Laßmann* 1990, S. 7 ff.; *Kern* 1992c, S. 3 ff.; *Zahn, Schmid* 1996, S. 65 ff.). Hierbei muß jedoch auf eine ausreichende Differenzierung zum Teilbereich der Teilefertigung beachtet werden.

5 Gemäß der oben genannten Festlegung wäre hier von einer Einzel**produktion** zu sprechen, da hier sowohl eine Sonderanfertigung einzelner Teile als auch einzelne Montageumfänge ohne Wiederholcharakter vorliegen können. Der Begriff der Einzelproduktion ist jedoch nicht geläufig.

Lager produziert, Entwicklung, Produktion und Kundenauftrag sind zeitlich und inhaltlich entkoppelt.

Bei der **Einzelfertigung** erfolgt oftmals eine kundenspezifische Entwicklung, wobei teilweise vorentwickelte Module im Rahmen der Produkt- und Prozeßentwicklung eine kundenspezifische Ausgestaltung erfahren. Die Entwicklungsphase stellt gleichzeitig die Produktionsphase des Produkts dar, die durch die endgültige Abnahme und Übergabe an den Kunden terminiert wird. Entwicklung, Produktion und Auftragsabwicklung sind bei der Einzelfertigung zeitlich und inhaltlich sehr eng gekoppelt.

Bei der **Serienproduktion** erfolgt zumeist eine von Kundenaufträgen entkoppelte Entwicklung. Die Produktion erfolgt hingegen häufig kundenspezifisch, d.h. das Produkt wird bei Vorliegen eines Kundenauftrags mit kundenspezifischen Variationen einzelner Produktdetails produziert. Dabei ist zumeist ein zugesagter Liefertermin des kundenspezifischen Produkts einzuhalten. Sofern den Kunden die Möglichkeit eingeräumt wird, bereits im Lauf der Entwicklung Bestellungen für das neue Produkt aufzugeben, erhöht sich durch die zugesagten Liefertermine der Termindruck zur Markteinführung und damit zum Übergang in die Produktion.

2.1.3 Komplexität von Serienprodukten

Im Mittelpunkt der Betrachtung dieser Arbeit steht die Innovation **komplexer** Serienprodukte. In der Vergangenheit beschäftigte sich bereits eine Vielzahl an Management-Konzepten mit den unterschiedlichen Aspekten der Komplexität in Unternehmen und deren Reduktion bzw. Beherrschung (vgl. z.B. *Reiß* 1992b, S. 3 ff.; *Roever* 1991, S. 218 ff.).

Die Komplexität soll in dieser Arbeit nicht grundsätzlich problematisiert werden. Sie wird im folgenden vielmehr als ein Zustand aufgefaßt, der sich in der Vielfalt der betrachteten Elemente zeigt und der in Entwicklung und Produktion sowie insbesondere am Übergang von der Entwicklung in die Produktion adäquat berücksichtigt werden muß. Die Komplexität von Serienprodukten umfaßt dabei verschiedene Vielfaltsaspekte:

- **Teilevielfalt**: Komplexe Serienprodukte bestehen aus einer Vielzahl an Bauteilen unterschiedlicher Form und Funktion. Diese werden häufig zu Komponenten und Systemen zusammengefaßt. **Bauteile** sind Produktbestandteile, die nicht sinnvoll weiter zerlegt werden können und ohne weitere Bearbeitung montiert werden. Bei einem Automobil sind dies bspw. Radmuttern, Zündkerzen oder Sicherungen. **Komponenten** bestehen aus montierten Bauteilen. Beispiele für Komponenten in Fahrzeugen sind Außenspiegel oder Scheinwerfer. Ein **System** besteht wiederum aus mehreren Komponenten und erfüllt eigenständig eine Grundfunktion des Gesamtprodukts. Ein Beispiel für ein System in einem Automobil ist eine Klimaanlage inklusive Steuerungs- und Bedienungseinheiten.

- **Variantenvielfalt**: Sofern die einzelnen Teile eines komplexen Serienprodukts zusätzlich je nach Kundenwunsch unterschiedliche Ausgestaltungen in Form und Funktion annehmen können bzw. die Anzahl der Teile in einem Serienprodukt durch den Kunden variierbar ist, entstehen durch die unterschiedlichen Kundenwünsche eine Vielzahl von Varianten des Serienprodukts.
- **Technologische Vielfalt**: In komplexen Produkten kommt durch die hohe Teilevielfalt auch eine Vielzahl an unterschiedlichen Technologien zum Einsatz. Dies betrifft sowohl Produkttechnologien, die die Funktionalität des Produkts und seiner Bestandteile beeinflussen, als auch Prozeßtechnologien, die eine verbesserte Fertigung und Montage der verschiedenen Teile ermöglichen.

Nicht jedes komplexe Serienprodukt beinhaltet diese Vielfaltsausprägungen in gleichem Ausmaß. Als anschauliches Beispiel für ein Produkt, das eine hohe Teilevielfalt, eine hohe Variantenvielfalt und eine enorme technologische Vielfalt aufweist, wurde für diese Arbeit das Automobil ausgewählt.

Um die vorgenannten Vielfaltsausprägungen zu beherrschen ist es notwendig, die Entwicklung und Produktion komplexer Serienprodukte in einzelne Aufgaben zu segmentieren und deren Bearbeitung durch einzelne unternehmensinterne und -externe Organisationseinheiten zu dezentralisieren.[6] Durch die Vielfalt komplexer Serienprodukte entsteht somit **organisatorische Komplexität** (vgl. *Reiß* 1992b, S. 6).

Die Beschleunigung des technologischen Fortschritts sowie die Verkürzung der Produktentwicklungszeit wirken sich erheblich auf die Komplexität von Serienprodukten und die daraus resultierende organisatorische Komplexität aus (vgl. Abschnitt 2.3).

2.1.4 Der Innovationsprozeß – Übergang von der Entwicklung in die Produktion

Das Anfahren neuer Produktionsprozesse, die Einführung eines neu entwickelten Produkts in die Produktion sowie dessen anschließende Markteinführung werden als **Innovation im engeren Sinn** bezeichnet (vgl. *Brockhoff* 1994, S. 18 ff.; *Hauschildt* 1993 a, S. 4 ff.; *Specht, Beckmann* 1996, S. 15 f.). Dem gegen-

6 Eine ausführliche Beschreibung der verschiedenen Maßnahmen zur Komplexitätsbewältigung in der unternehmerischen Praxis am Beispiel *IBM* findet sich bei *Hug* 1992, S. 48 ff.

über steht der Begriff der **Innovation im weiteren Sinn**. Dieser umfaßt den gesamten Prozeß der Realisierung und Kommerzialisierung wissenschaftlicher Erkenntnisse, d.h. die Umwandlung von Theorien und Technologien in marktfähige Produkte (vgl. *Hauschildt* 1993 a, S. 4). Im Gegensatz zur Innovation im engeren Sinn muß hier nicht notwendigerweise ein Bezug zu einem physischen Produkt bestehen, es kann sich bspw. auch um die Implementierung neuer Managementkonzepte handeln. Zusätzlich umfaßt die Innovation im weiteren Sinn auch die vorgelagerte Umwandlung wissenschaftlicher Erkenntnisse in praktisch anwendbare Konzepte, bspw. das Umsetzen neuer Erkenntnisse über das Sozialverhalten bestimmter Menschengruppen in bestimmten Situationen in ein neues Managementkonzept.

Nach Auffassung des *Frascati-Handbuchs* sind die Aktivitäten am Übergang von der Produkt- und Prozeßentwicklung in die Produktion bei einer primären Zielsetzung der Produktverbesserung dem Bereich der Entwicklung, bei einer primären Zielsetzung der Prozeßverbesserung und bei kommerzieller Verwendung der Produktionsausbringung gemäß der oben definierten Innovation im engeren Sinn dem Bereich der Produktion zuzuordnen (vgl. *OECD* 1994, S. 42 f.). Im Rahmen dieser Arbeit stellt sich jedoch nicht die Frage einer Zuordnung einzelner Aktivitäten im Verlauf des Übergangs zu einem dieser beiden Bereiche:

„In reality, product development and volume production are anything but separable. Volume production constraints affect process development activities, and unsolved problems in development become production startup problems. Viewed more realistically, product develpoment evolves gradually into commercial production" (*Clark, Fujimoto* 1991, S. 126). Der Übergang von der Produkt- und Prozeßentwicklung in die Produktion darf nicht als eine statische Schnittstelle betrachtet werden, an der zu einem bestimmten Zeitpunkt die Übergabe der Entwicklungsergebnisse und der Verantwortung von der Entwicklung an die Produktion erfolgt (vgl. *Abita* 1985, S. 129). Hier besteht vielmehr „ein komplexes Beziehungsgeflecht, das einen permanenten Übergangsprozeß darstellt" (*Bürgel, Gentner* 1992, S. 72). Dieser Übergangsprozeß umfaßt zwei Aspekte:

- Der erste Aspekt betrifft den **Informationsaustausch** und die **Zusammenarbeit** zwischen den an der Entwicklung beteiligten Organisationseinheiten und den an der späteren Serienproduktion und Vermarktung beteiligten Organisationseinheiten zur Harmonisierung der jeweiligen Aktivitäten bei der Vorbereitung der späteren Serienproduktion. Dies umfaßt jedoch nicht nur die Funktionsbereiche Entwicklung und Produktion, wenn auch die Schnittstelle zwischen diesen beiden Funktionen als kritisches Element im Innovationsprozeß identifiziert wird (vgl. *Brockhoff* 1991, S. 64). Es sind auch die in der Wertkette vor- und nachgelagerten sowie unterstützenden

Bereiche zu berücksichtigen: Beschaffung, Logistik, Vertrieb, Rechnungswesen etc.

- Der zweite Aspekt bezieht sich auf den **physischen Transfer des Entwicklungsergebnisses** aus den Laborbedingungen der Entwicklung in die Umgebung der Serienproduktion (vgl. *Zanger* 1995, Sp. 1430 f.): die reproduzierten Stückzahlen werden erhöht und die verwendeten Kapazitäten und Reproduktionsprozesse den Bedingungen der Serienproduktion angepaßt. Dieser Transfer kann in mehreren Stufen über einen längeren Zeitraum erfolgen und ist insofern ebenfalls nicht statisch. Im folgenden wird der physische Transfer als **Serienanlauf** bezeichnet. Die einzelnen Phasen des Serienanlaufs und dessen zeitliche Einbettung zwischen Entwicklung und Produktion werden in Abschnitt 2.2 am Beispiel der Automobilindustrie näher beschrieben.

Vor diesem Hintergrund ist der Begriff der Innovation für diese Arbeit weiter zu fassen: Sofern im folgenden von der Innovation bzw. vom Innovationsprozeß gesprochen wird, so umfaßt dies auch die vorbereitenden Aktivitäten für die Produkteinführung im Verlauf der Produkt- und Prozeßentwicklung.

Der Zusammenhang der oben erläuterten Begriffe und der Fokus dieser Arbeit sind nochmals in der Abbildung 2-1 erläutert.

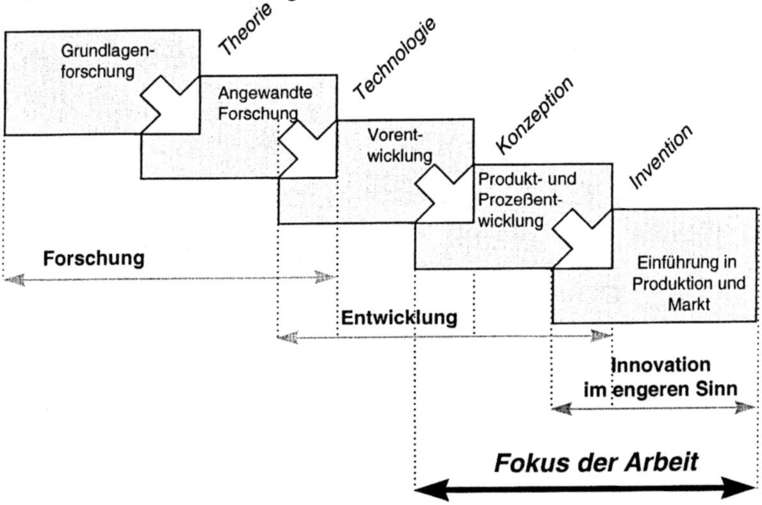

Abbildung 2-1: Einordnung der Begriffe und Fokus der Arbeit[7]

7 In Anlehnung an *Specht, Beckmann* 1996, S. 18.

Der Innovation wird eine besondere Bedeutung für den Erfolg eines Neuproduktprojekts beigemessen. *Cooper* ermittelte in seiner vielbeachteten Studie *NewProd* die Korrelation von 77 verschiedenen unternehmensinternen und -externen Variablen mit der Einschätzung als erfolgreiches bzw. erfolgloses Projekt bei insgesamt 195 Projekten (vgl. *Cooper* 1979a). Es zeigte sich insgesamt, daß die unternehmensinternen Variablen einen deutlich höheren Einfluß auf den Erfolg haben als die Umfeldvariablen. Unter den zehn Variablen mit dem höchsten Signifikanzniveau für die Einschätzung als erfolgreiches Projekt stand ein leistungsfähiger Produktionshochlauf im Vordergrund (vgl. *Cooper* 1979a, S. 134). „The message is that proficiently executing the „front end" [Anführungszeichen im Original] of the development process alone is not a condition for success. In contrast, the commercialization phase, or „back end" [ebenso] of the process was found to be of particular importance" (*Cooper* 1979b, S. 102).

Diese Ergebnisse wurden durch eine spätere Untersuchung von *Cooper* bestätigt (vgl. *Cooper, Kleinschmidt* 1988). Hierbei zeigte sich, daß bei den erfolgreichen Projekten signifikant höhere Ausgaben für die Produktionstest und den Produktionsstart sowie für die Markteinführung anfallen (vgl. Abbildung 2-2).

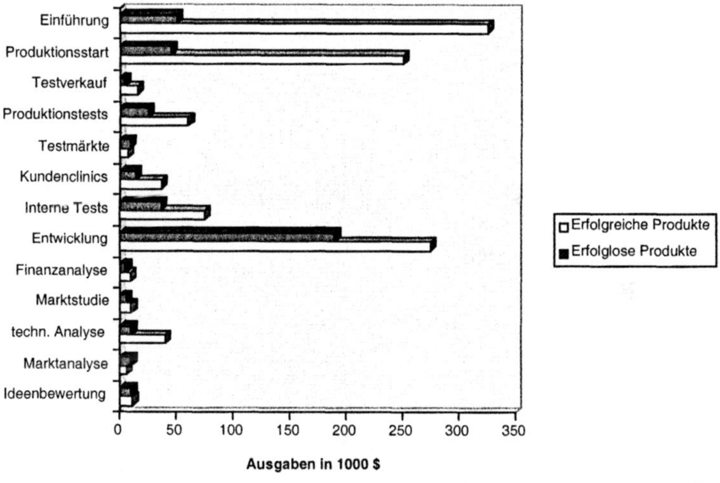

Abbildung 2-2: Verteilung der Ausgaben im Innovationsprozeß[8]

8 Darstellung nach *Cooper, Kleinschmidt* 1988, S. 252, vgl. zur Diskussion auch *Spiess* 1994, S. 6 ff.

Trotz der hohen Bedeutung wird der Übergang von der Entwicklung in die Produktion in der umfangreichen Literatur zum F&E-Management kaum behandelt (vgl. Abschnitt 2.5).

2.2 Der Innovationsprozeß in der Praxis – am Beispiel der Automobilindustrie

Zur näheren Erläuterung der theoretischen Ausführungen und als Basis für die weitere Analyse des Innovationsprozesses wird im folgenden der Ablauf der Produkt- und Prozeßentwicklung und insbesondere die Phase des Serienanlaufs in der Automobilindustrie beschrieben.

Der Ablauf eines Entwicklungsprojekts und das zu dessen Strukturierung verwendete Phasenschema sind grundsätzlich spezifisch auf die jeweiligen Gegebenheiten im Unternehmen abzustimmen (vgl. *Smith, Reinertsen* 1991, S. 154, eine Erläuterung der Determinanten der Phaseneinteilung erfolgt bei *Platz* 1986a, S. 127). So findet sich in der Literatur eine Vielzahl an verschiedenen Phasenschemata (vgl. u. a. die Übersicht bei *Brockhoff, Urban* 1988, S. 8 f.; *Kuba* 1987, S. 144; die Übersicht bei *Platz* 1986a, S. 113; *VDI* 1993, S. 3 ff.; *Yamanouchi* 1989, S. 15). Trotzdem lassen sich bei den Automobilherstellern eine Reihe von Gemeinsamkeiten in den Phasenschemata der Entwicklungs- und Serienanlaufprozesse finden, wie *Gentner* im Rahmen einer empirischen Untersuchung nachgewiesen hat (vgl. *Gentner* 1994, S. 62 f.)[9]. Im folgenden soll die prinzipielle Struktur eines Entwicklungsprojekts bei einem Automobilhersteller aufgezeigt werden.

Zum besseren Verständnis wird in Abbildung 2-3 ein Beispiel für die Abfolge der einzelnen Phasen der Produkt- und Prozeßentwicklung und des Serienanlaufs bei Automobilherstellern dargestellt.

Speziell im Bereich der Automobilentwicklung wird der Gesamtumfang der Entwicklung häufig getrennt nach Fahrzeugmodulen in einzelne Entwicklungsumfänge unterteilt: Karosserie, Interieur, Fahrwerk, Aggregate, Elektronik etc. (vgl. *Clark, Fujimoto* 1991, S. 98 ff.; *Geigenberger* 1992, S. 5 f.; *Gentner* 1994, S. 46). Die Entwicklung neuer Motoren und Getriebe erfolgt teilweise produktübergreifend, bspw. im Rahmen einer Vorentwicklung, die neuen Module finden dann in mehreren bestehenden und neuen Produkten Eingang. Andere Entwicklungsumfänge (bspw. Karosserie, Elektronik, Interieur) besitzen starken Produktbezug und werden nur spezifisch bei der Entwicklung eines neuen Fahrzeugs bearbeitet. Die folgenden Ausführungen konzentrieren sich auf konkrete Entwicklungsprojekte für neue Fahrzeuge.

---

9 Weitere Untersuchungen zeigen branchenübergreifend ebenfalls typische Strukturen von Innovationsprozessen (vgl. *Cooper, Kleinschmidt* 1991, S. 138).

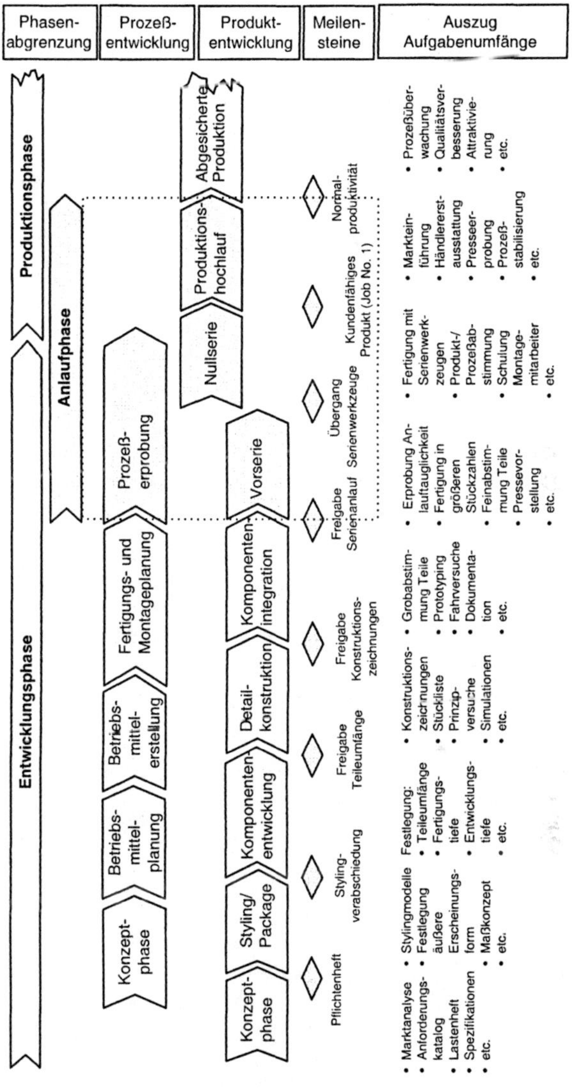

Abbildung 2-3: Phasenschema der Entwicklungs- und Anlaufprozesse in der Automobilindustrie

2.2.1 Phasen der Produktentwicklung

Im Rahmen der Produktentwicklung wird in der **Konzeptphase** zunächst ein grobes Rahmenkonzept für das neu zu entwickelnde Fahrzeug erarbeitet. Dieses basiert im allgemeinen auf den im Vorfeld des Entwicklungsprojekts durch Marktanalysen ermittelten zukünftigen Kundenbedürfnissen. Diese Marktanforderungen werden mit den technischen Potentialen des Unternehmens und wirtschaftlichen Überlegungen zu einer ersten groben Produktbeschreibung integriert (vgl. *Clark, Fujimoto* 1991, S. 195; *Schirmer* 1990, S. 895 ff.; vgl. Abschnitt 3.3). Das zunächst verbal qualitativ formulierte Konzept wird im weiteren Verlauf in konkrete quantitative Zielvorgaben technischer und wirtschaftlicher Parameter überführt. In dieser Phase wird das Produkt bereits grob in einzelne Entwicklungsumfänge differenziert und es werden die jeweils für ihre Bearbeitung verantwortlichen Organisationseinheiten bestimmt. Im Verlauf der Konzeptphase werden außerdem Entscheidungen über den Verlauf des kompletten Produktlebenszyklus getroffen, wie bspw. die jeweiligen Markteintrittstermine für die verschiedenen Absatzmärkte (vgl. *Scherer* 1998, n.o.S.). Den Abschluß der Konzeptphase bildet ein detailliertes Pflichtenheft, das als Basis für die nächsten Entwicklungsphasen dient (vgl. *Gentner* 1994, S. 54).

In der anschließenden **Stylingphase** erfolgt der Übergang in eine anschauliche Gestaltung des Produktkonzepts. Im Vordergrund dieser Phase steht zunächst die Umsetzung der optischen und haptischen Anforderungen an die äußere Erscheinungsform des Produkts (Karosserie) und die Innenraumgestaltung. In dieser Phase werden bereits technische Anforderungen berücksichtigt, im Fahrzeugbau bspw. Aerodynamik (Karosserie) und Ergonomie (Innenraum).

Sehr eng mit dem Styling verbunden ist das **Packaging**, das auch als **Layout** bezeichnet wird (vgl. *Clark, Fujimoto* 1991, S. 114). Auf Basis der Rahmendaten des Pflichtenhefts und der Ergebnisse des Styling müssen die einzelnen Bauteile, Komponenten und Systeme des Produkts und ihre Schnittstellen untereinander genauer spezifiziert werden. Dabei werden die einzelnen Bauteile nach Lage, räumlicher Ausdehnung und den Innenraumverhältnissen überprüft (vgl. *Schirmer* 1990, S. 895 und S. 903). Wichtige Maße hierbei sind bspw. die Motorlage, die Lage der Lenkung, der Radstand, aber auch Kopf- und Fußfreiheit auf Vorder- und Rücksitzen. In dieser Phase steht die technische Umsetzung der funktionalen Anforderungen im Vordergrund. Die grundsätzliche Realisierbarkeit dieser Anforderungen wird im Detail überprüft, dabei werden auch die Anforderungen der Produktion eingebracht.

Konzept, Styling und Package bilden den Rahmen für die **Komponentenentwicklung**. Hier werden die Eigenfertigungs- und Lieferantenumfänge weitestgehend festgelegt. Zu diesem Zeitpunkt wird außerdem entschieden, ob eine bestimmte fremdzubeziehende Komponente im eigenen Haus weiter konkretisiert wird oder die Detailkonstruktion auf den späteren Lieferanten verlagert wird. Die Entscheidung hängt von der Kompetenzverteilung zwischen Automobilhersteller und Zulieferern ab (vgl. *Clark, Fujimoto* 1991, S. 140 ff.).

Für die Eigenfertigungsumfänge und die fremdbezogenen Komponenten, die zunächst vom Automobilhersteller weiter zu konkretisieren sind, werden in der anschließenden Phase der **Detailkonstruktion** die Konstruktionszeichnungen und Stücklisten erstellt. Zunächst sind hierzu die exakten Anforderungen an die betreffende Komponente bzw. das betreffende Bauteil zu klären, da diese aufgrund der hohen Komplexität eines Automobils häufig den bislang erstellten Planungsunterlagen nicht in ausreichender Detaillierung entnommen werden können (vgl. *Clark, Fujimoto* 1991, S. 116). Anschließend wird nach technischen Lösungsprinzipien zur Erfüllung dieser Anforderungen gesucht, die bei potentieller Eignung in Konstruktionszeichnungen umgesetzt werden. Die Erstellung von Konstruktionszeichnungen wird heutzutage weitestgehend durch CAD unterstützt. Die dabei generierten CAD-Datensätze können nicht nur für die Ausfertigung von Zeichnungen, sondern auch für Simulationen von Fertigungs- und Montageprozessen sowie Funktionssimulationen des Produkts verwendet werden. Hierbei werden teilweise Inkonsistenzen des Lösungsprinzips bzw. Inkompatibilitäten mit anderen, bereits festgelegten Konstruktionen aufgedeckt und dadurch eine erneute Suche nach Lösungsalternativen angestoßen. Durch zahlreiche Iterationen bei der Lösungssuche fällt in dieser Phase ein großer Anteil der Entwicklungszeit an (vgl. *Bullinger, Wasserloos* 1990a, S. 26).

Wenn die Konstruktionsprinzipien ausgewählt sind, müssen die in Form von Zeichnungen und schriftlichen Spezifikationen ausgearbeiteten Bauteile im **Modellbau** in die Realität umgesetzt und zu einem ersten Fahrzeugprototypen werden. In dieser Phase entsteht ein großer Anteil der Entwicklungskosten, für den Bau der Prototypen und die hierzu notwendigen Werkzeuge fallen in einigen Branchen bis zu 50 % der gesamten Entwicklungskosten an (vgl. *FhG* 1993, S. 11). Insgesamt hat die Anzahl der Prototypen in der Automobilindustrie in den letzten Jahren stetig zugenommen (vgl. *Geigenberger* 1992, S. 8; *Gentner* 1994, S. 58). Dies steht in einem engen Zusammenhang mit der zunehmenden Anwendung sogenannter „car clinics" bei der Entwicklung neuer Fahrzeuge (vgl. *Nieschlag et al.* 1997, S. 196 f.; *Schirmer* 1990, S. 904). Hierbei werden unter strenger Geheimhaltung einer bestimmten Anzahl potentieller Autokäufer eine Reihe anonymisierter Produkte in Form von Design- oder Funktionsprototypen vorgestellt. Die Probanden werden danach befragt,

- ob sie das Produkt einem bestimmten Hersteller zuordnen können,
- wie sie das Design und die Funktionalität des Produktes beurteilen und
- welchen Gebrauchsnutzen sie dem neuen Modell zuschreiben.

Hierdurch läßt sich die Marktfähigkeit des entwickelnden Produkts überprüfen und es können wichtige Verbesserungshinweise von den potentiellen Kunden gewonnen werden.

Um das optische und funktionale Zusammenspiel der Komponenten zu testen und hierbei jeweils den aktuellen Teilestand und dessen Integration zu verdeutlichen, wird bei manchen Herstellern außerdem ein Master-Prototyp verwendet. Sofern sich an einem Bauteil des Fahrzeugs eine Änderung ergibt, so muß das geänderte Teil an diesem Master-Prototyp schnellstmöglich durch das neue Teil ersetzt werden. Hierdurch können die funktionale und optische Integration der aktuellen Änderungsstände permanent verfolgt werden.[10]

Der Modellbau wird durch Simulationen und Rapid Prototyping zunehmend reduziert (vgl. *Bullinger, Wasserloos* 1990a, S. 24; *Horváth et al.* 1994, S. 42 ff.) Viele Zusammenhänge zwischen den Komponenten lassen sich jedoch auch mit Rechnersimulationen nicht ermitteln, so z. B. Resonanzschwingungen und elektromagnetische Interferenzen.

Im Anschluß an die Komponentenintegration beginnt der Serienanlauf, sofern die parallel zur Produktentwicklung ablaufende Prozeßentwicklung bereits einen für die Freigabe des Serienanlaufs ausreichenden Status erreicht hat. Der Ablauf der Prozeßentwicklung wird im folgenden kurz beschrieben.

2.2.2 Phasen der Prozeßentwicklung

Im Zusammenhang mit der Entwicklung eines neuen Fahrzeugs sind – zumindest für die neu entwickelten Fahrzeugbestandteile – auch neue Produktionsprozesse zu konzipieren. Der Schwerpunkt der Prozeßentwicklung liegt dabei auf der Gestaltung der technischen Prozesse, es sind jedoch auch die unterstützenden Prozesse in den indirekten Bereichen, wie Logistik- und Produktionssteuerungsprozesse zu konzipieren. Die Prozeßentwicklung kann prinzipiell auch losgelöst von der Entwicklung eines neuen Produkts erfolgen, um neue bzw. verbesserte Technologien in den Produktionsprozeß zu integrieren und dadurch die Effizienz der Produktion zu erhöhen oder die Qualität des Produktionsoutputs zu verbessern. In der Praxis ist die Umsetzung neuer Technologien in konkrete Produktionsprozesse oftmals Bestandteil von Vorentwicklungen, die erst in Kombination mit der Entwicklung und Produktionseinführung eines neuen Produkts implementiert werden. Im folgenden soll der Fall betrachtet werden, bei dem die Entwicklung eines neuen Produkts mit der Entwicklung der dazugehörigen Produktionsprozesse kombiniert wird.

---

[10] Bei *AUDI* wird dieser Master-Prototyp als Meisterbock bezeichnet (vgl. *Hasse* 1996, S. 14).

In diesem Fall sollten – idealerweise – die Anforderungen des Marktes an das Produkt den Ausgangspunkt der Entwicklungsaktivitäten darstellen. Das bedeutet, daß bei einer marktorientierten Entwicklung die Produktentwicklung vor der Prozeßentwicklung einsetzt. Ausgehend von den Informationen über die Beschaffenheit des Produkts und seiner Bestandteile wird im Rahmen der Prozeßentwicklung zunächst ein **Produktionskonzept** erarbeitet, das die für die Produktion einzusetzenden Kapazitäten und den prinzipiellen Prozeßablauf, d.h. die Abfolge von Fertigungs- und Montagevorgängen beinhaltet. Das Konzept kann in groben Umrissen bereits auf Basis der ersten Tonmodelle und Stylingentwürfe erstellt werden, im weiteren Verlauf sind die Ausführungen in bezug auf das Fertigungsmaterial, die Fertigungsverfahren, die Fertigungsmittel und die Durchlaufzeiten weiter zu konkretisieren.

Im Rahmen der **Betriebsmittelplanung** werden die für die Produktion notwendigen Werkzeuge, Lager- und Transportvorrichtungen sowie Maschinen und Anlagen im Detail festgelegt. Außerdem erfolgt in dieser Phase die Personalbedarfsplanung im Hinblick auf eine quantitativ und qualitativ ausreichende personelle Besetzung zur Sicherstellung eines reibungslosen Produktionshochlaufs und der laufenden Serienproduktion (vgl. *Hahn* 1989, S. 126).

Die **Betriebsmittelerstellung** beginnt mit der Beschaffungsfreigabe für die Betriebsmittel und erfolgt teilweise durch Lieferanten und teilweise durch den eigenen Werkzeugbau des Automobilherstellers. Die Erstellung der Betriebsmittel ist vergleichbar mit der Konstruktion des eigentlichen Produkts. So werden bspw. für den Aufbau der Prototypen zunächst Versuchswerkzeuge angefertigt, die relativ einfach und schnell herzustellen sind, aber eine geringe Lebensdauer aufweisen. Die Ausgestaltung bis zum endgültigen Serienwerkzeug kann dann ebenfalls mehrere Iterationsschleifen des Entwerfens, Bauens und Überprüfens notwendig machen (vgl. *Clark, Fujimoto* 1991, S. 122). Speziell bei den in Einzelfertigung hergestellten Werkzeuganlagen kann es bei der Inbetriebnahme aufgrund mangelnder Erfahrungen mit den verwendeten neuen Technologien und durch eine mangelnde Abstimmung der an der Betriebsmittelerstellung beteiligten Organisationseinheiten zu Verzögerungen und hohen Änderungsumfängen kommen (vgl. *Eversheim* 1990, S. 10). Um dem zu begegnen, erfolgt die Inbetriebnahme von Maschinen und Anlagen in mehreren Stufen, in denen die Eigenschaften und Funktionen der einzelnen Bauteile und Baugruppen vor der Installation und Endmontage überprüft und verbessert werden (vgl. *Eversheim* 1990, S. 38 ff.).

Mit der fortschreitenden Konkretisierung der Produktionsprozesse werden die einzelnen Arbeitsschritte zur Fertigung und Montage des neuen Produkts determiniert und im **Arbeitsplan** festgehalten. Die **Fertigungs- und Montage-**

planung[11] ist eine Teilaufgabe der **Arbeitsvorbereitung** (vgl. *Eversheim et al.* 1995a, S. 88 ff.; *Warnecke* 1993a, S. 245 ff.). Der Arbeitsplan bildet zusammen mit den Konstruktionszeichnungen und den Stücklisten die wesentlichen Bestandteile der Dokumentation einer Produkt- und Prozeßentwicklung (vgl. *Warnecke* 1993a, S. 252). Bei automatisierter Fertigung und Montage sind die im Arbeitsplan dokumentierten Abläufe in Softwareprogramme für die Maschinen- und Anlagensteuerung zu übersetzen. Diese Programmierung ist ebenfalls eine Teilaufgabe der Arbeitsvorbereitung.

Die Arbeitsvorbereitung wird vor dem Hintergrund einer traditionell sequentiellen Abfolge von Produkt- und Prozeßentwicklung und anschließender Produktion als „Bindeglied zwischen dem Entwicklungsprozeß und dem Produktionsprozeß angesehen" (*Specht, Beckmann* 1996, S. 152). Durch den zunehmenden Einsatz von CAD zur Konstruktion von Produkt und Produktionsmittel sowie durch die verstärkte Abwicklung von Entwicklungsprojekten in Form von Simultaneous Engineering werden die Funktionen Konstruktion und Arbeitsvorbereitung zunehmend integriert (vgl. *Eversheim et al.* 1995a, S. 90 f).

Parallel zur Entwicklung der technischen Prozesse in den direkten Bereichen sind auch die Prozesse in den indirekten Bereichen zu planen und auszugestalten. So muß bspw. der Kundendienst einen Reparaturleitfaden sowie Schulungsunterlagen für die Reparaturwerkstätten erstellen und verteilen, Marketing und Vertrieb müssen die Maßnahmen des Marketing-Mix vorbereiten und den Auftragsabwicklungsprozeß von der Kundenanfrage bis zur Fahrzeugauslieferung im Detail festlegen.

Wenn die konzeptionellen Aufgaben der Prozeßentwicklung abgeschlossen sind und die ersten Serienwerkzeuge bereitstehen, erfolgt die Integration mit der Produktentwicklung – der Serienanlauf beginnt.

2.2.3 Phasen des Serienanlaufs

Speziell bei der Entwicklung komplexer Produkte ist es notwendig, den physischen Transfer des Entwicklungsergebnisses in die Produktion in mehreren Stufen durchzuführen. Die Vorstufen vor der eigentlichen Serienproduktion – auch Pilotserien genannt – haben dabei eine Reihe von Funktionen zu erfüllen (vgl. *Specht, Beckmann* 1996, S. 155; *Zanger* 1995, Sp. 1430 f.):

- Erhöhung der Stückzahlen bei der Reproduktion des Entwicklungsergebnisses,
- Sicherstellen der Reproduzierbarkeit des Entwicklungsergebnisses durch Serienwerkzeuge und Serienanlagen,

[11] Diese wird häufig auch als Arbeitsplanung bezeichnet (vgl. *Warnecke* 1993a, S. 247).

- Schulung der Mitarbeiter,
- Bereitstellung einer größeren Anzahl seriennah produzierter Produkte für Test- und Präsentationszwecke.

Diese **Pilotserien** werden in der Automobilindustrie häufig in zwei Stufen unterteilt: die **Vorserie** und die **Nullserie.** Die Pilotserien bilden zusammen mit dem **Produktionshochlauf** den **Serienanlauf**.

Diese Begriffsdefinition ist nicht allgemeingültig, da sich in der Literatur bislang kein einheitlicher Begriffsraum für den Transfer von der Entwicklung in die Produktion durchgesetzt hat. Die Begriffe Produktionsvorbereitung, Serienreifmachungsphase, Fertigungseinführung, Fertigungsüberleitung, Einfahrperiode etc. werden synonym für den Serienanlauf verwendet (vgl. z.B. die Übersicht bei *Brockhoff, Urban* 1988, S. 8 f. sowie *Platz* 1986a, S. 112). Auch die Differenzierung des Serienanlaufs erfolgt nicht einheitlich. Während einige Autoren Vor- und Nullserien zusammen als Serienanlauf bezeichnen (vgl. z.B. *Gentner* 1994, S. 63) verwenden andere diese Bezeichnung explizit für den Produktionshochlauf (vgl. z.B. *Eversheim* 1996, S. 155). Die Bezeichnungen Vorserie und Nullserie werden bei den Automobilherstellern außerdem teilweise vertauscht verwendet (vgl. z.B. *Scherer* 1998, n.o.S.; *VDA* 1986, S. 52).

2.2.3.1 Die Vorserie

Als **Vorserie** wird die Produktion von Prototypen in größeren Stückzahlen bezeichnet, die im Gegensatz zum Prototypenbau bereits unter seriennahen Bedingungen abläuft (vgl. *Yamanouchi* 1989, S. 15). Der Unterschied zum Prototypenbau besteht darin, daß auch die zur Fertigung und Montage des neuen Produkts notwendigen Prozesse bereits am Entwicklungsobjekt getestet werden. Dieses Stadium ist äußerst wichtig für die Problemfrüherkennung: „Firms that fail to manage prototype production for process learning miss a golden opportunity to solve production problems early“ (*Clark, Fujimoto* 1991, S.121).

Mit Kleinserien, die zum Teil noch aus dem Modellbau und von seriennahen Versuchswerkzeugen stammen, aber bereits aus dem Serienmaterial gefertigt werden, können Montageabläufe und Prüfmittel getestet werden (vgl. *Wildemann* 1993b, S. 1267; *Wheelwright, Clark* 1993, S. 358 sowie *Schirmer* 1990, S. 895 ff.). Eine ungenügende Teilequalität und die unzureichende Simulation der Fertigungsprozesse in der Vorserie ermöglichen allerdings noch keine Feinabstimmung von Fertigung und Montage (vgl. *Braunsperger* 1993, S. 62). Je näher die Materialien, Prozesse, Werkzeuge und Anlagen der Vorserie den späteren Produktionsbedingungen sind, desto verläßlichere Aussagen lassen sich über die späteren Produktionsergebnisse treffen und desto eher können bspw. Änderungen an Serienwerkzeugen vermieden werden (vgl. *Geigenberger* 1992, S. 8). Eine höhere Seriennähe durch höhere Maßhaltigkeit und längere

Standzeiten der Werkzeuge ist jedoch auch mit höheren Kosten für den Aufbau dieser Werkzeuge verbunden. Nach den Erfahrungen bei der *BMW AG* kompensieren jedoch die eingesparten Änderungskosten an Serienwerkzeugen die höheren Kosten der Vorserie aufgrund der größeren Seriennähe um ein Vielfaches.

Außerdem können bereits die Mitarbeiter aus der späteren Serienproduktion mit den neuen Fahrzeugen aus der Vorserie vertraut gemacht werden (vgl. *Scherer* 1998, n.o.S.). Der frühe Kontakt mit den Mitarbeitern der operativen Produktionsebene dient zur Schaffung von Akzeptanz für das neue Produkt und kann außerdem wertvolle Informationen für die Gestaltung der Produktionsprozesse liefern. Nach den Erfahrungen der *Daimler-Benz AG* beim Serienanlauf der C-Klasse ist diese frühzeitige Einbindung erfolgsentscheidend für den Innovationsprozeß (vgl. *Bungard, Hofmann* 1995, S. 14). Eine ähnliche Vorgehensweise wendete die Nutzfahrzeugsparte der *Daimler-Benz AG* im Rahmen des Anlaufmanagements für die neue Nutzfahrzeugklasse *Actros* an. Hier bekamen die Produktionsmitarbeiter bereits drei Jahre vor dem Produktionsstart die Gelegenheit, den ersten Prototypen eingehend zu begutachten und Verbesserungsvorschläge einzubringen (vgl. *Bürgel, Eisele, Bayer* 1996).

Durch früher im Entwicklungsprozeß einsetzende Methoden wie Rapid Prototyping (vgl. *Horváth et al.* 1994, S. 42 ff.), Computeranimationen mit Hilfe von Virtual Reality und computergestützte Prozeßsimulationen wird die Notwendigkeit eines teuren Modellbaus und umfangreicher Vorserien immer weiter abgebaut. Völlig verzichten können die Automobilhersteller auf seriennahe funktionsfähige Fahrzeuge jedoch schon aus Produkthaftungsgründen und den gesetzlich vorgeschriebenen Tests nicht (vgl. *Koch, Barth* 1995, S. 286).

2.2.3.2 Die Nullserie

Im Anschluß an die modellhafte Produktion der Vorserie schließt sich die seriennahe Produktion der Nullserie an.[12] In der Nullserie sollen alle Komponenten mit Serienwerkzeugen hergestellt werden und fremdbezogene Teile bereits aus der laufenden Serienproduktion des Zulieferers stammen – es findet die endgültige Integration von Produkt- und Prozeßentwicklung statt. Fertigungs- und Montageprozesse können nun im Detail getestet und abgestimmt werden (vgl. *Gentner* 1994, S. 61; *Slade* 1993, S. 101 und *Vincent* 1989, S. 36 f.). Der Übergang auf Serienwerkzeuge bereits vor dem eigentlichen Produktionsstart

---

12 Nach Auffassung der Verfasser des *Frascati-Handbuchs* ist diese Phase nicht mehr der Entwicklung zuzuschreiben, sondern gehört zur Serienproduktion (vgl. *OECD* 1994, S. 43). Die Abgrenzung ist jedoch nicht eindeutig: die *OECD* verwendet die Bezeichnung „trial production" in einer „manufacturing start-up phase" (*OECD* 1994, S. 43). Der Begriff trial production bezeichnet die Nullserie, unter einer manufacturing start-up phase wird jedoch eindeutig der Produktionshochlauf verstanden.

ist notwendig, weil Einzelteile und Baugruppen durch den Übergang von Modell- auf Serienwerkzeuge ihre Eigenschaften ändern können und dadurch ihre Funktion im Gesamtfahrzeug beeinträchtigt werden kann.[13]

Die Modelle aus serienwerkzeugfallenden Teilen werden für gesetzlich vorgeschriebene Tests verwendet (z. B. für Crash-Tests). Diese Tests werden auch schon mit früheren Prototypen durchgeführt, das Verhalten der Produkte im Praxiseinsatz läßt sich aber erst mit diesen seriennahen Modellen verläßlich abschätzen. Hierbei treten oftmals erhebliche Mängel auf. Ursachen hierfür können ungenaue Definition und unzureichende Harmonisierung der Systemschnittstellen zwischen einzelnen Bauteilen, ungenaue Definition und mangelnde Präzision der einzelnen Bauteile oder Produktionsprozesse sowie im Vorfeld nicht erkennbare Sekundäreffekte wie bspw. elektromagnetische Störeinflüsse sein (vgl. *Specht, Beckmann* 1996, S. 154 f.).

In der Nullserie kann es daher nochmals zu umfangreichen Änderungen kommen. Diese können oft nicht mehr vollständig in der kurzen Zeit bis zum Serienstart durchgeführt werden, da der Termin für den Produktionsstart aufgrund der Marktankündigungen und vorliegenden Bestellungen eingehalten werden muß, unabhängig von Kosten- und Qualitätssituation (vgl. *Premauer* 1989, S. 129). *Wildemann* ermittelte bei einer Untersuchung von Unternehmen verschiedener Branchen , daß durchschnittlich 20 % aller Änderungen allein in der Nullserie und 50 % sogar erst nach Serienstart durchgeführt wurden (vgl. *Wildemann* 1993b, S. 1265).

Die Nullserie kann in verschiedenen Produktionsumgebungen gefahren werden (vgl. auch *Clark, Fujimoto* 1991, S. 174):

- in **separaten Pilotwerken**, wie bspw. im Technischen Entwicklungszentrum der *Adam Opel AG*, in dem die gesamte Produkt- und Prozeßentwicklung für die weltweiten Produktionsstandorte von *General Motors* außerhalb Nordamerikas erfolgt (vgl. *Scheerer* 1998, n.o.S.). In solchen von der Produktionsstätte weit entfernten Entwicklungszentren wird ein eigenes Pilotwerk zur fertigungsnahen Simulation eingesetzt. Hierbei werden die Serienwerkzeuge auf Pilotanlagen getestet, die im Vergleich zu den späteren Anlagen eine geringere Ausbringungsmenge aufweisen.

---

13 Beispiele hierfür wurden bei allen Automobilherstellern in der explorativen Studie angeführt. So trat bspw. bei einem Automobilhersteller das Problem auf, daß ein Bauteil, das in den Prototypen keinerlei Probleme bereitet hatte, bei Fahrzeugen aus der Serienproduktion extrem laute Geräusche im Fahrzeuginnenraum verursachte. Nach längerer Ursachenforschung fand man heraus, daß das Gehäuse des Bauteils der Serienfahrzeuge eine geringfügig andere Wandstärke hatte als das Bauteil aus dem Modellbau. Hierdurch ergab sich eine ungedämpfte Resonanzschwingung mit dem Fahrzeugmotor.

- auf **Pilotlinien innerhalb des Hauptwerkes**, um die laufende Produktion auf den Serienlinien nicht zu beeinträchtigen, gleichzeitig aber durch die räumliche Nähe zur Produktion die Mitarbeiter der späteren Serienproduktion sukzessive einzubinden und dadurch auch schneller wertvolle Feedbackinformationen zu erhalten. *Geigenberger* beschreibt diese Vorgehensweise in der Nullserienmontage bei der *BMW AG* (vgl. *Geigenberger* 1992, S. 12).
- auf **Serienproduktionslinien**, die zur Produktion der Nullserie für einen bestimmten Zeitraum aus der Serienproduktion abgekoppelt und auf die Nullserie umgerüstet werden. Diese Vorgehensweise findet man bspw. bei *General Motors* in Nordamerika (vgl. *Smith, Reinertsen* 1991, S. 236).

Im Rahmen der Nullserie können bereits ausgewählte Mitarbeiter für das neue Modell geschult werden, die beim späteren Produktionshochlauf eine Trainer- und Multiplikatorenfunktion übernehmen (vgl. *Scherer* 1998, n.o.S.). Diese Methode wurde bspw. bei der neuen A-Klasse in der „Nullserienwerkstatt" der *Daimler-Benz AG* im Werk Sindelfingen angewandt. Für die Bereiche Rohbau, Lackiererei und Montage wurden hier Mitarbeiter trainiert, um später beim Produktionshochlauf im Werk Rastatt die dann hinzukommenden Kollegen mit den neuen Produktionsmethoden vertraut zu machen (vgl. *Mercedes-Benz AG* 1996, S. 2).

2.2.3.3 Der Produktionshochlauf

Sind Vor- und Nullserie abgeschlossen und wird aufgrund der Ergebnisse aus der Nullserie die Serienfreigabe erteilt, dann beginnt der Produktionshochlauf mit dem ersten kundenfähigen Produkt. Für diesen Zeitpunkt findet in der Automobilindustrie auch der Begriff Job No. 1 Anwendung, der die Herstellung des ersten kundenfähigen Fahrzeugs im Rohbau markiert. Der Produktionshochlauf erfolgt einige Zeit vor dem Verkaufsbeginn des neuen Produktes, damit die Distributionskanäle gefüllt werden können (vgl. *Clark, Fujimoto* 1991, S. 175).[14]

---

[14] In diesem Zusammenhang ist auf die unterschiedliche Verwendung von Zeitgrößen zur Bestimmung der Dauer von Entwicklungsprojekten hinzu weisen. Die meisten Automobilhersteller beurteilen ihre Entwicklung anhand der **Entwicklungszeit** von der Verabschiedung des Pflichtenhefts bis zum Job No. 1 (vgl. *McElroy* 1991, S. 45). Diese Zeitspanne darf man allerdings nicht mit der Time-to-Market gleichsetzen, da bei den meisten Automobilherstellern die Markteinführung erst einige Zeit nach dem Produktionsstart erfolgt (vgl. Abschnitt 2.6.2). Die **Time-to-Market** ist daher länger als die Entwicklungszeit und eher zur Beurteilung von Innovationsprozessen geeignet (vgl. *Smith, Reinertsen* 1991, S. 19).

Zu Beginn des Produktionshochlaufs ist häufig eine Produktionsumstellung von einem Vorgängerprodukt auf das neue Produkt notwendig. Für diesen Wechsel existieren unterschiedliche Gestaltungsvarianten:

- **Serienanlauf in einem neuen Werk** für das neue Produkt. Bis auf die carry over- Teile (vgl. Abschnitt 2.3.5) bestehen dabei keine Berührungspunkte zwischen den Produktgenerationen in der Produktion.
- **Radikaler Wechsel** zum neuen Produkt durch einen fest terminierten Stop der Produktion des alten Modells und Beginn der neuen Produktion im selben Produktionswerk. Diese Variante wird bspw. angewandt, wenn die Umstellung der Fertigungs- und Montageanlagen in den Werksferien erfolgt, wie z.B. bei der *Adam Opel AG* in Rüsselsheim (vgl. *Scherer* 1998, n.o.S.).
- **Gleitender Übergang** zwischen altem und neuem Produkt durch langsames Herunterfahren der Produktionsmenge des alten Produktes und paralleles Hochfahren des neuen Produkts in derselben Linie.

Dabei sind diese Varianten je nach Produktionsumgebung und Produktionsschritt unterschiedlich auszugestalten. Abbildung 2-4 zeigt unterschiedliche Beispiele für die Endmontage.

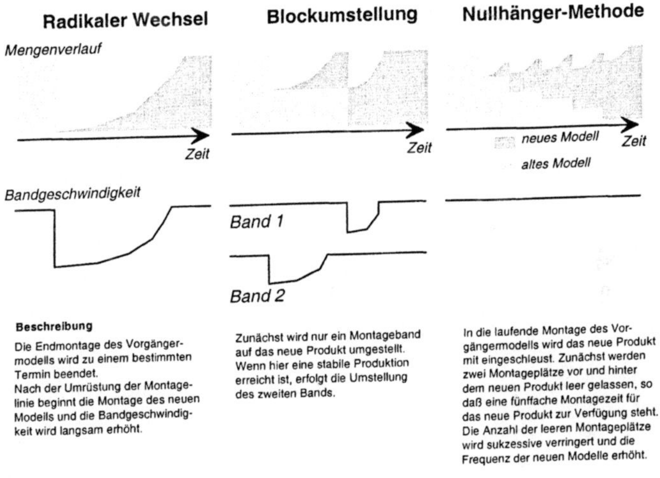

Abbildung 2-4: Gestaltungsalternativen des Generationswechsels in der Endmontage

Im Verlauf des Produktionshochlaufs sind im Vergleich zur Phase der stabilen Produktion noch eine geringere Qualität, eine niedrigere Ausbringungsmenge sowie ein erhöhter Bedarf an Arbeitskräften und Material zu verzeichnen (vgl. *Hahn* 1989, S. 127).

Das Ende des Produktionshochlaufs ist erreicht, wenn eine stabile Produktion vorliegt. Dies wird in der Unternehmenspraxis unterschiedlich definiert. Einige Unternehmen sehen den Produktionshochlauf als beendet an, wenn ein vorgegebenes **Qualitätsziel** bspw. in Form einer bestimmten ppm-Zahl erreicht ist. Andere Unternehmen definieren das Ende des Produktionshochlaufs durch das Erreichen der durch die Arbeitsvorbereitung vorgegebenen **Durchlaufzeit** eines Produkts durch den gesamten Produktionsprozeß. Solange die Fertigungsprozesse in der Hochlaufphase noch nicht stabil sind und die Mitarbeiter noch keine ausreichenden Erfahrungen über die Montagevorgänge besitzen, wird die Durchlaufzeit eines Produktes in dieser Phase länger sein als geplant (vgl. *Hahn* 1989, S. 128 f.).

Beide Kriterien sind aber im Grunde ungeeignet für die Indikation einer stabilen Produktion, da ihre Realisierung jeweils nur ein Suboptima darstellt:

- Das Erreichen eines bestimmten Qualitätsziels an einem beliebigen Punkt im Produktionsprozeß sagt noch nichts über die Mengengrößen aus, die unter Einhaltung des Qualitätsziels realisiert werden können.
- Die Fokussierung auf das Erreichen einer bestimmten Durchlaufzeit vernachlässigt andererseits das Qualitätsniveau, das bei dieser Durchlaufzeit realisiert wird. Bei hohen Ausschuß- oder Reklamationsraten kann nicht von einer stabilen Produktion gesprochen werden.

Geeigneter für die Indikation einer stabilen Produktion erscheint daher die Maßgröße der **Normalproduktivität**. Diese stellt eine Plangröße dar, wieviel fehlerfreie Einheiten eines bestimmten Produkts in einer bestimmten Periode produziert werden sollen (vgl. *Clark, Fujimoto* 1991, S. 188).

Die Betrachtung des Übergangs von der Entwicklung in die Produktion bei komplexen Serienprodukten darf sich nicht allein auf die Unternehmen beschränken, die das Endprodukt letztendlich montieren und vertreiben. Gerade die Komplexität des Produkts bedingt den Einbezug einer Vielzahl von Lieferanten sowohl in die Entwicklung als auch in die Produktion des komplexen Serienprodukts (vgl. Abschnitt 2.3.4). Gerade am Übergang von der Entwicklung in die Produktion beim Automobilhersteller haben die Innovationsprozesse beim Automobilzulieferer einen großen Einfluß auf das Gesamtsystem.

2.2.4 Entwicklung und Serienanlauf an der Schnittstelle zwischen Automobilhersteller und Automobilzulieferer

Die Bedeutung der Automobilzulieferer in der Automobilindustrie wächst ständig an. Die Fertigungstiefe der Automobilhersteller in Deutschland betrug 1994 noch ca. 40 % und wird in den nächsten Jahren noch weiter zurückgehen (vgl. *IKB Deutsche Industriebank* 1995, S. 8; *Slade* 1993, S. 111ff.; *Wildemann*

1993c, S. 36). Im Zug der Reduktion der Fertigungstiefe gehen immer mehr Automobilhersteller dazu über, auch die Entwicklungstiefe zu verringern (vgl. *Frank* 1994, S. 50; *Müller* 1994, S. 40).

Gleichzeitig ist der Trend zu einer Verringerung der Gesamtzahl der Zulieferer zu verzeichnen (vgl. *Rommel et al.* 1995, S. 158 ff.). Diese beiden Tendenzen führen dazu, daß die Lieferantenstruktur der Automobilhersteller einem grundlegenden Wandel unterzogen wird. Es gibt immer weniger Lieferanten, die in direktem Kontakt zum Automobilhersteller stehen. Diese sind jedoch für größere Systemumfänge zuständig und übernehmen zusätzlich zur eigentlichen Produktleistung die Koordination der zum betreffenden System gehörenden Sublieferanten (vgl. *Kaufmann* 1995, S. 281 f.; *Traudt* 1997, S. 320; *Wildemann* 1993c, S. 37).

2.2.4.1 Auswahl der Lieferanten durch den Automobilhersteller

Zur Auswahl der Lieferanten für Entwicklungs- und Produktionsumfänge für Bauteile, Komponenten und Systeme wird speziell bei deutschen Automobilherstellern (vgl. Abschnitt 5.2.3) häufig der Konzeptwettbewerb angewandt. Dabei wird eine Reihe von Lieferanten mit Entwicklungskompetenz gebeten, für einen bestimmten Systemumfang ein Angebot abzugeben. Die Lieferanten erhalten einige technische Rahmendaten, Funktionsanforderungen sowie teilweise auch Lieferpreise und -mengen als Vorgabe. Innerhalb eines relativ kurzen Zeitraums (4 bis 12 Wochen) müssen konkrete Produktkonzepte eingereicht werden, die diesen Vorgaben entsprechen (vgl. *Flik et al.* 1993, S. 3). An diesen Konzeptwettbewerben müssen auch Lieferanten teilnehmen, mit denen bereits langjährige Erfahrungen bestehen. Es können aber auch unternehmensinterne Bereiche des Automobilherstellers verpflichtet werden, mit unternehmensexternen Anbietern zu konkurrieren (vgl. *Traudt* 1997, S. 319).

Der Konzeptwettbewerb hat den Vorteil, daß der Automobilhersteller keine eigene umfangreiche Entwicklungskompetenz für die betreffende Komponente vorhalten muß. Dabei lassen sich die Konzeptwettbewerbe nach dem Umfang und der Konkretisierung der Vorgaben differenzieren. Zur Bestimmung detaillierter Vorgaben für den Konzeptwettbewerb sind allerdings tiefere Kenntnisse über den aktuellen Stand der Technologie für den betreffenden Lieferumfang notwendig. Bei der *Daimler-Benz AG* werden daher vor der eigentlichen Konzeptphase zunächst Orientierungsgespräche mit potentiellen Entwicklungspartnern geführt, um die Ideen und Anforderungen der Lieferanten bei der Erarbeitung der Vorgaben für das Produkt berücksichtigen zu können (vgl. *Müller* 1994, S. 42). Diese Orientierungsgespräche erfolgen sowohl in offenen Informationsveranstaltungen zusammen mit allen potentiellen Partnern als auch in Einzelgesprächen mit den Lieferanten. Nach Bewertung und Auswahl der geeigneten Innovationsideen erfolgt dann der eigentliche Konzeptwettbewerb.

2.2.4.2 Entwicklung und Serienanlauf beim Automobilzulieferer

Die Tendenzen einer Verkürzung der Entwicklungszeit bei gleichzeitiger Erhöhung der technologischen Anforderungen zeigt sich auch bei den Automobilzulieferern. Die Automobilzulieferer reagieren auf diese Situation ebenfalls mit einer höheren Parallelisierung der Aufgabenbearbeitung und einer verstärkten Integration der Unternehmensfunktionen in der Produktentwicklung (vgl. *Flik et al.* 1993, S. 4). Zusätzlich tritt beim Automobilzulieferer die laufende Abstimmung mit dem Entwicklungsprozeß beim Kunden hinzu. Diese Abstimmung kann auf unterschiedliche Arten erfolgen:

- Gespräche mit den betreffenden Ansprechpartnern des Automobilherstellers bei Problemen mit der konstruktiven Umsetzung der Vorgaben bzw. bei Änderungen der Vorgaben durch den Automobilhersteller.
- Periodischer Besuch von Entwicklern des Automobilherstellers beim Zulieferer und gemeinsamer Review des Entwicklungsstands.
- Periodische Teilnahme von Mitgliedern des Entwicklungsteams des Automobilzulieferers bei Sitzungen des Entwicklungsteams beim Automobilhersteller, um so auch Informationen über den Entwicklungsstand des Gesamtfahrzeugs zu erhalten.
- Permanente Mitarbeit von Ingenieuren des Automobilzulieferers im Entwicklungsteam des Automobilherstellers.

Um bei den Konzeptwettbewerben in kurzer Zeit ein auf seine Realisierbarkeit hin abgesichertes Produktkonzept vorlegen zu können, werden bei den Lieferanten in der Vorentwicklung zunächst ohne Abstimmung mit dem Automobilhersteller grobe Entwürfe ausgearbeitet, die bei der Teilnahme an einem Konzeptwettbewerb den jeweiligen Vorgaben angepaßt werden.

Ist die Auswahl erfolgt, muß der Lieferant baldmöglichst Erstmuster des betreffenden Entwicklungsobjekts beim Automobilhersteller einreichen. „Erstmuster sind Teile, Aggregate oder sonstige Fertigungsmaterialien, die vollständig mit serienmäßigen Bedingungen hergestellt worden sind" (*VDA* 1975, S. 18). Mit den Erstmustern soll der Zulieferer den Nachweis erbringen, daß er die vereinbarten maßlichen, werkstofflichen und funktionellen Spezifikationen einhalten kann (vgl. *VDA* 1975, S. 18).

Anhand von Erstmustern kann die produktbezogene Qualitätsfähigkeit eines Lieferanten abgeschätzt werden. Wichtiger ist jedoch die Frage, ob der Lieferant das geforderte Produkt auch in den notwendigen Stückzahlen unter Serienbedingungen termin- und anforderungsgerecht bereitstellen kann. Zur Beantwortung dieser Frage erfolgen Besichtigungen vor Ort, werden Auditierungen des Produktions- und Logistiksystems durchgeführt und teilweise Produktionsprobeläufe in größerem Umfang von den Lieferanten gefordert.

Der rasche und vor allem reibungslose Übergang von der Entwicklung in die Produktion ist für den Automobilzulieferer von hoher Bedeutung, da der Entwicklungsprozeß beim Zulieferer vor dem Entwicklungsprozeß beim Automobilhersteller beendet werden muß. So sind für die Nullserie des Automobilherstellers bereits Teile aus der Serienproduktion des Zulieferers bereitzustellen, in der Phase des Produktionshochlaufs beim Automobilhersteller ist die qualitativ und quantitativ stabile Versorgung aus einer abgesicherten Produktion zu gewährleisten (vgl. *Rosenthal* 1992, S. 29 f.). Andererseits muß der Zulieferer flexibel genug sein, um kurzfristig noch Änderungen vornehmen zu können, was aufgrund der fortgeschrittenen Konkretisierung hohe Änderungskosten zur Folge haben kann (vgl. *Wilken* 1987, S. 38 ff.).

Insgesamt findet sich ein hoher Umfang an Abstimmungsbedarfen in Entwicklung und Serienanlauf, sowohl beim Automobilhersteller als auch beim Automobilzulieferer. Im folgenden Abschnitt wird analysiert, wie es zu diesem Abstimmungsbedarf kommt und wie dieser systematisiert werden kann.

2.3 Konsequenz der Komplexität: Schnittstellen im Innovationsprozeß

2.3.1 Entstehung von Schnittstellen in der Entwicklung komplexer Serienprodukte

Komplexe Serienprodukte stellen besondere Anforderungen an die Gestaltung des Innovationsprozesses. Durch die Vielzahl an unterschiedlichen Systemen, Komponenten und Bauteilen in unterschiedlichen Varianten mit unterschiedlichen Technologien wird umfangreiches technologisches Know-how für deren Entwicklung notwendig. Um dieses umfangreiche Wissen in den Entwicklungsprozeß einzubringen, wird das Entwicklungsprojekt in einzelne Aufgabenpakete unterteilt, die durch verschiedene, unternehmensinterne und -externe Organisationseinheiten mit dem notwendigen Know-how zu verschiedenen Zeitpunkten im Verlauf der Produkt- und Prozeßentwicklung bearbeitet werden. Die Komplexität des Serienprodukts generiert somit organisatorische Komplexität des Entwicklungsprozesses (vgl. Abbildung 2-5).

Die Ergebnisse der einzelnen, verteilt bearbeiteten Aufgabenpakete müssen im weiteren Verlauf des Innovationsprozesses am Übergang zur Produktion wieder zusammengeführt werden (vgl. *Wheelwright, Clark* 1993, S. 23 f.). Aufgrund der Interdependenzen zwischen den Arbeitspaketen ist deren Bearbeitung inhaltlich und zeitlich bereits im Vorfeld aufeinander abzustimmen (vgl. Abbildung 2-5). Die Punkte, an denen aufgrund der Zusammenhänge zwischen den Aufgabenpaketen eine gegenseitige Abstimmung erfolgen muß, werden im folgenden als Schnittstellen bezeichnet.

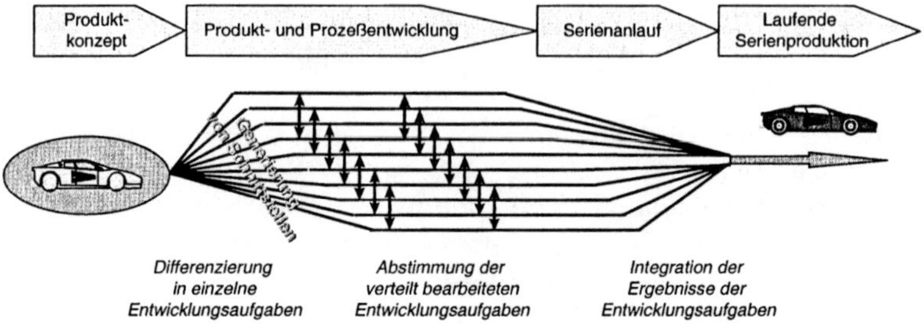

Abbildung 2-5: Generierung von Schnittstellen im Innovationsprozeß

Ein leistungsfähiger Produktionshochlauf beruht auf der erfolgreichen Harmonisierung der Schnittstellen im Verlauf der Entwicklung und auf der erfolgreichen Integration am Übergang von der Entwicklung in die Produktion (vgl. *Cooper* 1979b, S. 102). Welche Schnittstellen sind nun bei der Koordination und Integration in Entwicklung und Serienanlauf zu betrachten?

Der Arbeitskreis *Integrationsmanagement für neue Produkte* der *Schmalenbach-Gesellschaft/ Deutsche Gesellschaft für Betriebswirtschaft e.V.* hat die Schnittstellen in Entwicklungsprojekten analytisch-deduktiv und empirisch untersucht und in 7 speziellen Integrationsbedarfen konkretisiert (vgl. *Hanssen, Kern* 1992; Abbildung 2-6*;* vgl. zur Diskussion *Schelle* 1996, S. 459 ff.).

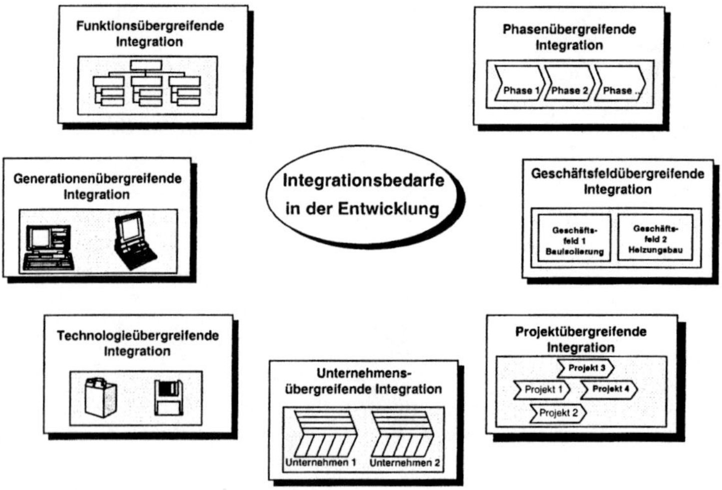

Abbildung 2-6: Integrationsbedarfe in der Entwicklung[15]

15 In Anlehnung an *Hanssen* 1992, S. 4.

Die projektübergreifende Integration an der Schnittstelle zwischen einzelnen Projekten ist auf Entwicklungsbereichsebene im Hinblick auf eine gemeinsame Ressourcennutzung und im Hinblick auf Synergien zwischen den Projekten von Relevanz (vgl. *Hanssen* 1992, S. 10). Da sich diese Arbeit, wie bereits oben erläutert, auf ein einzelnes Entwicklungsprojekt konzentriert, soll diese Schnittstelle aus den folgenden Betrachtungen ausgeklammert werden. Die Schnittstellen zwischen einzelnen Geschäftsfeldern werden aus diesem Grund ebenfalls nicht näher betrachtet.

Die in Abbildung 2-6 aufgezeigten Schnittstellen in Entwicklung und Serienanlauf lassen sich grundsätzlich in produktbezogene und organisatorische Schnittstellen unterscheiden (vgl. Tabelle 2-1).

Organisatorische Schnittstellen[16]	Produktbezogene Schnittstellen
• Schnittstellen zwischen den einzelnen Phasen der Entwicklung	• Technologische Schnittstellen in Produkt und Prozessen
• Schnittstellen zwischen den Funktionsbereichen	• Schnittstellen eines neuen Produkts mit Vorgängerprodukten
• Schnittstellen mit externen Organisationseinheiten	• Schnittstellen zwischen Produkten innerhalb eines Produktprogramms

Tabelle 2-1: Organisatorische und produktbezogene Schnittstellen

Die organisatorischen Schnittstellen scheinen auf den ersten Blick in keinem Bezug zu den produktbezogenen, eher technischen Schnittstellen zu stehen. Tatsächlich besteht hier jedoch ein sehr enger Zusammenhang: Durch die gemeinsame, arbeitsteilige Entwicklung eines neuen Produkts und der dazugehörigen Prozesse bezieht sich der Harmonisierungsbedarf an einer bestimmten organisatorischen Schnittstelle zumeist auch auf eine produktbezogene Schnittstelle (vgl. *Jahn* 1991, S. 167 sowie Abbildung 2-5).

Der Harmonisierungsbedarf an den einzelnen Schnittstellen zwischen den Organisations- bzw. Produkteinheiten besteht während des gesamten Entwicklungsprozesses, eine Vernachlässigung dieser Harmonisierungsbedarfe zeigt sich allerdings erst in der Phase des Serienanlaufs, bei der **Integration** der einzelnen produktbezogenen Einheiten bzw. der Integration der Ergebnisse der in den einzelnen Organisationseinheiten bearbeiteten Entwicklungsaufgaben (vgl. *Vincent* 1989, S. 111). Bei mangelnder Harmonisierung im Vorfeld kommt

---

16 Vgl. detaillierter *Bürgel et al.* 1996, S. 57 f., die hier jedoch nur die unternehmensinternen Schnittstellen betrachten.

es im Serienanlauf zu Reibungsverlusten, die sich in Budgetüberschreitungen und Zeitverzögerungen äußern (vgl. *Bürgel et al.* 1996, S. 56).

Im folgenden werden die in Tabelle 2-1 angeführten organisatorischen und produktbezogenen Schnittstellen näher beschrieben und die Auswirkungen der eingangs beschriebenen Veränderungen einer Verkürzung der Entwicklungszeit und einer Beschleunigung des technologischen Fortschritts aufgezeigt.

2.3.2 Schnittstellen zwischen den Projektphasen

Erfolgskritisch für ein Entwicklungsprojekt komplexer Serienprodukte ist die Definition einer konkreten Ablaufstruktur. Hierzu wird der Entwicklungsprozeß in einzelne Phasen mit zusammengehörenden Tätigkeitsinhalten unterteilt (vgl. *Gentner* 1994, S. 39 ff.; *Hanssen* 1992, S. 8; *Platz* 1986a, S. 107 ff.).

Bei der klassischen Phaseneinteilung des Entwicklungsprojekts kann eine bestimmte Phase erst beginnen, wenn die vorhergehende Phase abgeschlossen wurde. Die Schnittstelle zwischen zwei Phasen wird bei der klassischen Phaseneinteilung durch einen vorab terminierten Meilenstein markiert, an dem die definierten Arbeitsergebnisse der abzuschließenden Phase vorliegen müssen (vgl. Platz 1986a, S. 107 ff.).

Durch die Verkürzung der Gesamtentwicklungszeit wird – bei gleichzeitiger, technisch- und kapazitätsbedingter Konstanz einzelner Phasenzeiträume – eine Überlappung der einzelnen Phasen des Entwicklungsprozesses unabdingbar (vgl. *Takeuchi, Nonaka* 1986, S. 46; *Vincent* 1989, S. 40 sowie *Gerwin* 1993, S. 129, der diese Problematik bei der Chipentwicklung näher beleuchtet). Dadurch muß die bislang vorherrschende sequentielle Anordnung der einzelnen Phasen aufgegeben werden. Der Start einer bestimmten Phase ist nicht mehr vom Abschluß der vorhergehenden Phase abhängig, die darauffolgende Phase beginnt ebenfalls bevor alle Ergebnisse der aktuellen Phase vorliegen (vgl. *Smith, Reinertsen* 1991, S. 162).

Diese Vorgehensweise bedingt einerseits, daß in jeder Phase die Auswirkungen einzelner Entscheidungen auf die Folgephasen, die bereits begonnen haben, berücksichtigt werden (vgl. *Bürgel, Gentner* 1992, S. 88). Andererseits müssen sämtliche Informationen aus der vorhergehenden Phase und vor allem die verbleibenden Freiheitsgrade für die Entscheidung aktuell vorliegen. Die Ergebnisse einer Entscheidung müssen dann sofort kommuniziert werden, um in den parallel laufenden Phasen die notwendigen Informationen über den aktuellen Entwicklungsstand bereitzustellen (vgl. *Siegwart, Senti* 1995, S. 162). Durch die Phasenüberlappung entstehen somit rekursive Informationsschleifen, die eine Vorverlagerung von Erkenntnissen im Entwicklungsprozeß ermöglichen (vgl. *Wildemann* 1993a, S. 7).

In den späten Phasen der Entwicklung bestehen keine zeitlichen Slacks für zusätzliche Rekursionschleifen mehr und eine weitergehende Überlappung der Phasen über den Produktionsstart hinaus ist ebenfalls nicht möglich. Gerade die Erkenntnisse aus der Phase des Serienanlaufs sind daher möglichst weit nach vorne in den Entwicklungsprozeß zu verlagern, um frühzeitig Informationen über den Harmonisierungsstand von Produkt, Produktionsprozessen und Produktionskapazitäten zu erhalten (vgl. *Bürgel, Gentner* 1992, S. 83).

Durch die Überlappung der Entwicklungsphasen ist die Abstimmung zwischen den Phasen zu den Meilensteinen am Phasenübergang nicht mehr ausreichend. Vielmehr ist eine möglichst permanente Abstimmung notwendig (vgl. *Smith, Reinertsen* 1991, S. 159 sowie Abbildung 2-7).

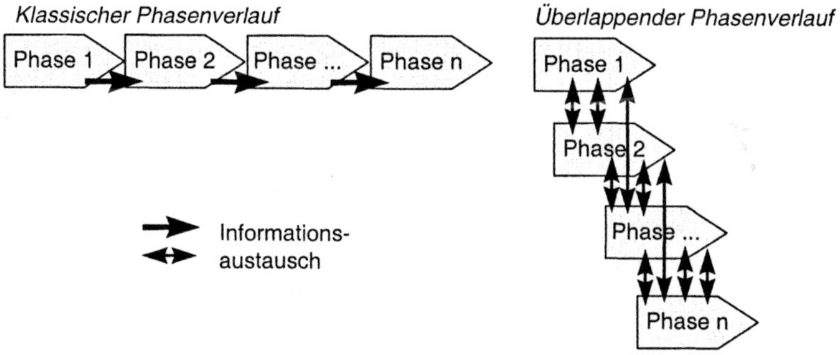

Abbildung 2-7: Veränderungen der Schnittstellen zwischen den Entwicklungsphasen

In engem Zusammenhang mit den Schnittstellen zwischen den Phasen des Entwicklungsprozesses stehen die Schnittstellen zwischen den betrieblichen Funktionen, die an den einzelnen Phasen des Innovationsprozesses beteiligt sind.

2.3.3 Schnittstellen zwischen den betrieblichen Funktionen

In die Entwicklung neuer Produkte und der dazugehörigen Produktionsprozesse sind viele Funktionsbereiche im Unternehmen involviert. Dies betrifft (vgl. *Kern* 1992a, S. 55):

- **Führungsfunktionen** (Unternehmens-, Bereichsleitung etc.),
- **konzeptionelle Funktionen** (Konstruktion, Arbeitsvorbereitung etc.),
- **Umsetzungsfunktionen** (Beschaffung, Produktion, Vertrieb etc.) sowie
- **unterstützende Funktionen** (Controlling, Qualitätsmanagement, Personalwirtschaft).

Bei der traditionellen Vorgehensweise in der Produktentwicklung arbeiten die Funktionsbereiche weitestgehend isoliert voneinander an den jeweiligen Entwicklungsaufgaben, die Kompetenzen und Zuständigkeiten sind strikt getrennt und die einzelnen Arbeitsergebnisse werden nach dem Abschluß der Entwicklungsaufgabe an die betreffenden Funktionsbereiche weitergeleitet. Diese Vorgehensweise wird auch als „throwing-over-the-wall"-Ansatz bezeichnet (vgl. *Ehrlenspiel* 1992, S. 294 f.; *Eversheim* 1989, S. 4).

Aufgrund der Verkürzung der Entwicklungszeit und der gestiegenen technologischen Komplexität ist es heute Aufgabe aller Unternehmensbereiche, ab dem Start der Konzeptphase das Entwicklungsobjekt gemeinsam zu gestalten, zu erproben und die Tauglichkeit für die Serienproduktion sicherzustellen (vgl. *Geigenberger* 1992, S. 3). Traditionelle Rollenverständnisse wie: „Kosten sind die Sache des Kaufmanns, der Ingenieur kümmert sich um die technische Realisierung" können nicht mehr aufrecht erhalten werden (vgl. *Ehrlenspiel* 1992, S. 295). Alle Funktionsbereiche müssen sich für die Entwicklung und die Erfüllung der vereinbarten Ziele gemeinsam verantwortlich fühlen, ihr Wissen und ihre Erfahrung von Anfang an einbringen und anderen Funktionsbereichen zur Verfügung stellen (vgl. *Kern* 1992a, S. 57). Für die Koordination zwischen den Unternehmensbereichen gibt es dabei verschiedene Gestaltungsformen von der informellen Kommunikation bei Problemen bis hin zur permanenten Zusammenarbeit im Team (vgl. Abschnitt 2.4.1). Unabhängig von der Art der Zusammenarbeit erhöht sich der Umfang der Abstimmungsprozesse zwischen den Funktionsbereichen (vgl. Abbildung 2-8).

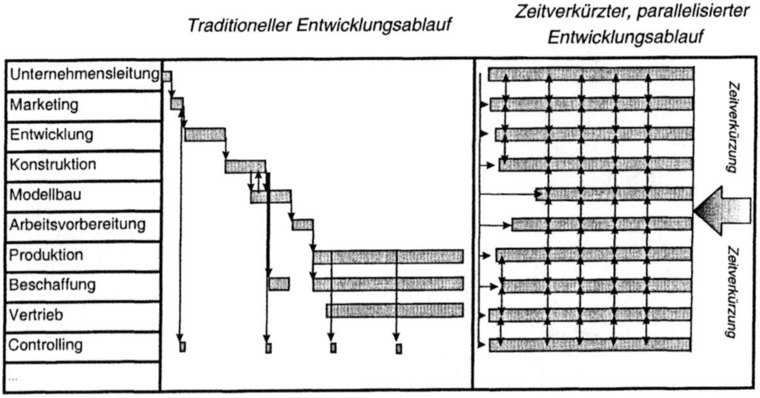

Abbildung 2-8: Veränderungen der Schnittstellen zwischen den betrieblichen Funktionen

Eine hohe Bedeutung für die organisatorischen Schnittstellen zwischen Unternehmensfunktionen haben die produktbezogenen Schnittstellen zwischen den verschiedenen Technologien, die vom Arbeitskreis „Integrationsmanagement für neue Produkte" der *Schmalenbach-Gesellschaft* als eigenständiges Integrationsfeld betrachtet werden. Insgesamt ist im Innovationsprozeß eine Vielzahl technologischer Disziplinen zu berücksichtigen, so bspw. in der Automobilindustrie (vgl. *Kern* 1992b S. 64; *Schirmer* 1990, S. 893): Mechanik, Elektrik, Hydraulik, Elektronik, Sensorik, Regeltechnik, Aerodynamik, Statik, Werkstoffkunde, Fertigungstechnik, Design, Ergonomie, Medizin und Ökologie.

Um die Vielzahl und die Verschiedenartigkeit der Technologien beherrschen zu können, ist eine Spezialisierung der Kompetenzträger notwendig. Die in den einzelnen Funktionsbereichen des Unternehmens verteilten Kenntnisse sind im Verlauf des Projekts einzubeziehen (vgl. *Kern* 1992b, S. 67). So sind bei der Gestaltung eines Bauteils bspw. mehrere Technologiebereiche betroffen:

- die **Werkstoffkunde** zur Auswahl eines bestimmten Materials aufgrund der notwendigen Bauteileigenschaften, bspw. eines bestimmten Kunststoffs für einen Stoßfänger,
- die **Fertigungstechnik** zur Beurteilung der Verarbeitungsfähigkeit des vorgeschlagenen Materials und
- die **Ökologie** zur Beurteilung der Umweltverträglichkeit des Materials und der recyclinggerechten Verarbeitung.

In der Praxis entstehen jedoch erhebliche Probleme bei der Zusammenarbeit zwischen den Funktionsbereichen. Durch eine Vielzahl empirischer Untersuchungen wurde belegt, daß die Divergenz zwischen Organisationseinheiten erhebliche Probleme an den Schnittstellen schafft. Richtungsweisend war die empirische Studie von *Lawrence* und *Lorsch,* die bereits 1967 nachwies, daß die Harmonisierungsbedarfe um so größer sind:

- je größer die **Unterschiede** hinsichtlich der Zielsetzungen der Mitarbeiter, der Art der interpersonellen Kooperation und Kommunikation sowie der formalen Organisationsstruktur **zwischen den Organisationseinheiten** innerhalb eines Unternehmens sind und
- je **dynamischer das Umfeld** im Hinblick auf die Häufigkeit und Vorhersehbarkeit von Veränderungen ist (vgl. *Lawrence, Lorsch* 1967, S. 49 ff.).

Die auch heute noch validen Ergebnisse von *Lawrence* und *Lorsch* verdeutlichen die Problematik der Schnittstellen zwischen den Unternehmensfunktionen in Entwicklung und Serienanlauf. Die Funktionen arbeiten hier in einem von umfangreichen und häufigen Situationsänderungen geprägten Umfeld zusammen. Die beiden Funktionen Entwicklung und Produktion, deren enge Zusammenarbeit insbesondere im Serienanlauf notwendig ist, werden bereits von *Lawrence* und *Lorsch* als Referenzbeispiel für eine hohe Divergenz zwischen Organisationseinheiten angeführt.

2.3.4 Schnittstellen zwischen den an Entwicklung und Serienanlauf beteiligten Unternehmen

Der Arbeitskreis „Integrationsmanagement für neue Produkte" der *Schmalenbach-Gesellschaft* hat einen wesentlichen Integrationsbedarf an den Schnittstellen zwischen Entwicklungspartnern ausgemacht. Diese Schnittstellen entstehen durch die Fremdvergabe von Entwicklungsumfängen an Zulieferer bzw. durch die gemeinsame Durchführung von Teilprojekten mit Entwicklungspartnern (vgl. *Reiß* 1992a, S. 119 ff.).

Durch den zunehmenden technologischen Fortschritt und die Verkürzung der Entwicklungszeiten können viele Unternehmen nicht mehr die notwendigen Kapazitäten und das notwendige Know-how vorhalten, um ein Entwicklungsprojekt komplett mit eigenen Ressourcen zu bewältigen. Die Fremdvergabe von Entwicklungsumfängen bietet daher aus Sicht des Fremdvergebenden einige Vorteile (vgl. hierzu auch *Bürgel et al.* 1996, S. 53 f.):

- Nutzung der beim Zulieferer vorhandenen Technologiekompetenz,
- Kostensenkung durch die geringeren Transaktionskosten bei den Zulieferern,
- Veränderung der Kostenstruktur in der Entwicklung weg von fixen Bereichskosten hin zu variablen Projektkosten,
- Beschleunigung durch Parallelisierung der Entwicklungsumfänge und die Nutzung der zusätzlichen Entwicklungskapazität.

Der Umfang der Fremdvergabe ist u. a. abhängig von der Kompetenz der betreffenden Hersteller und Zulieferer. Es können dabei verschiedene Formen der Partnerschaft unterschieden werden (vgl. Abbildung 2-9; *Reiß* 1992a, S. 123).

Durch die Fremdvergabe von Entwicklungsumfängen wird die Koordination der zuvor intern verantwortlichen Einheiten durch die Koordination mit externen Organisationseinheiten ersetzt. Hierdurch kann einerseits auch ein Teil der Koordination zum Zulieferer verlagert werden (im Falle der Systempartnerschaft), andererseits wird die Koordination zwischen den Unternehmen durch die räumliche Entfernung erschwert.

Bei den vier letztgenannten Kooperationsformen erfolgt zusätzlich zum Serienanlauf beim Hersteller ein Serienanlauf beim Zulieferer (vgl. hierzu auch Kapitel 4). Bei der Kooperationsform der Lohnfertigung, die eigentlich keine Entwicklungspartnerschaft darstellt, erfolgt der Innovationsprozeß zudem über Unternehmensgrenzen hinweg. Eine ausführliche Diskussion der Zusammen-

Koordination Entwicklungspartner	H	H	H	H	H	L
Entwicklung Produktelement	L	H	H	H	L	L
Entwicklung Prozeß	H	L	H	L	L	L
Serienproduktion	H	H	L	L	L	L
L Zulieferer H Automobilhersteller	**Know-how-Zukauf** z.B. Ingenieurbüro für Karosseriegestaltung	**Vertikale Spezialisierung** z.B. Zulieferer für Lackieranlagen	**Lohnfertigung** z.B. Konfektionierung von Kabelbäumen	**Detailvorgabe-Zulieferer** z.B. Zulieferer für Gußteile Motorblock	**Black-box-Zulieferer mit Technologie-kompetenz** z.B. Motorsteuerung	**Systempartnerschaft mit Koordinationskompetenz** z.B. Zulieferer Bremssysteme

Abbildung 2-9: Grundmodelle der vertikalen Entwicklungspartnerschaft

hänge zwischen den einzelnen Zuliefertypen und der Gestaltung des Innovationsprozesses erfolgt in Kapitel 5.

Insgesamt zeigt es sich, daß die Anzahl der Schnittstellen zwischen den Entwicklungspartnern durch die Verkürzung der Entwicklungszeit und die erhöhten technologischen Anforderungen ebenfalls deutlich zugenommen hat: es werden zum einen zunehmend sowohl Produktions- als auch Entwicklungsumfänge nach außen verlagert. Die frühere Einbindung der Lieferanten in den Innovationsprozeß bedingt zum anderen eine intensivere Abstimmung zwischen den Entwicklungspartnern, um die spätere Integration der verteilt erarbeiteten Entwicklungsergebnisse zu erleichtern.

Das Anwachsen der vorgenannten organisatorischen Schnittstellen ist letztendlich die Folge einer Erhöhung der Schnittstellenanzahl zwischen den Produktteilen. Die technischen Schnittstellen zwischen den einzelnen Bauteilen eines Produkts sind jedoch nicht die einzigen produktbezogenen Schnittstellen, die es zu beachten gilt, wie im nächsten Abschnitt noch zu erläutern sein wird.

2.3.5 Weitergehende produktbezogene Schnittstellen

Die zunehmende Verkürzung der Entwicklungszeiten und der steigende Wettbewerbsdruck in vielen Branchen zwingen zu einer Rationalisierung der Produkt- und Prozeßentwicklung. Eine Auswirkung ist die Bemühung, nicht sämtliche Produkt- und Prozeßmerkmale völlig neu zu erschaffen. Durch das Ausnutzen von Gemeinsamkeiten zwischen Produktgenerationen und Produkten innerhalb einer Produktfamilie sowie durch die Konzentration auf innovative und differenzierende Aspekte soll dem Zeit- und Kostendruck in der Produkt- und Prozeßentwicklung begegnet werden (vgl. *Liesegang* 1992, S. 95).

Diese Bemühungen finden in einem verstärkten Einsatz von **Gleichteilekonzepten** (die Verwendung identischer Komponenten in verschiedenen Produkten einer Produktgeneration) und einem hohen Anteil an **carry over-Teile** (die erneute Verwendung von Komponenten eines Produkts in der darauffolgenden Produktgeneration) ihren Niederschlag.

Die häufige Verwendung von **Gleichteilen** in der Automobilindustrie[17] ist auf eine Reihe von Vorteilen zurückzuführen (vgl. *Seiffert* 1994, S. 58; *Traudt* 1997, S. 318; *Womack et al.* 1990, S. 111):

- Gleichteile müssen nur einmal entwickelt werden und können somit beim Einsatz in späteren Neuproduktprojekten zu kürzeren Entwicklungszeiten und geringerem Entwicklungsaufwand beitragen,
- Gleichteile werden insgesamt – im Vergleich zu unterschiedlichen Teilen bei den einzelnen Fahrzeugen – in höheren Stückzahlen produziert, verbessern dadurch die Anlagenauslastung und verringern die Stückkosten,
- mit Gleichteilen bestehen bereits umfangreiche Erfahrungen, sofern sich die Teile bereits in anderen Produkten bewährt haben und
- Gleichteile verringern die Teilevielfalt und haben dadurch Auswirkungen auf die Prozesse in den indirekten Bereichen.

Beispiele für Gleichteile und die damit verbundenen Kostenvorteile bei der *BMW AG* können der Abbildung 2-10 entnommen werden.

Eine Weiterentwicklung der Standardisierung durch Gleichteilekonzepte bilden die **Plattform**-Programme, wie sie bspw. bei *General Motors, Ford* und *Chrysler,* bei der *Volkswagen AG* oder der deutschen *GM*-Tochter *Adam Opel AG* angewandt werden (vgl. *McElroy* 1991, S. 47; *Seiffert* 1994, S. 57 f.). Jede Plattform umfaßt eine Reihe unterschiedlicher Fahrzeugmodelle, die einen gemeinsamen Unterbau besitzen und mit den gleichen Produktionsanlagen produziert werden können, wie bspw. der *Opel Corsa* und der *Opel Tigra* (vgl. *Scherer* 1998, n.o.S.).

---

17 Die *BMW AG* hat bspw. einen Komponentenüberdeckungsgrad von 30 % bis 40 % zwischen zwei unterschiedlichen Baureihen (vgl. *Traudt* 1997, S. 319).

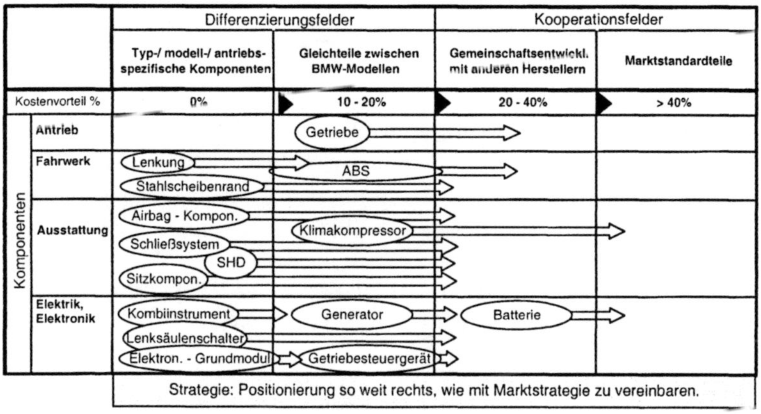

Abbildung 2-10: Gleichteilkategorien und Gleichteilziele der BMW AG[18]

Sofern ein Teil der Komponenten vom Vorgängermodell übernommen wird (**carry over-Teile**), kann die Produktion dieser Teile unverändert weiterlaufen (vgl. *Jahn* 1991, S. 162; *Liesegang* 1992, S. 100; *Womack et al.* 1990, S. 111). Die Nutzungsdauer der Werkzeuge und Produktionsanlagen für diese Teile verlängert sich, sofern deren technische Lebensdauer noch nicht beendet ist, und die Stückkosten werden entsprechend gesenkt.

Allerdings sind sowohl beim Einsatz von Gleichteilekonzepten als auch bei der Verwendung von carry over-Teilen einige Einschränkungen zu beachten:

- Die Differenzierungsmöglichkeiten der Produkte untereinander und zwischen Vorgänger- und Nachfolgeprodukten wird durch die Konzepte eingeschränkt, was zu Akzeptanzproblemen im Markt führen kann.
- Der Einsatz von Gleichteilen und carry over-Teilen schränkt die Gestaltungsspielräume bei der Neuproduktkonstruktion ein, da diese Teile nicht geändert werden können und die technischen Schnittstellen mit anderen, neuen Komponenten dadurch bereits fix definiert sind.

Aufgrund der Erfahrungen, die mit Gleichteilen aus anderen Produkten und carry over-Teile aus vorhergehenden Produktgenerationen bestehen, ist mit geringeren Problemen im Innovationsprozeß zu rechnen. Vor allem der letztgenannte Nachteil dieser Konzepte zeigt jedoch, daß aus der Verwendung von Gleichteilen und carry over-Teilen nicht unbedingt positive Effekte auf die Zielgrößen Produktkosten und Time-to-Market für das Gesamtprodukt resultieren müssen.

---

18 In Anlehnung an *Traudt* 1997, S. 318.

In bezug auf die implizierten organisatorischen Schnittstellen bedeutet die vermehrte Verwendung von Gleichteilen und carry over-Teilen, daß die Betrachtung nicht nur auf die an Entwicklung und Produktion des aktuellen Produkts beteiligten Organisationseinheiten beschränkt werden darf. Vielmehr sind auch die für die betreffenden Gleichteile und carry over-Teile verantwortlichen Organisationseinheiten aus anderen Produktprojekten einzubeziehen.

Welche Lösungsansätze in der Praxis angewandt werden, um eine Harmonisierung der Schnittstellen zu erreichen, wird im folgenden Abschnitt erläutert.

2.4 Lösungsansätze zur Harmonisierung der Schnittstellen im Innovationsprozeß komplexer Serienprodukte

Das Überwinden von Systemschnittstellen durch Koordination gilt als die wesentliche Aufgabe der Führung generell und stellt auch in Entwicklung und Serienanlauf die vordringlichste Funktion des Management dar (vgl. *Hanssen, Kern* 1992, S. VIII). Zur Harmonisierung der Aktivitäten an den Schnittstellen in Entwicklung und Serienanlauf lassen sich eine Vielzahl von Ansätzen identifizieren. In Abhängigkeit des Zeitpunktes der Harmonisierung sind prinzipiell zwei Vorgehensweisen zu differenzieren:

- die vorwegnehmende planerische Harmonisierung durch die Bildung aufeinander abgestimmter formaler Systeme (**Systembildende Koordination**) und
- die situative Harmonisierung durch Abstimmungsprozesse innerhalb eines bestehenden Systemgefüges (**Systemkoppelnde Koordination**) (vgl. *Horváth* 1996, S. 117)[19].

Sofern im folgenden generell von Koordination gesprochen wird, sind beide Formen der Harmonisierung gemeint.

2.4.1 Koordinationsmechanismen in Entwicklung und Serienanlauf

Die Organisationstheorie beschäftigt sich bereits seit geraumer Zeit mit den Aspekten der Koordination von Systemen. Hierbei wurden fünf allgemeine Koordinationsmechanismen identifiziert, die in der Praxis Anwendung finden (vgl. *Kieser, Kubicek* 1992, S. 95 ff.; *Lawrence, Lorsch* 1967, S. 12):

19 Die Bezeichnungen für diese Handlungsalternativen sind nicht einheitlich. So bezeichnen *Bleicher* und *Meyer* die präventive Harmonisierung als Integration, die situative Harmonisierung als Koordination (vgl. *Bleicher, Meyer* 1976, S. 48 f.), *Kieser* und *Kubicek* differenzieren zwischen der Vorauskoordination und der Feedbackkoordination (vgl. *Kieser, Kubicek* 1992, S. 81).

- **Koordination durch persönliche Weisung**: Die Koordination zwischen zwei Einheiten erfolgt durch Weisung der nächsthöheren Instanz. Dies kann sowohl präventiv in Form von top-down vorgegebenen Zielen erfolgen als auch ad hoc in Form situativer Entscheidungen. Voraussetzung für diese Form der Koordination ist das Vorhandensein einer Hierarchie zwischen den Systemeinheiten.
- **Koordination durch Institutionalisierung**: Die Koordination zwischen Einheiten erfolgt – wie bei der Koordination durch persönliche Weisung – durch eine dritte Instanz, die allerdings in keinem hierarchischen Zusammenhang zu den zu koordinierenden Einheiten steht und somit auch keine disziplinarischen Weisungen erteilt, sondern eine moderierende Funktion wahrnimmt (vgl. *Kern* 1992b, S. 67 f., der hier vom Systemintegrator spricht). Diese Koordinationsform wird zumeist situativ bei auftretenden Konflikten eingesetzt.
- **Koordination durch Selbstabstimmung**: Die Koordination zwischen Einheiten erfolgt in einer kollektiven Entscheidung ohne Einschaltung einer dritten Instanz. Erfolgskritisch ist dabei, daß alle entscheidungsbefugten Einheiten im Hinblick auf ein gemeinsames übergeordnetes Ziel motiviert sind und die kollektive Entscheidung von allen betroffenen Einheiten als verbindlich anerkannt wird (vgl. *Kieser, Kubicek* 1992, S. 88 ff.). Zeitpunkt und Ablaufstruktur der Selbstabstimmung können dabei durchaus formalisiert und extern vorgegeben sein. Diese Koordinationsform kann somit sowohl systembildend als auch systemkoppelnd ausgeprägt sein.
- **Koordination durch Programmierung**: Die Koordination erfolgt durch Entscheidungsregeln in Form von Handbüchern und Verfahrensrichtlinien. Voraussetzung für die systembildende Koordination durch Programme ist, daß die potentiellen Koordinationsbedarfe vorausgesehen und klassifiziert und entsprechende Lösungsalgorithmen vorgegeben werden können (vgl. *Kieser, Kubicek* 1992, S. 97). Bei einem dynamischen Umfeld kann daher die Koordination nicht ausschließlich durch Programme erfolgen – es sind ergänzende Koordinationsmechanismen notwendig.
- **Koordination durch Planung**: Die Koordination zwischen verschiedenen Einheiten kann auch dadurch erfolgen, daß deren Interaktion systematisch geplant und durch die Planung harmonisiert wird. Die Planung muß dabei in konkrete Zielvorgaben für die einzelnen Einheiten münden. Im Gegensatz zu den Vorgaben der persönlichen Weisung resultieren die Planvorgaben aus einem institutionalisierten, strukturierten und anonymisierten oder kollektiven Entscheidungsprozeß.

Adler konkretisiert und kombiniert die Koordinationsmechanismen für den Einsatz in Entwicklung und Serienanlauf in vier grundlegende Typen (vgl. zum folgenden *Adler* 1992, S. 141). Er ordnet diese nach dem Aufwand bei der Koordination wie folgt:

- **Standardisierung und Regeln:** Entsprechend der Koordination durch Programmierung können durch Produkt- und Prozeßstandards sowie heuristische Konstruktionsregeln wie Design-for-Manufacturing (DFM) und Design-for-Assembly (DFA) (vgl. *Boothroyd, Dewhurst* 1989) – bei entsprechendem Detaillierungsgrad – die Konzeption und Konstruktion des Produkts und die Vorbereitung der Fertigung ohne weitere Abstimmung zunächst unabhängig voneinander erfolgen. Sofern von Standards bzw. Regeln abgewichen wird, müssen standardisierte Änderungsprozeduren eine schnelle und effektive Information der betroffenen Einheiten sicherstellen

- **Phasenbezogene Freigabeprozeduren**: DFM-Richtlinien sind oftmals kein ausreichender Garant für die Produzierbarkeit unter Serienbedingungen (vgl. *Nevens* 1990, S. 24). Daher wird ein detaillierter Zeitplan erstellt, der den Entwicklungsprozeß in einzelne Phasen unterteilt. Der Beginn bzw. das Ende einer Phase werden im vorhinein zusammen mit den bis dahin notwendigen Entwicklungsunterlagen konkret festgelegt. Zu diesen Meilensteinen wird die schriftliche Zustimmung der höchsten Instanzen aller beteiligten Einheiten zu den bis zu diesem Zeitpunkt erarbeiteten Entwicklungsunterlagen vorgesehen. Hierdurch wird die Koordination durch Pläne mit der Koordination durch persönliche Weisung kombiniert.

- **Gegenseitige Anpassung**: In vielen Fällen reicht auch die Kombination aus DFM-Richtlinien und Zustimmung durch Gegenzeichnung nicht aus und es werden eine Reihe von interdisziplinären Besprechungen im Verlauf des Entwicklungsprozesses durchgeführt, bei denen Produkt- und Prozeßentwicklung gegenseitig abgestimmt und die Erfahrungen der Produktion mit eingebracht werden. So werden bspw. bei Design Reviews der aktuelle Entwicklungsstand und die zu diesem Zeitpunkt existierenden Probleme besprochen und Kompromißlösungen diskutiert (vgl. *Specht, Schmelzer* 1992, S. 538). In späteren Phasen des Entwicklungsprozesses finden interdisziplinäre Änderungsbesprechungen statt. Diese Koordination durch Selbstabstimmung kann zum einen fallweise ohne formale Regelung erfolgen. Oftmals wird jedoch themenspezifisch vorgegeben werden, wann und mit welchen Einheiten eine Besprechung stattfinden soll (vgl. *Kieser, Kubicek* 1992, S. 90).

- **Teamorganisation**: Die höchste Koordinationsstufe stellt nach *Adler* die institutionalisierte Selbstabstimmung durch die Bildung von funktions- und phasenübergreifenden Teams zur Bewältigung der einzelnen Aufgaben innerhalb des Entwicklungsprojekts von der Konzeption bis zum Serienanlauf dar. Durch die begrenzte Kapazität dieser Teams ist es bei umfangreichen Entwicklungsprojekten notwendig, zur Bewältigung der Entwicklungsaufgabe untergeordnete Teams zu bilden, die mit einzelnen Teilaufgaben betraut werden (vgl. *Heßen, Wesseler* 1994, S. 153). Durch die Vielzahl der Teams und die Interdependenzen zwischen diesen Teams entsteht dann wiederum Koordinationsbedarf, der sowohl horizontal als auch vertikal durch die mehrfache Zugehörigkeit einzelner Personen zu verschiedenen Teams bewältigt werden kann.[20] Dadurch wird die Koordination durch Selbstabstimmung mit der Koordination durch Institutionalisierung kombiniert.

Eine spezifische Organisationsform des Entwicklungsprozesses, die sich einer Kombination vieler der dargestellten Koordinationsmechanismen bedient und speziell auch die Koordination der Schnittstellen zwischen Produkt- und Prozeßentwicklung sowie zwischen Entwicklung und Produktion zum Ziel hat, ist das **Simultaneous Engineering**, das im folgenden Exkurs erläutert werden soll.

2.4.2 Simultaneous Engineering in Entwicklung und Serienanlauf

„Simultaneous Engineering" bedeutet wörtlich übersetzt „gleichzeitige Ingenieurtätigkeit", wobei sich die Ingenieurtätigkeit konkret auf die Aktivitäten in der Entwicklung von Produkten und Prozessen bezieht (vgl. *Eversheim* 1989, S. 5f.). In Theorie und Praxis findet sich eine Vielzahl unterschiedlicher Begriffskonkretisierungen von Simultaneous Engineering[21], die unterschiedliche Betrachtungsschwerpunkte auf die verschiedenen Schnittstellen legen:

Funktionsübergreifende Ansätze: Simultaneous Engineering ist eine

- „Organisationsstrategie, die eine vertrauensvolle Zusammenarbeit der Konstruktions- und Produktionsbereiche ... in der Phase der Produktplanung gestaltet" (*Eversheim* 1989, S. 6),
- „enge, offene und konsequente Zusammenarbeit von Produktkonstruktion, Kaufteileplanung, Investitionsplanung und Fertigungsvorbereitung im internen und externen Regelkreis, d. h. mit eigenen Fachstellen und Herstellern bzw. Lieferanten" (*Premauer* 1989, S. 124),
- „zielgerichtete, interdisziplinäre Teamarbeit für die Produkterstellung von der ersten Idee bis zur Realisierung" (*Ehrlenspiel* 1992, S. 299),

---

20 *Likert* bezeichnet diese Personen als „linking pins", die hierdurch die Kommunikation zwischen den Teams ermöglichen und dadurch die Koordination der Teams gewährleisten (vgl. *Likert* 1967, S. 57 ff.).

21 In diesem Zusammenhang wird auch der Begriff Concurrent Engineering verwendet, der teilweise synonym (vgl. u. a. *Bullinger, Warschat* 1995; *Gerpott, Winzer* 1996), teilweise durch unterschiedliche Kriterien differenziert verwendet wird (vgl. u. a. *Bellmann, Friedrich* 1994).

- „Integration aller Funktionen, die dafür verantwortlich sind, neue Produkte unter Reduzierung der Fertigungskosten und der Lieferzeiten bei gleichzeitiger Steigerung der Qualität und Funktionalität auf den Markt zu bringen" (*Williamson* 1993, S. 43).

Phasenüberlappende Ansätze: Simultaneous Engineering bedeutet

- den Einsatz eines Maßnahmenbündels zur Parallelisierung von Entwicklungsschritten (vgl. *Gerpott* 1990, S. 399)
- „Gleichzeitiges Entwickeln von Produktkomponenten und der zu ihrer Herstellung nötigen Produktionsfacilitäten; dadurch Verkürzen (qua Überlappen) des [Produktentstehungsprozesses] insbesondere bei hoher Technologiekomplexität" (*Corsten, Reiß* 1992, S. 44),
- „paralleles und überlappendes Arbeiten von Konstruktion, Produktionsbereich, Beschaffung und Marketing" (*Siegwart, Senti* 1995, S. 162).

Im folgenden wird der kombinierten Definition des *VDI* gefolgt: „Gleichzeitige[s] Entwickeln von Produkt- und Produktionseinrichtungen mit Hilfe von firmeninternen Projektteams unter weitgehender Einbeziehung von Zulieferanten und Systemherstellern" (*VDI* 1989, Vorwort, ohne Seitenangabe).

Es zeigt sich, daß kein einheitliches Konzept des Simultaneous Engineering existiert. Simultaneous Engineering stellt vielmehr den Oberbegriff für unterschiedliche Maßnahmenpakete zur Planung und Gestaltung der Arbeitsteilung im Innovationsprozeß unter der übergeordneten Zielsetzung einer Verkürzung der Time-to-Market dar (vgl. *Gerpott, Winzer* 1996, S. 132 ff.). Aus der Vielzahl der Konzeptionen lassen sich zwei grundlegende Prinzipien des Simultaneous Engineering aufzeigen[22]:

1. Parallelisierung der Aufgabenbearbeitung

Die Erledigung von einzelnen Aufgabenpaketen soll unter der Maßgabe einer Verkürzung der gesamten Entwicklungszeit soweit als möglich parallelisiert werden. Der mögliche Parallelisierungsgrad wird dabei von der Abhängigkeit der einzelnen Aufgabenpakete untereinander bestimmt.

2. Integration der Funktionsbereiche

Das Entwicklungsprojekt soll durch interdisziplinäre Teams aus Mitgliedern der einzelnen Funktionsbereiche durchgeführt werden. Als zu integrierende Funktionsbereiche werden genannt: Konstruktion, Arbeitsvorbereitung, Werkzeugbau, Qualitätssicherung, Produktion, Einkauf, Logistik, Marketing,

---

22 *Wildemann* unterscheidet außerdem die Charakteristika Vorverlagerung von Erkenntnisprozessen, Erhöhung des Anteils deterministischer Prozesse und Beschleunigung von Aktivitäten (vgl. *Wildemann* 1992, S. 20 ff.).

Vertrieb, Controlling etc. sowie Zulieferer für Produktionsanlagen und für Serienteile (vgl. u. a. *Bullinger, Wasserloos* 1990b, S. 7; *Eversheim* 1989, S. 11).

Eversheim unterscheidet verschiedene Organisationsformen des Simultaneous Engineering, geordnet nach dem Grad der eingesetzten Koordinationsmechanismen (vgl. *Eversheim* 1989, S. 15 ff.). Dabei läßt sich eine zeitliche Entwicklung erkennen:

1. Konstruktion und Produktionsmittelplanung werden einem Bereichsleiter unterstellt. Bei dieser einfachsten Form des Simultaneous Engineering wird kein Team gebildet, die Koordination erfolgt durch persönliche Weisung.
2. In den ersten Phasen der Entwicklung werden die Konstruktion und die Produktionsmittelplanung einem Konstrukteur unterstellt. In den späteren Phasen werden die beiden Funktionen einem Leiter aus dem Bereich der Produktionsplanung unterstellt.
3. Die Funktionen Konstruktion und Produktionsmittelplanung werden organisatorisch und räumlich zu einer Einheit zusammengefaßt, in der man gemeinsam an der Entwicklung arbeitet.
4. Es werden Simultaneous Engineering-Teams gebildet, die auch andere Funktionsbereiche mit einschließen. Die Vertreter der einzelnen Funktionsbereiche werden jeweils bei Bedarf temporär ins Team geholt.
5. Das interdisziplinäre Simultaneous Engineering-Team wird zu Beginn des Entwicklungsprojekts aus Mitarbeitern der verschiedenen Funktionsbereiche des Unternehmens gebildet, die für die Dauer des Entwicklungsprojekts für das Team abgestellt werden. Nach den Erfahrungen aus der Praxis ist diese Organisationsform den Anforderungen der Entwicklung am besten gewachsen (vgl. *Eversheim et al.* 1995 sowie Abbildung 2-11).

Der Einsatz der Koordinationsmechanismen wird in der Praxis durch eine Vielzahl von planerischen und informationstechnischen Methoden unterstützt (vgl. *Gerpott, Winzer* 1996, S. 35 f.). U. a. werden genannt:

- Quality Function Deployment (vgl. *Williamson* 1993, S. 44; Abschnitt 3.3),
- Fehler-Möglichkeits- und Einflußanalyse (vgl. *Eversheim et al.* 1995, S. 67 ff.)
- Design for Manufacturing und Design for Assembly (vgl. *Eversheim et al.* 1993, S. 7),
- Rapid Prototyping (vgl. *Horváth et al.* 1994, S. 42 ff.) sowie
- Engineering Data Management (vgl. *Forschner et al.* 1995, S. 278 ff.).

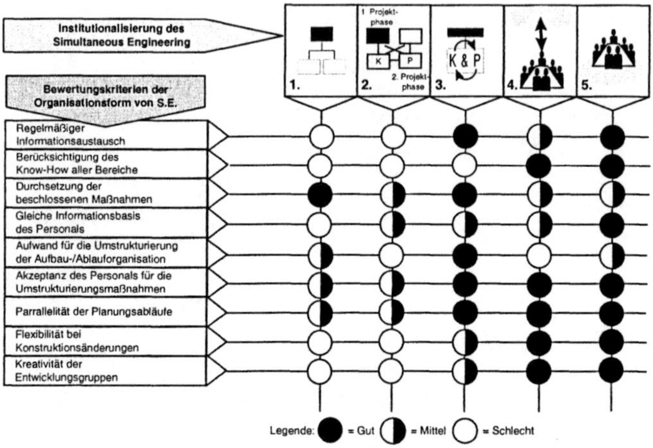

Abbildung 2-11: Organisationformen des Simultaneous Engineering und deren Bewertung[23]

Der Verbreitungsgrad des Simultaneous Engineering scheint nach den Ergebnissen einer ganzen Reihe empirischer Untersuchungen in deutschen Unternehmen geringer zu sein als in US-amerikanischen oder japanischen Unternehmen (vgl. die Übersicht in *Gerpott, Winzer* 1996, S. 142). Dabei wird das Prinzip der Integration der Funktionsbereiche signifikant häufiger angewandt als das Prinzip der Aufgabenparallelisierung. In bezug auf die deutsche Automobilindustrie ermittelte *Gentner* einen Verbreitungsgrad von 100 % (vgl. *Gentner* 1994, S. 55).

Imai et al. identifizierten den Einsatz des Simultaneous Engineering als eine der Ursachen für die Innovationserfolge japanischer Unternehmen (*Imai et al.* 1985, S. 337 ff.). Mit der Einführung des Simultaneous Engineering erhoffen sich die Unternehmen außer der Verkürzung der Entwicklungszeit eine „Steigerung der Qualität von Produkt und Produktion, insbesondere [die] Reduzierung der Anzahl der Änderungen an Fertigungsmitteln kurz vor ihrer Fertigstellung“ (*Premauer* 1989, S. 145). Durch die parallele Arbeit und intensive Kommunikation im Team sollen zeitaufwendige und kostenintensive Änderungen an Produkt und Produktionsmitteln in der Anlaufphase bereits frühzeitig antizipiert und vorweggenommen werden (vgl. *Corsten* 1993, S. 9; *Eversheim* 1993, S. 13).

---

23 In Anlehnung an *Eversheim et al.* 1995, S. 104.

Empirische Untersuchungen über die Auswirkungen des Simultaneous Engineering können vor allem die erhofften Verbesserungen an der Schnittstelle zwischen Entwicklung und Produktion nicht konstatieren (vgl. *Gerpott, Winzer* 1996, S. 146 f. sowie Abschnitt 2.5.2).

Welche empirisch gesicherten Erkenntnisse über die Ursachen für Schnittstellenprobleme und die Auswirkungen der Lösungsansätze bereits existieren, wird im nächsten Abschnitt dargelegt.

2.5 Stand der empirischen Forschung zur Schnittstelle zwischen Entwicklung und Produktion

Es ist auffällig, daß es zur Schnittstelle zwischen Entwicklung und Produktion generell und speziell zum Serienanlauf nur wenige empirische Arbeiten gibt, im Gegensatz zur Anzahl an Untersuchungen über die Schnittstelle zwischen Entwicklung und Marketing (vgl. *Bürgel et al.* 1996, S. 63). Im folgenden wird eine kurze synoptische Übersicht[24] der empirischen Studien dargestellt, die sich mit den

- Ursachen für Schnittstellenprobleme zwischen Entwicklung und Produktion,
- Auswirkungen der in Abschnitt 2.4 dargestellten Koordinationsmechanismen zur Lösung dieser Schnittstellenprobleme sowie mit
- Gestaltungsalternativen des Serienanlaufs selbst beschäftigt haben.

Diese Übersicht erhebt keinen Anspruch auf Vollständigkeit[25], sondern dient lediglich dem Überblick über den Stand der Forschung.

2.5.1 Ursachen für Schnittstellenprobleme zwischen Entwicklung und Produktion

Burns zeigte bereits 1961, daß zwischen den Bereichen F&E und Produktion Konflikte und Kooperationsprobleme auftreten, die er mit sprachlichen Barrieren und sozialer Distanzierung der F&E-Mitarbeiter erklärt (vgl. *Burns* 1961, S. 21 f.).

---

24 Für den Vergleich sind einige Einschränkungen zu berücksichtigen. So ist durch die stark divergierenden primären Zielsetzungen der Untersuchungen kein Konsens über eine einheitliche abhängige Variable zu erreichen. Auch die Verwendung der Begriffe, wie bspw. Innovation, erfolgt nicht einheitlich. Zur Problematik einer Synopse von empirischen Untersuchungen vgl. *Weiss, Neyer* 1990, S. 60 ff. sowie *Hauschildt* 1993b, S. 300 ff.

25 Die Anzahl der empirischen Studien im Bereich Forschung und Entwicklung ist in den letzten 10 Jahren explosionsartig gestiegen (vgl. *Hauschildt* 1993b, S. 295 ff.).

Gerpott bestätigte in ihrer Untersuchung die Aussage von *Burns*, stark in Anlehnung an die Ergebnisse von *Lawrence* und *Lorsch* (vgl. *Gerpott* 1991, S. 140 ff.)[26]. Die Qualität der Schnittstelle zwischen Entwicklung und Produktion[27] wurde durch die von ihr befragten F&E-Mitarbeiter um so höher beurteilt,

- je höher die Kunden-, Produkt- und Wettbewerberkenntnisse der Produktionsmitarbeiter eingeschätzt werden,
- je mehr die Produktionsmitarbeiter als personenorientiert in Kommunikation und Kooperation eingeschätzt werden und
- je weniger persönliche Konflikte zwischen Entwicklungs- und Produktionsmitarbeitern bestehen.

Allerdings konnte bei der Untersuchung von *Gerpott* nur ein schwacher Zusammenhang zwischen den subjektiven Einschätzungen der Schnittstellenqualität und den objektiven Zielgrößen (Einhaltung von Zeitplänen, Einhaltung von Budgets etc.) nachgewiesen werden (vgl. *Gerpott* 1991, S. 193).

Leenders und *Henderson* untersuchten die Produktionshochläufe von 30 Stahlgußanlagen bei verschiedenen Unternehmen. Dabei zeigte es sich, daß der mit dem Einsatz der Anlage verbundene **Innovationsgrad**, bspw. durch neue Steuerungssysteme oder neu gestaltete Gußformen, einen direkten Einfluß auf die Dauer des Produktionshochlaufs hat (vgl. *Leenders, Henderson* 1980, S. 91). Die Untersuchung *Coughlans* bestätigte diese Aussage für Serienprodukte. Nach seinen Ergebnissen steigt die Wahrscheinlichkeit einer Verzögerung des Produktionshochlaufs signifikant mit dem Innovationsgrad der Produkt- und Prozeßtechnologie (vgl. *Coughlan* 1992, S. 166). Insbesondere die Probleme, die durch neue Materialien in der Produktion verursacht werden, können durch die geringen Testumfänge in der Entwicklung nicht ermittelt werden, da hier durch die verhältnismäßig geringen Mengen z.B. kaum Qualitätsschwankungen im Material auftreten (vgl. *Coughlan* 1992, S. 165).

---

26 Die Aussage *Gerpotts* „mit zunehmender Orientierungsähnlickeit [scheint] die Schwierigkeit der Lösung von Abstimmungsproblemen an der Schnittstelle zuzunehmen" (*Gerpott* 1991, S. 149) widerlegt zunächst die Ergebnisse von *Lawrence* und *Lorsch*. Hierbei ist jedoch zu berücksichtigen, daß sich die Aussage *Gerpotts* auf die in ihrer Arbeit nicht belegte Annahme stützt, die Mitarbeiter in Forschung und Entwicklung würden ihre eigene Kooperation und Kommunikation als mehr sach- denn personenorientiert empfinden.

27 Die Schnittstellenqualität definiert *Gerpott* durch die Differenz der Wahrnehmung des praktizierten Kooperationsgrads zwischen Entwicklung und Produktion und dem als erforderlich angesehenen Kooperationsgrad.

Studie	Primäres Analyseobjekt	Erhebung	Relevante Ergebnisse	Umfang n
Burns 1961	Konflikte und Kooperationsprobleme zwischen F&E und Produktion	Fallstudien	Schnittstellenprobleme durch physische und soziale Distanz	20 Unternehmen
Leenders, Henderson 1980	Ursachen und Zusammenhänge von Dauer und Kosten des Produktionshochlaufs von Anlagen	keine Angaben	Der Innovationsgrad beeinflußt die Dauer und die Kosten des Produktionshochlaufs	30 Anläufe von Stahlgußanlagen
Ginn, Rubenstein 1986	Schnittstelle zwischen F&E und Produktion in den Phasen des Innovationsprozesses	keine Angaben	Inkompatibilität der Ziele als Hauptursache für Schnittstellenprobleme.	61 Produktprojekte eines Chemieunternehmens
Brockhoff, Urban 1988	Zeitabweichungen und deren Ursachen	keine Angaben	Projekte mit kurzer Entwicklungszeit weisen hohe Zeitüberschreitungen im Serienanlauf auf.	31 Projekte eines Unternehmens der Elektroindustrie
Gerpott 1991	Einfluß personalwirtschaftlicher Variablen auf die F&E-Produktions-Schnittstellen-Qualität	Interviews und schriftliche Befragung	Die Schnittstellenqualität wird durch die Wahrnehmung der F&E-Mitarbeiter beeinflußt.	565 Industrieforscher in 16 Unternehmen
Tyre 1991	Einflußfaktoren auf Dauer des Produktionshochlaufs bei der Einführung neuer Prozeßtechnologien	Interviews	Projektmerkmale haben signifikanten Einfluß auf die Dauer des Produktionshochlaufs.	48 Produktneueinführungen eines Serienproduzenten
Coughlan 1992	Ursachen der Änderungen im Serienanlauf	Interviews	Wahrscheinlichkeit einer Verzögerung im Serienanlauf steigt mit dem Innovationsgrad der Produkt- und Prozeßtechnologie.	12 Projekte in vier Divisionen eines Elektronik-Konzerns

Tabelle 2-2: Ursachen für Schnittstellenprobleme zwischen Entwicklung und Produktion

Brockhoff und *Urban* ermittelten, daß bei Entwicklungsprojekten mit einer kurzen **Projektdauer** die geplante Dauer der Phase „Serienfreigabe" im Durchschnitt um 53 % überschritten wurde. Als generelle Ursachen für Zeitabweichungen führen sie an (vgl. *Brockhoff, Urban* 1988, S. 13 f.):

- Fehler im Entwicklungsbereich (53 %),
- fehlende und verspätet angelieferte Komponenten (30 %),
- Verzögerungen in der Prototypenfertigung (10 %) sowie
- Konzeptänderungen während der Entwurfsphase (7 %).

Tyre analysierte die Auswirkungen von Projektmerkmalen und organisatorischen Maßnahmen auf die Dauer des Produktionshochlaufs und die Prozeßverbesserungen bei der Einführung neuer Produktionstechnologien. Die

- **Komplexität der neuen Technologie**,
- das **Ausmaß der Systemumstellung** sowie
- der **Projektumfang**

zeigten eine stark signifikante Korrelation mit der Dauer des Produktionshochlaufs (vgl. *Tyre* 1991, S. 63 ff.).

In einer Untersuchung in der chemischen Industrie führten *Ginn* und *Rubenstein* die Probleme an der Schnittstelle zwischen Entwicklung und Produktion auf die **Inkompatibilität der Ziele** der jeweiligen Bereiche zurück (vgl. *Ginn, Rubenstein* 1986, S. 167). Diese Ursache für Schnittstellenprobleme zwischen Entwicklung und Produktion hat *Rubenstein* bereits früher nachgewiesen, allerdings ohne ausreichende Darlegung der empirischen Basis (vgl. *Glaser, Rubenstein* 1985, S. 246). In späteren Untersuchungen wurde die mangelnde Kompatibilität der Ziele von Entwicklung und Produktion als Ursache für Verzögerungen und Probleme im Anlauf komplexer Serienprodukte in der Elektronikindustrie bestätigt (vgl. *Kahn* 1996, S. 147 f.; Tabelle 2-3).

2.5.2 Auswirkungen der Koordinationsmechanismen

Vor allem in jüngerer Zeit finden sich – aufgrund der stärkeren Verbreitung des Simultaneous Engineering – viele empirische Untersuchungen zu den Auswirkungen der Koordinationsmechanismen in Entwicklung und Serienanlauf.

Moore analysierte bereits 1970 mögliche Koordinationsmechanismen speziell für die Schnittstelle zwischen Entwicklung und Produktion. Durch Befragung von 95 Führungskräften in der Entwicklung fand er heraus, daß eine verbesserte Kommunikation u.a. durch

- Einbindung von Produktionsmitarbeitern in die Entwicklung, Produktionsbegleitung durch Entwicklungsmitarbeiter sowie gemeinsame Design Reviews,
- einen verstärkter Einsatz von Electronic Data Processing,
- den Aufbau eines interdisziplinären Teams für den Serienanlauf,

- den Einsatz eines funktions- und phasenübergreifend verantwortlichen Produkt- und oder Prozeßmanagers zum Wissenstransfer und zur Akzeptanzsicherung sowie

zur Verbesserung der Harmonisierung an der Schnittstelle zwischen Entwicklung und Produktion unabdingbar sind (vgl. *Moore* 1970, S. 370 ff.).

Studie	Primäres Analyseobjekt	Erhebung	Relevante Ergebnisse	Umfang n
Moore 1970	Informationsfluß zwischen Entwicklungs- und Fertigungsmitarbeitern	Interviews	Koordinationsmechanismen verringern die „Lücke" zwischen Entwicklung und Produktion deutlich .	95 Mitarbeiter aus Entwicklung und Produktion
Bullinger, Wasserloos 1990b	Parallelisierung der Aufgabenbearbeitung durch SE	schriftliche Befragung	Reduzierung des vermeidbaren Änderungsaufwands im Serienanlauf um 30 %.	147 Unternehmen, div. Branchen
de Meyer 1992	Maßnahmen zur Verbesserung der Schnittstelle zwischen Entwickung und Produktion und der Produktneueinführung	schriftliche Befragung	Unternehmen mit einer erfolgreichen und schnellen Produkteinführung überlappen Produkt- und Prozeßentwicklung und haben eine höhere Entwicklungstiefe.	224 europäische Unternehmen
Komorek 1992	Auswirkungen von Simultaneous Engineering	schriftliche Befragung	Entwicklungszeit wurde in über 80 % der Fälle reduziert, keine eindeutigen Auswirkungen auf Zeit und Qualität.	2400 Unternehmen der Metallindustrie
Handfield 1994	Auswirkungen von Simultaneous Engineering	schriftliche Befragung	Reduzierung der Entwicklungszeit um 41 %.	31 Unternehmen, div. Branchen
Ettlie, Trygg 1995	Koordinationsmechanismen an der Schnittstelle zwischen Entwicklung und Produktion	schriftliche Befragung	Anwendungsgrad der Koordinationsmechanismen sehr hoch, aber keinerlei signifikanter Einfluß auf die Dauer von Entwicklung und Serienanlauf.	208 US-amerikanische und 109 schwedische Unternehmen der Investitionsgüterindustrie
Kahn 1996	Einfluß von Koordinationsmechanismen und Kommunikationsmedien auf die Entwicklungs- und Produktionsleistung	schriftliche Befragung	Koordinationsmechanismen beeinflussen signifikant die Entwicklungs- und Produktionsleistung, Einsatz von Kommunikationsmedien ist kontraproduktiv	514 Führungskräfte aus den Bereichen Marketing, Produktion und Entwicklung

Tabelle 2-3: Auswirkungen der Koordinationsmechanimsen an der Schnittstelle zwischen Entwicklung und Produktion

De Meyer verglich Unternehmen, die die Verbesserung ihrer Produkteinführung zwischen den Jahren 1987 und 1989 als hoch einschätzten, mit Unternehmen, die hier nach eigener Einschätzung keine Verbesserung erzielten (vgl. *Meyer* 1992, S. 75). Die erfolgreichen Verbesserer hatten im Vergleich

- umfangreichere Just-in-time-Prinzipien implementiert,
- eine stärkere Überlappung zwischen Produkt- und Prozeßentwicklung und
- entwickelten einen höheren Anteil an Komponenten selbst.

Interessanterweise ist die Einführung von funktionsübergreifenden Informationssystemen nach den Ergebnissen von *de Meyer* signifikant negativ korreliert mit der Verbesserung der Produktneueinführung im untersuchten Zeitraum (vgl. *Meyer* 1992, S. 80)[28]. Zum selben Ergebnis kommt *Kahn*. Er weist nach, daß ein formalisierter Informationsaustausch negative Auswirkungen auf den Innovationserfolg hat, hingegen eine dauerhafte Zusammenarbeit in einem Team sowie gemeinsame, übereinstimmende Ziele signifikant positiv mit dem Innovationserfolg korrelieren (vgl. *Kahn* 1996, S. 144 f.).

Ettlie und *Trygg* untersuchten in einer umfangreichen schriftlichen Befragung bei 208 US-amerikanischen und 109 schwedischen Unternehmen der Investitionsgüterindustrie die Einsatzintensität von fünf Koordinationsmechanismen an der Schnittstelle zwischen Entwicklung und Produktion: DFM-Training der Entwicklungsmitarbeiter, Freigabe durch die Produktion bei Design Reviews, Teamstrukturen, Job rotation und zeitweise Versetzung (vgl. *Ettlie, Trygg* 1995, S. 74 ff.). Für keinen dieser Koordinationsmechanismen konnten die Autoren einen signifikanten Einfluß auf die Zeitgrößen in der Entwicklung nachweisen (vgl. *Ettlie, Trygg* 1995, S. 75 und 77).

Die Einführung von Simultaneous Engineering korreliert nach den Ergebnissen von *Bullinger* und *Wasserloos* positiv mit der Verringerung des vermeidbaren Änderungsumfangs, der durch Simultaneous Engineering durchschnittlich um 30 % gesenkt werden konnte (vgl. *Bullinger, Wasserloos* 1990, S. 24 ff.). Dieses Ergebnis wurde durch die Untersuchung von *Komorek* nicht bestätigt. Er stellt eine positive Wirkung auf die Entwicklungszeit fest, Änderungsaufwand und Entwicklungskosten konnten jedoch bei den 2400 von ihm untersuchten Unternehmen nur in Einzelfällen reduziert werden (vgl. *Komorek* 1992, S. 25f.).

---

28 Bei der Interpretation dieses Ergebnisses muß aber das Klassifizierungskriterium der abhängigen Variablen *de Meyers* beachtet werden: die Aussage, daß zwischen 1987 und 1989 keine bzw. eine hohe Verbesserung angegeben wird, kann auch darauf zurückzuführen sein, daß der jeweilige Ausgangspunkt 1987 bereits sehr hoch bzw. sehr niedrig war. Zudem wurde keine objektive Ausprägung von Variablen abgefragt, sondern die subjektive Einschätzung der Befragten bezüglich der Eigenschaft der Produktneueinführung (vgl. *Meyer* 1992, S. 80).

Dabei ist jedoch zu beachten, daß bei den von *Komorek* untersuchten Projekten zusammen mit der Einführung von Simultaneous Engineering auch kürzere Entwicklungszeiten als Ziel gesetzt wurden. Dieses Ziel wurde nur in 21 % der Fälle auch tatsächlich erreicht, in den anderen Fällen wurde die Entwicklungszeit zwar verkürzt, jedoch nicht im geplanten Ausmaß (vgl. *Komorek* 1992, S. 28). Es kann somit nicht ermittelt werden, ob die Verkürzung der Entwicklungszeit Ergebnis der Einführung von Simultaneous Engineering war oder durch die striktere Zielsetzung hervorgerufen wurde. Auch *Handfield* konnte lediglich teilweise eine Reduzierung der Entwicklungszeit durch Simultaneous Engineering konstatieren (vgl. *Handfield* 1994, S. 384 ff.).

2.5.3 Gestaltung des Serienanlaufs

Zur Gestaltung des Serienanlaufs selbst finden sich keine empirischen Untersuchungen. Die Studie von *Clark* und *Fujimoto* sowie die Untersuchung von *Gentner* haben sich lediglich in Teilen mit dem Serienanlauf befaßt und stellen somit die wenigen Ausnahmen dar.

Wie bereits oben erwähnt, weist die Studie von *Gentner* ein Standardphasenschema in der Automobilindustrie nach. Im Bezug auf den Serienanlauf selbst hat seine Untersuchung rein deskriptiven Charakter. Die Ergebnisse wurden bereits in Abschnitt 2.2 sowie in Abbildung 2-3 vorgestellt.

Studie	Primäres Analyseobjekt	Erhebung	Relevante Ergebnisse	Umfang n
Clark, Fujimoto 1991	Strategien, Vorgehensweisen und Fähigkeiten für Höchstleistungen in der Produktentwicklung im Bezug auf Zeit, Produktivität und Qualität	Experten-interviews, Dokumentenanalyse, etc.	Signifikante Unterschiede im Serienanlauf zwischen japanischen und westlichen Automobilherstellern	29 Fahrzeugprojekte in 20 Unternehmen aus USA, Europa und Japan
Gentner 1994	Anwendung von Instrumenten an der Schnittstelle Entwicklung/ Produktion, Nachweis eines Standard-Phasenschemas	Interviews, schriftliche Befragung rein deskriptiv	Geringe Unterschiede zwischen den Ländern Standardisierter Ablauf des Serienanlaufs (s. Abschnitt 2.3)	15 Automobilhersteller in D, USA und Japan

Tabelle 2-4: Gestaltung des Serienanlaufs

Die Untersuchung von *Clark* und *Fujimoto* zeigt deutliche Unterschiede im Serienanlauf zwischen japanischen und westlichen Automobilherstellern auf. Diese Differenzen haben nach den Ergebnissen von *Clark* und *Fujimoto* unterschiedliche Einflüsse auf die Kosten des Serienanlaufs. Die typische japanische Vorgehensweise im Serienanlauf ist auf eine möglichst schnelle Versorgung des

Marktes mit hohen Stückzahlen und einen möglichst geringen Einfluß auf die Gesamtproduktivität des Unternehmens ausgerichtet, was mit höheren direkten Kosten im Serienanlauf „erkauft" wird (vgl. *Clark, Fujimoto* 1991, S. 192 ff.).

So wurden bei der Untersuchung signifikante Unterschiede in den Pilotserien zwischen japanischen und westlichen Automobilherstellern festgestellt (vgl. *Clark et al.* 1992, S. 193 f.; *Clark, Fujimoto* 1991, S. 188 ff. sowie Abbildung 2-12):

- Die einzelnen Pilotserienläufe bei japanischen Automobilherstellern sind vergleichsweise kürzer.
- Die Phase der Pilotserien ist bei japanischen Automobilherstellern insgesamt kürzer.
- Die Pilotserien werden häufiger bereits auf Serienmontagelinien zusammengebaut.

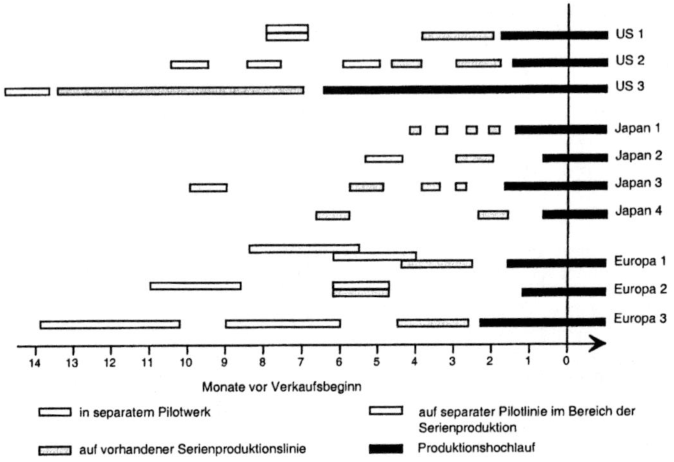

Abbildung 2-12: Serienanläufe in der Automobilindustrie[29]

Außerdem stellten die japanischen Automobilhersteller mit durchschnittlich 53 Pilotfahrzeugen deutlich weniger Prototypen in der Pilotserie her im Vergleich zu durchschnittlich 129 Pilotfahrzeugen bei US-amerikanischen Automobilherstellern und 205 Pilotfahrzeugen bei europäischen Oberklasse-Produzenten (vgl. *Clark et al.* 1992, S. 195). Während die Pilotserie bei den westlichen Automobilherstellern dazu eingesetzt wird, noch Probleme im Fahrzeug zu

---

29 Entnommen aus *Clark, Fujimoto* 1991, S. 191.

entdecken, verwenden die japanischen Automobilhersteller die Pilotserie, um in der Serienproduktionsumgebung die Arbeiter zu schulen und den Materialfluß zu trainieren. Da diese Pilotserien zumeist im Modellmix gleichzeitig mit dem Vorgängerprodukt auf den Linien produziert werden, wird die Anzahl der Neufahrzeuge gering gehalten, um Opportunitätskosten durch Produktionseinbußen beim Vorgängermodell zu vermeiden (vgl. *Clark, Fujimoto* 1991, S. 191).

Clark und *Fujimoto* wiesen bereits bei ihrer Untersuchung erhebliche Unterschiede in der Dauer des Produktionshochlaufs nach, wenn auch die von ihnen ermittelten Differenzen nicht so groß waren, wie es die in Abbildung 1-1 dargestellten Benchmarkdaten zeigen. Nach den Ergebnissen der Untersuchung von *Clark* und *Fujimoto* benötigten europäische Automobilhersteller damals 12 Monate, um nach dem Produktionsstart die geplante Normalproduktivität zu erreichen, japanische Automobilhersteller benötigten damals lediglich 4 Monate (vgl. *Clark et al.* 1992, S. 196).

Typisch für US-amerikanische und europäische Automobilhersteller ist nach den Ergebnissen von *Clark* und *Fujimoto* der Wechsel durch Blockumstellung (vgl. Abschnitt 2.2.3.3 sowie Abbildung 2-13). Japanische Automobilhersteller wechseln eher variantenabhängig schrittweise von einem Modell auf das nächste bzw. Überlappen das Vorgänger- und das Nachfolgemodell durch die Nullhänger-Methode.

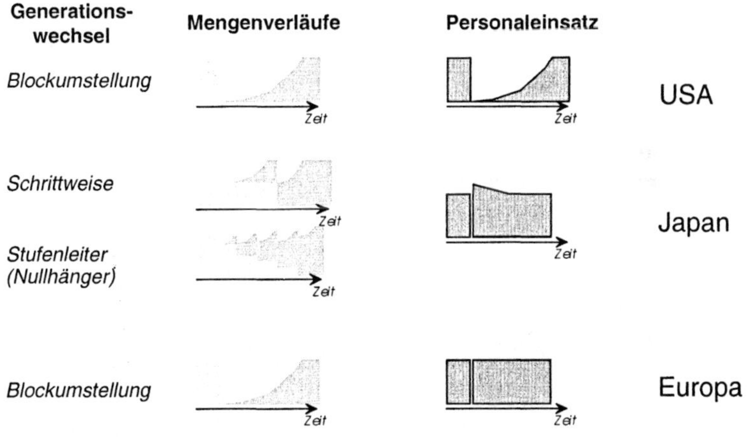

Abbildung 2-13: Typische Formen des Generationswechsels in der Montage und ihre Auswirkungen[30]

---

[30] In Anlehnung an *Clark et al.* 1992, S. 198.

Auch beim Verlauf des Personaleinsatzes im Produktionshochlauf finden sich deutliche Unterschiede zwischen den japanischen und den westlichen Herstellern. Während US-amerikanische Automobilhersteller zu Beginn des Produktionshochlaufs zunächst wenige Arbeitskräfte einsetzen und im weiteren Verlauf mit dem Ansteigen der Stückzahlen auch zusätzliche Arbeitskräfte hinzuziehen, setzen japanische Hersteller gerade zu Beginn des Produktionshochlaufs zusätzliche Arbeitskräfte ein, um in dieser kritischen Phase die individuellen Produktivitätsprobleme mit dem neuen Produkt zu kompensieren und schnell die geforderten Stückzahlen bereitstellen zu können. Die europäischen Unternehmen haben zumeist keine Veränderungen im Personaleinsatz vorgenommen. Dieser Umstand ist vor dem Hintergrund des gesetzlichen Kündigungsschutzes und der dadurch bedingten Konstanz im Personalstand vor allem bei deutschen Unternehmen zu sehen.

2.5.4 Zusammenfassende Beurteilung der vorhandenen empirischen Untersuchungen

Bei der Betrachtung der empirischen Untersuchungen zur Schnittstelle zwischen Entwicklung und Produktion zeigt sich eine zeitliche Entwicklung der Untersuchungsobjekte. Die Ursachen der Schnittstellenprobleme zwischen Entwicklung und Produktion sind bereits seit Beginn der 60er Jahre Gegenstand empirischer Untersuchungen. Die Ergebnisse verdeutlichen einheitlich, daß neben den persönlichen Konflikten zwischen Entwicklungsingenieuren und Produktionsmitarbeitern vor allem:

- konfliktäre Ziele von Entwicklung und Produktion sowie
- die Komplexität und der Innovationsgrad des Neuprodukts und der dazugehörigen Prozeßtechnologie

die Ursachen für die Probleme bei der Übertragung der Entwicklungsergebnisse in die Produktion darstellen.

Über die Wirkungen der Koordinationsmechanismen zur Harmonisierung der Schnittstelle zwischen Entwicklung und Produktion zeigen die empirischen Untersuchungen keine einheitlichen Aussagen. Während frühe empirische Untersuchungen den Koordinationsmechanismen eine hohe Erfolgsquote bei der Vermittlung zwischen Entwicklung und Produktion zusprechen, weisen vor allem jüngere Untersuchungen keine Zusammenhänge mit einer Verbesserung im Innovationsprozeß auf. Auch dem Simultaneous Engineering, das eine ganze Reihe der Koordinationsmechanismen kombiniert, um durch eine Parallelisierung der Aufgabenbearbeitung und eine Integration der verschiedenen Unternehmensfunktionen die Entwicklungszeit zu verkürzen, wird keine Lösungskompetenz für Schnittstellenprobleme zwischen Entwicklung und Produktion bescheinigt.

Die einzige Untersuchung, die sich eingehend mit der Gestaltung des Serienanlaufs beschäftigt hat, weist einen signifikanten Zusammenhang zwischen der Gestaltung von Pilotserien und Produktionshochlauf und der erfolgreichen Übertragung des Entwicklungsergebnisses in die Produktion auf.

Aufgrund der massiven Veränderungen, die sich seit dem Zeitpunkt dieser Untersuchung in der Produkt- und Prozeßentwicklung westlicher Automobilhersteller vollzogen hat, sind die Ergebnisse von *Clark* und *Fujimoto* nicht hinreichend dazu geeignet, die in Abbildung 1-1 dargestellten Unterschiede jüngeren Datums zu erklären und Handlungsempfehlungen für eine Verbesserung der Schnittstelle zwischen Entwicklung und Produktion abzuleiten. Aus diesem Grund wurde eine explorative Analyse des Serienanlaufs durchgeführt, die im folgenden Abschnitt beschrieben wird.

2.6 Explorative Analyse des Serienanlaufs

2.6.1 Vorgehensweise bei der explorativen Analyse

Als Untersuchungsobjekte für die explorative Untersuchung des Serienanlaufs wurden zunächst drei deutsche und zwei japanische Automobilhersteller ausgewählt, außerdem wurden drei deutsche Automobilzulieferer in die Exploration einbezogen.

Durch eine zusätzliche Analyse von 6 Unternehmen aus anderen Branchen, Herstellern von Kommunikationssystemen, Medizintechnik-Produzenten sowie Haushaltsgeräteherstellern, sollte außerdem untersucht werden, ob die Problemstellungen im Serienanlauf branchenunabhängig sind. Diese Vermutung wurde durch die Interviewergebnisse prinzipiell bestärkt. Aufgrund der unterschiedlichen Konstellationen im Hinblick auf Produkte, Entwicklungsprozesse und Produktionsstrukturen ist jedoch keine Vergleichbarkeit gegeben. Daher wurde auf eine weitergehende Analyse und eine Darstellung der Interviewergebnisse verzichtet.

Die Analyse im Rahmen der Exploration erfolgt mittels Intensivinterviews, die zwischen 1,5 und 4 Stunden dauerten, sowie durch Dokumentenanalysen. Als Gesprächseinstieg für die Interviews wurde ein grober Interviewleitfaden verwendet, der den Interviewpartnern vorab zugeleitet wurde (zur Durchführung von Intensivinterviews in der Exploration vgl. *Friedrichs* 1990, S. 224 ff.). Der weitere Gesprächsverlauf richtete sich nach dem Tätigkeitsbereich und den Aussagen der jeweils befragten Personen. Befragt wurden die für das betrachtete Neuproduktprojekt verantwortlichen Projektleiter bzw. die dem Entwicklungsteam zugeordneten Entwicklungscontroller. Die mündlichen Aussagen der Gesprächspartner wurden durch unternehmensinterne Unterlagen sowie Betriebsbesichtigungen zusätzlich erläutert und ergänzt. Bei einigen Unternehmen konnten außerdem verschiedene Personen aus unterschiedlichen Funktionsbereichen getrennt befragt werden, wodurch die Plausibilität der Angaben geprüft werden konnte.

Allen im Rahmen der explorativen Untersuchung interviewten Unternehmen wurde die vertrauliche Behandlung ihrer Angaben zugesichert. Da die Anzahl der Automobilhersteller insgesamt relativ gering ist, müssen bei der Darstellung der Interviewergebnisse jegliche Angaben zum Unternehmenskontext (Umsatz, Mitarbeiteranzahl, Fertigungskapazität, Produktpalette etc.) unterbleiben, um eine Identifikation der betreffenden Unternehmen zu verhindern.

2.6.2 Befunde bei Automobilherstellern

Nach den Aussagen der interviewten Personen bei den deutschen Automobilherstellern sind die Unterschiede in den Produktentwicklungszeiten zwischen den deutschen (europäischen) Automobilherstellern und den ehemals in diesem Punkt weit überlegenen japanischen Konkurrenten weitestgehend ausgeräumt.

Um die Vergleichbarkeit der betrachteten Entwicklungsprojekte zu gewährleisten, wurden die befragten Personen um Angaben zum Innovationsgrad des Produkts bzw. der Prozesse gebeten. Nach den subjektiven Einschätzungen liegt bei den japanischen Unternehmen der Schwerpunkt mehr auf der Innovation des Produkts, während bei deutschen Automobilherstellern die Prozeßinnovation mit im Vordergrund steht.

Die Fertigungstiefe lag bei allen befragten Automobilherstellern unter 50 %, wobei die japanischen Automobilhersteller eine etwas geringere Fertigungstiefe angaben.[31] Die insgesamt gefertigten Prototypen schwankten zwischen 150 und 320 Stück, ein signifikanter Unterschied zwischen deutschen und japanischen Automobilherstellern ist nicht erkennbar.

Die Tabelle 2-5 gibt einen synoptischen Überblick über die Ergebnisse der Befragung.

---

31 Die Angaben beruhen auf den Aussagen der Interviewpartner, denen die Fertigungstiefe als Herstellkostenanteil der im eigenen Unternehmen gefertigten Teile erläutert wurde. Hierbei ist zu beachten, daß die Fertigungstiefe bei japanischen Automobilherstellern aufgrund der starken Kapitalverflechtungen zwischen Automobilherstellern und -zulieferern relativ schwierig zu bestimmen ist. Die tatsächliche Fertigungstiefe im Vergleich zu den deutschen Automobilherstellern dürfte etwas höher liegen.

Unternehmen	A	B	C	G	H
Land	Deutschland			Japan	
Entwicklungsdauer[32]	30 Monate	40 Monate	28 Monate	25 Monate	30 Monate
Innovationsgrad Produkt	eher gering	eher hoch	eher hoch	eher hoch	eher hoch
Innovationsgrad Prozeß	hoch	eher hoch	sehr hoch	eher gering	gering
Fertigungstiefe	30%	40%	40%	20%	35%
Anteil Neuteile	30%	50%	70 %	60%	50 %
Anzahl der Prototypen	300	320	150	300	160
Ort der Vorserie[33]	separate Pilotanlage	separate Pilotanlage	separate Pilotanlage	laufende Serie	separate Pilotanlage
Beginn der Vorserie vor Job. No. 1	12 Monate	14 Monate	14 Monate	9 Monate	10 Monate
Ort der Nullserie	Fertigung auf neuer Serienanlage, Montage in laufender Serie	separate Pilotanlage	separate Pilotanlage	neue Anlage für spätere Serie	auf Anlage für die bisherige Serie
Beginn der Nullserie vor Job No. 1	5 Monate	2 Monate	7 Monate	5 Monate	5 Monate
Dauer des Produktionshochlaufs	6 Monate	12 Monate	9 Monate	30 Tage	2 Monate
Zeitpunkt der Markteinfühung nach Job No. 1	3 Monate	6 Monate	5 Monate	1 Monat	2 Monate
Wechsel zum Nachfolgemodell	Stufenmodell	Stufenmodell	Blockumstellung	Stufenmodell	Stufenmodell

Tabelle 2-5: Vergleich des Serienanlaufs bei deutschen und japanischen Automobilherstellern

Die Vorserie begann bei den deutschen Automobilherstellern interessanterweise deutlich früher als bei den japanischen Unternehmen. Hierdurch sollen zu einem

32 Die Entwicklungsdauer wurde gemessen vom Zeitpunkt der Verabschiedung des Pflichtenhefts/ Abschluß der Konzeptphase bis zum Job. No. 1.

33 Vorserie bzw. Nullserie wurden bei den Herstellern nicht einheitlich bezeichnet. Die Bezeichnungen werden hier nach der Definition in Abschnitt 2.2.3 angewandt.

möglichst frühen Zeitpunkt bereits Serienwerkzeuge und Serienmaterialien getestet werden können. Während dies bei deutschen Automobilherstellern grundsätzlich auf separaten Pilotanlagen geschieht, fahren die japanischen Automobilhersteller bereits die Vorserien auf späteren Serienanlagen. Dies hat nach Angaben der japanischen Automobilhersteller den Zweck, die Mitarbeiter bereits frühzeitig zu integrieren, auch wenn dies durch die Umbaumaßnahmen und die längeren Stillstandszeiten Einbußen in der laufenden Produktion bedeutet. Diese Vorserien in der Produktionsumgebung sind allerdings erst zu einem späteren Zeitpunkt möglich, wodurch die späteren Vorserien bei den japanischen Herstellern erklärt werden können. Bei Hersteller H war diese sonst auch bei diesem Hersteller übliche Vorgehensweise aufgrund der aktuellen Auftragslage für das Vorgängermodell jedoch nicht möglich.

Die von *Clark* und *Fujimoto* zu Beginn der 90er Jahre konstatierten Unterschiede zwischen europäischen und japanischen Automobilherstellern bestehen zumindest bei den hier verglichenen Neuproduktprojekten nicht mehr: die deutschen Automobilhersteller verbesserten ihre Entwicklungsprozesse deutlich und die Entwicklungszeiten haben sich mittlerweile stark angenähert.

Auch die Vorgehensweise der stufenweisen Umstellung vom Vorgänger zum Nachfolgeprodukt hat sich auch bei den deutschen Automobilherstellern etabliert. Lediglich Hersteller C verwendet nach wie vor die Blockumstellung und nutzt die Werksferien zum Umbau der Produktionsanlagen. Trotz des sehr kleinen Zeitfensters für den Abschluß des Entwicklungsprojekts und den Job No. 1 glaubt Hersteller C, daß seine Probleme im Serienanlauf im Vergleich zur Konkurrenz nicht größer sind. Trotzdem zeigen sich die Unterschiede in der Dauer des Produktionshochlaufs, die im Rahmen des eingangs dargestellten Benchmarking ermittelt wurden, auch bei den in der explorativen Untersuchung betrachteten Projekten deutscher und japanischer Automobilhersteller.

Die Auswirkungen der längeren Produktionshochläufe machen sich unter anderem im Zeitpunkt der Markteinführung des neuen Produkts bemerkbar. Dieser erfolgt bei allen Herstellern als erstes auf dem inländischen Markt. Während die japanischen Automobilhersteller bereits 1 bis 2 Monate nach dem Job No. 1 auf den japanischen Markt gehen, vergehen bei den deutschen Automobilherstellern teilweise 6 Monate bis ein ausreichendes Volumen zur Markteinführung in Deutschland bereit steht. Dabei besteht zwischen den deutschen und den japanischen Automobilherstellern kein signifikanter Unterschied in den Stückzahlen, mit denen die Markteinführung erfolgt.

Eine Ursache für die langen Produktionshochläufe liegt nach Angaben der deutschen Automobilhersteller in einer mangelnden Harmonisierung der Schnittstelle zwischen Entwicklung und Produktion. Trotz der laufenden Zusammenarbeit von Vertretern beider Funktionsbereiche in Simultaneous Engineering-Teams bestehen an dieser Schnittstelle nach wie vor erhebliche Informationsdefizite und werden unterschiedliche, inkompatible Zielsetzungen verfolgt. Der verstärkte Einsatz des Simultaneous Engineering hat diese Situation nach Aussagen der Interviewpartner eher verschlechtert.

Die Vorgabe eines konsistenten Zielsystems für ein Unternehmen und seine Teilbereiche sowie die adäquate Informationsversorgung über die Zielerreichung zur Unternehmenssteuerung sind originäre Aufgaben des Controlling (vgl. Abschnitt 3.1). Die methodische Unterstützung des Controlling zur Beseitigung der Schnittstellenprobleme zwischen Entwicklung und Produktion wird von den befragten Automobilherstellern jedoch als unzureichend beurteilt. Ein Projektleiter verdeutlichte dies mit folgendem bildhaften Vergleich: „Bei einem Entwicklungsprojekt fahren wir alle zusammen in einem Fahrzeug. Die Frage, ob wir unser Ziel, z. B. die Stadt Hamburg, erreicht haben, beantwortet unser Controlling derzeit mit Angaben über die bisher verbrauchte Benzinmenge und über die zurückgelegten Kilometer. Aus dem hohen Benzinverbrauch bei geringer Anzahl an zurückgelegten Kilometern können wir jedoch lediglich schließen, daß wir uns derzeit im Stau befinden. Die Tatsache, daß wir aktuell in Richtung Paris unterwegs und somit unserem Ziel kaum näher gekommen sind, können wir diesen Angaben leider nicht entnehmen. Außerdem steuert die Entwicklung momentan den Wagen nach Berlin, während sich die Produktion in Richtung Brüssel unterwegs glaubt. Doch jeder im Unternehmen ist der Meinung, sich auf dem rechten Weg zu befinden.“

Neben den unternehmensinternen Problemen an der Schnittstelle zwischen Entwicklung und Produktion machen die befragten deutschen Automobilhersteller umfangreiche Probleme mit den Zulieferumfängen für die langen Produktionshochläufe verantwortlich. Mangelnde Maßhaltigkeit, mangelnde Funktionalität sowie Lieferengpässe der Zulieferteile aus der Serienproduktion wurden zumeist erst im Serienanlauf gewahr und führten dann zu teilweise erheblichen Verzögerungen beim Automobilhersteller. Zwei der befragten Automobilhersteller haben daher von ihren Lieferanten bereits 2 bzw. 3 Monate vor dem eigentlichen Produktionsstart des Zulieferers eine festgelegte Stückzahl aus der Serienproduktion eingefordert. Diese Vorab-Produktion soll die qualitativ und quantitativ sichere Versorgung der Serienproduktion vom Produktionsstart an gewährleisten.

Im Gegensatz zu den deutschen Automobilherstellern äußerten die japanischen Automobilhersteller keine Beschwerden über die Zusammenarbeit mit den Zulieferern. Aufgrund dieser Aussagen wurden auch deutsche Automobilzulieferer in die explorative Analyse einbezogen.

2.6.3 Befunde bei den Automobilzulieferern

Alle befragten deutschen Automobilzulieferer verstehen sich als Systempartner für ein komplexes Teilsystem des Fahrzeugs und erbringen neben der reinen Produktleistung auch Koordinationsleistung für den Automobilhersteller. Die Kunden der befragten Zulieferer sind ausschließlich europäische Automobilhersteller, der Schwerpunkt liegt in der Belieferung deutscher Kunden.

Konkrete Entwicklungsprojekte werden bei allen drei Zulieferern durch Konzeptwettbewerbe der Automobilhersteller angestoßen. Sofern der Auftrag für den betreffenden Entwicklungsumfang erteilt wird, werden die Zulieferer zumeist in die Entwicklungsteams des Automobilherstellers eingebunden.

Als problematisch in den späten Phasen des Entwicklungsprozesses beurteilen die Automobilzulieferer die Änderungshandhabung durch den Automobilhersteller. So kommt es bspw. häufig vor, daß bei der Präsentation des Gesamtfahrzeugs vor Führungskräften des Automobilherstellers kurz vor der Markteinführung des neuen Fahrzeugs Änderungen angeordnet werden, ohne Rücksicht auf die Folgen für alle Beteiligten.

Insgesamt sehen die Automobilzulieferer eine Vielzahl an Problemen an der Schnittstelle zum Automobilhersteller, die jedoch erst in den späten Phasen des Innovationsprozesses deutlich werden:

- zu späte Einbindung des Zulieferers in die Entwicklung des Kunden, weshalb Kostensenkungspotentiale nicht ausgenutzt werden können (Verwendung nicht-kompatibler CAD-Software, keine Verwendung von Gleichteilen, hoher Anteil an neu zu konstruierenden Teilen),
- unzulängliche Zielsetzungen bei der Auftragsvergabe (Angaben im Pflichtenheft sind zu ungenau, teilweise offensichtlich fehlerhaft),
- erhebliche Zeitverzögerungen bei den Freigaben und dadurch höherer Personalbedarf in den späten Phasen,
- zu hohe Anzahl an Prototypen und Mustern und deren „unsinnige" Verwendung (bspw. voll funktionsfähige Teile eines nicht sicherheitsrelevanten Bauteils für Crash-Tests),
- die zahlreichen Änderungswünsche und verspäteten Änderungsaufträge des Kunden, deren Kosten teilweise nicht vom Automobilhersteller übernommen wurden (hauptsächlich Änderungen an Werkzeugen notwendig) sowie
- Nichteinhaltung von Änderungsstops durch den Automobilhersteller.

Bei allen drei befragten Automobilzulieferern kam es zu Problemen im eigenen Serienanlauf, die bei zwei Zulieferern auch zu Lieferengpässen geführt haben. Die Ursache für diese Probleme sehen die Automobilzulieferer beim Automobilhersteller und dessen Verhalten.

2.7 Zusammenfassung der Analyseergebnisse

Der Innovationsprozeß in der Automobilindustrie ist – bedingt durch die Komplexität des Produkts – durch eine Vielzahl an Schnittstellen gekennzeichnet. Eine mangelhafte Harmonisierung an diesen Schnittstellen zeigt sich insbesondere am Übergang von der Entwicklung in die Produktion, wenn die Ergebnisse der verteilt bearbeiteten Entwicklungsaufgaben zusammengeführt werden und das Gesamtsystem den Bedingungen der Serienproduktion ausgesetzt wird. Die Zeitdauer bis zum Erreichen einer stabilen Produktionsumgebung hängt dabei nach den Erkenntnissen der empirischen Forschung – neben dem Einfluß einiger Entwicklungsprojektcharakteristika – hauptsächlich von der Harmonisierung der Schnittstellen im Verlauf der Entwicklung sowie von der Gestaltung des Übergangs in die Produktion selbst ab.

Zur Harmonisierung der Schnittstellen existiert eine Vielzahl an Koordinationsmechanismen. Zur kombinierten Anwendung dieser Mechanismen bei gleichzeitiger Verkürzung der Entwicklungszeit hat sich in der Automobilindustrie der Ansatz des Simultaneous Engineering etabliert. Auch wenn dessen Koordinationserfolg insbesondere an der Schnittstelle zwischen Entwicklung und Produktion durch die bisherigen empirischen Untersuchungen nicht bestätigt werden konnte, hat der Erfolg dieses Ansatzes bei den japanischen Unternehmen zu einer flächendeckenden Verbreitung in der deutschen Automobilindustrie geführt.

Die spezielle Gestaltung des Serienanlaufs bei japanischen Automobilherstellern hatten *Clark* und *Fujimoto* Anfang der 90er Jahre als Ursache für deren kurze Produktionshochläufe identifiziert. Gemäß den Ergebnissen der explorativen Analyse haben die deutschen Automobilhersteller in der Zwischenzeit das „japanische Modell“ eines produktionsnahen Serienanlaufs mit einem stufenweisen Übergang vom Vorgänger zum Nachfolgeprodukt übernommen.

Trotz der weitgehenden Anpassung der deutschen Automobilhersteller an die japanischen Vorbilder sowohl in der Harmonisierung der Schnittstellen als auch in der Gestaltung des Serienanlaufs ist die Dauer des Produktionshochlaufs bei den deutschen Unternehmen signifikant länger. Dadurch treten deutliche Verzögerungen beim Markteintritt auf, die wiederum erhebliche wirtschaftliche Konsequenzen haben.

Eine Ursache hierfür scheint in der Gestaltung der Schnittstelle zwischen Automobilhersteller und -zulieferer zu liegen, die im Gegensatz zur deutschen Automobilindustrie bei den japanischen Automobilherstellern nicht als problematisch beschrieben wird. Empirische Erkenntnisse, welche Auswirkungen die Gestaltung der Schnittstelle zwischen Automobilhersteller und -zulieferer auf den Innovationsprozeß hat, existieren bislang nicht. Außerdem liegen bislang keine Erkenntnisse darüber vor, wie die Schnittstellenharmonisierung sowie die

Gestaltung des Serienanlaufs bei den Automobilzulieferern selbst aussieht und welche Auswirkungen diese Parameter auf den Innovationsprozeß besitzen. Um diese Forschungslücke zu schließen wurde eine umfangreiche schriftliche Befragung von Automobilzulieferern in Deutschland und Japan durchgeführt (vgl. Kapitel 5).

Desweiteren wurde im Rahmen der explorativen Untersuchung ausgesagt, daß eine der Hauptursachen für die Probleme an der Schnittstelle zwischen Entwicklung und Produktion an der mangelnden methodischen Unterstützung des Controlling zur Schnittstellenharmonisierung liegt.

Die empirische Basis der explorativen Analyse ist jedoch nicht umfangreich genug, um hier von gesicherten Erkenntnissen über eine zweite Forschungslücke im analysierten Problembereich sprechen zu können. Im folgenden Kapitel wird daher überprüft, ob diese Kritik berechtigt ist. Hierzu wird das bestehende Controlling-Instrumentarium auf seine Adäquanz für die Planung und Steuerung der Innovation komplexer Produkte unter den geänderten Bedingungen im Entwicklungsumfeld überprüft.

3 Unterstützung der Schnittstellenharmonisierung durch das Controlling

Im Abschnitt 3.1 werden die Funktionen des Controlling in Entwicklung und Serienanlauf beschrieben. Daran anschließend werden die Anforderungen an das Controlling für Innovationsprozesse komplexer Serienprodukte unter den eingangs erläuterten veränderten Umfeldbedingungen einer steigenden technologischen Komplexität bei kürzeren Produktentwicklungszeiten herausgearbeitet. Anhand dieser Anforderungen wird in den Abschnitten 3.3 und 3.4 das bestehende Controlling-Instrumentarium zur Planung und Steuerung von Entwicklung und Serienanlauf analysiert. Abschließend erfolgt eine zusammenfassende Beurteilung der bereits existierenden Controllingansätze zur Schnittstellenharmonisierung, bei der die konzeptionellen Lücken herausgearbeitet werden.

3.1 Funktion des Controlling in Entwicklung und Serienanlauf

Es zeigt sich eine große Bandbreite an Controlling-Konzeptionen in der Theorie und an Controlling-Ausgestaltungen in der Unternehmenspraxis (vgl. z.B. die Diskussion bei *Hahn* 1997, S. 15 ff.). In dieser Arbeit wird dem Controlling-Konzept von *Horváth* gefolgt, das die Funktion des Controlling systemorientiert definiert: „Controlling ist – funktional gesehen – dasjenige Subsystem der Führung, das Planung und Kontrolle sowie Informationsversorgung systembildend und systemkoppelnd ergebniszielorientiert koordiniert und so die Adaption und Koordination des Gesamtsystems unterstützt" (*Horváth* 1996, S. 141). Gemäß dieser Auffassung ist die Ergebniszielorientierung das bestimmende Merkmal der Controllingfunktion (vgl. *Horváth* 1996, S. 136).

Das Controlling unterstützt sowohl die Führung des Gesamtsystems Unternehmen als auch die Führung der einzelnen Subsysteme des Unternehmens. Entsprechend der differenzierten Ausgestaltung der Führung in den einzelnen Subsystemen muß auch das Controlling jeweils angepaßt werden. Im Hinblick auf die Entwicklung ist dabei zwischen einem Entwicklungsbereichscontrolling und einem Entwicklungsprojektcontrolling zu differenzieren (vgl. *Schmelzer* 1992, S. 33 ff.).

Die Entwicklung neuer Produkte und Prozesse erfolgt überwiegend in Form von Projekten, hauptsächlicher Betrachtungsgegenstand des Controlling in der Entwicklung stellt daher das Entwicklungsprojekt dar. Aufgabe des **Entwicklungsbereichscontrolling** ist dabei – neben der Bereichsbudgetierung – im Schwerpunkt die Unterstützung der Projektauswahl sowie die Planungskoordination, Ressourcenzuteilung und Methodenstandardisierung für die einzelnen Entwicklungsprojekte im Rahmen des gesamten Entwicklungsprogramms (vgl.

Bürgel et al. 1996, S. 317 ff.; *Schmelzer* 1992, S. 145 f.). In dieser Arbeit soll der Übergang von der Entwicklung in die Produktion für ein einzelnes Entwicklungsprojekt betrachtet werden, der Aspekt des projektübergreifenden Entwicklungsbereichscontrolling wird im folgenden nicht näher behandelt.

Die Aufgabe des Entwicklungsprojektcontrolling ist es (vgl. *Horváth* 1994, S. 3 ff.; *Schmelzer* 1992, S. 188 f.),

- ein einheitliches **Planungs- und Kontrollsystem** für das Entwicklungsprojekt aufzubauen und die Projektverantwortlichen bei der Anwendung des Systems zu betreuen. Dieses System ist mit dem Planungs- und Kontrollsystem des Unternehmens abzustimmen und in der laufenden Anwendung anzupassen.
- die **Informationsversorgung** durch die Ermittlung des Informationsbedarfs und den Aufbau eines adäquaten Informationssystems sicherzustellen, das die Auswirkungen von Entscheidungen im Rahmen des Entwicklungsprojekts auf die Ergebnisziele des Projekts bzw. des Gesamtunternehmens aufzeigt und die Ermittlung von Ursachen und Konsequenzen bei Zielabweichungen ermöglicht.

Mit dem Aufbau und der Betreuung dieser beiden Systemen trägt das Controlling dazu bei, die Handlungen der am Entwicklungsprojekt Beteiligten durch die Vorgabe von übergeordneten Projektzielen und die Planung der Interaktion der Beteiligten zu koordinieren und unterstützt somit die Schnittstellenharmonisierung. Im folgenden wird dabei zwischen den Aufgaben der vorausgehenden **Planung** des Entwicklungsprojekts und den Aufgaben der laufenden **Steuerung** unterschieden. Das Informationsversorgungssystem unterstützt beide Aufgabenbereiche durch die Bereitstellung der notwendigen Informationen.

3.2 Spezifische Aufgaben des Controlling bei der Innovation komplexer Serienprodukte

Das Controlling hat aufgrund der Charakteristika von Entwicklungsprojekten bei Unternehmen mit Serienproduktion eine Reihe von Besonderheiten bei der Ergebniszielorientierung zu berücksichtigen (vgl. *Horváth, Gentner* 1992, S. 171 f.):

- **Unzulänglichkeit des Periodenbezugs und der Fokussierung auf die Entwicklung**: Die Kosten eines Entwicklungsprojekts in einer Periode stehen im Grunde in keinem direkten Zusammenhang mit dem Periodenergebnis des Unternehmens. Durch die Entwicklung sollen vielmehr Ergebnis**potentiale** für spätere Perioden in der Marktphase des Serienprodukts erschlossen werden. Eine periodenbezogene Betrachtung der Entwicklungskosten ist daher zur Steuerung der Innovation von Serienprodukten generell ungeeignet.

- **Geringe Relevanz der Entwicklungskosten**: Bei einem in Serie produzierten Produkt stellen die Entwicklungskosten zumeist nur einen geringen Teil der gesamten Lebenszykluskosten des Serienprodukts dar, die Auswirkungen der Entwicklungskosten auf das Unternehmensergebnis sind im Vergleich zu anderen Kostenkategorien der Serienproduktion eher gering (vgl. *Nevens* 1990, S. 21; *Tiby* 1987, S. 3). Gleichzeitig haben jedoch die in der Entwicklung getroffenen Entscheidungen einen hohen Einfluß auf die gesamten Lebenszykluskosten.[1]
- **Prognoseproblematik von Erfolgsgrößen**: Die gesamten Lebenszyklus**kosten** sind im Verlauf des Entwicklungsprojekts bedingt prognostizierbar, Prognosen über die zukünftigen **Erlöse**, die in der Serienphase aus dem Entwicklungsprojekt resultieren, sind jedoch mit großen Unsicherheiten behaftet (vgl. *Siegwart, Senti* 1995, S. 87 ff.).

Diese Problemstellungen zeigen die notwendige Erweiterung des Controlling bei der Innovation von Serienprodukten auf:

- Eine reine Fokussierung auf die Entwicklung stellt eine zu stark eingeschränkte Sichtweise dar, die unweigerlich zu Suboptima führt. Zur Unterstützung einer effektiven Führung des Entwicklungsprojekts muß das Controlling seine Sichtweise auf den gesamten **Innovationsprozeß** ausdehnen (vgl. *Brockhoff* 1991, S. 64; *Horváth, Gentner* 1992, S. 175 f.; *Horváth* 1994, S. 6; *Gentner* 1994, S. 15). Die Planungs- und Kontrollsysteme müssen eine durchgängige Sichtweise einnehmen, insbesondere an der Schnittstelle zwischen Entwicklung und Produktion.
- Die einseitige Betonung des Kostenaspekts in der Entwicklung birgt die Gefahr einer zu kurzfristigen Sichtweise (vgl. *Specht, Beckmann* 1996, S. 334). Das Controlling muß vielmehr an Größen ansetzen, die direkt auf die zukünftigen Lebenszykluskosten und die Ergebnis**potentiale** einwirken: **Produktkosten, Qualität**[2] und **Time-to-Market** (vgl. *Gaiser* 1993, S. 17).

Das Entwicklungsprojektcontrolling muß sich somit im Umfeld eines Unternehmens mit Serienproduktion zum **Innovationscontrolling** wandeln. Dieses hat zur Aufgabe, ein Planungs- und Kontrollsystem für den gesamten Innovationsprozeß aufzubauen und zu betreuen sowie die Informationsversorgung aller beteiligten Organisationseinheiten sicherzustellen. Ein Innovationscontrolling

1 So wurde in einer Vielzahl von Untersuchungen nachgewiesen, daß in der Entwicklung (einschließlich Konstruktion) zwischen 70 % und 80 % der gesamten Produktlebenszykluskosten festgelegt werden (vgl. z. B. *Ehrlenspiel* 1992, S. 293).

2 Der Begriff Qualität wird hier als „fitness for use", die Erfüllung der Kundenanforderungen in Form und Funktion durch die Produktmerkmale, im Sinne *Jurans* verstanden (vgl. *Juran* 1962).

in diesem Sinn unterstützt grundsätzlich alle Koordinationsmechanismen (Persönliche Weisung, Institutionalisierung, Programmierung, Planung, Selbstabstimmung; vgl. Abschnitt 2.4.1) für die Schnittstellen im Innovationsprozeß durch die Vorgabe von Zielgrößen und die laufende Verfolgung der Zielerreichung für alle beteiligten Organisationseinheiten (vgl. *Horváth* 1991, S. 11).

Die Komplexität des Serienproduktes hat dabei einen wesentlichen Einfluß auf die Gestaltung des Innovationscontrolling. Wie in Abschnitt 2.3.1 gezeigt, hat eine hohe Komplexität des zu entwickelnden Produkts eine hohe organisatorische Komplexität des Entwicklungsprojekts zur Folge. Die Anzahl der zu koordinierenden Schnittstellen wird somit durch die Komplexität des Serienprodukts determiniert.

Um die organisatorische Komplexität zu beherrschen und gleichzeitig eine kürzere Time-to-Market realisieren zu können, wird in der Automobilindustrie der Ansatz des Simultaneous Engineering eingesetzt, wie bereits in Abschnitt 2.4.2 erläutert. Durch die Parallelisierung der Aufgabenbearbeitung und die Funktionsintegration in Teams sollen innovative Ideen schneller generiert und umgesetzt werden. Zur Beherrschung der organisatorischen Komplexität erfolgt eine Dezentralisierung der Verantwortung, um durch die Selbstkoordination der Organisationseinheiten das Gesamtsystem zu steuern und die Schnittstellen zu harmonisieren. Hierdurch sind die einzelnen Arbeitsschritte zur Zielerreichung jedoch nicht mehr im voraus zentral planbar (vgl. *Warschat, Wasserloos* 1991, S. 25).

Das Controlling muß sich diesem Wandel im organisatorischen Umfeld anpassen (vgl. *Hauschildt, Schmidt-Tiedemann* 1993, S. 14 ff.). Für das Innovationscontrolling bedeutet das:

- Planende und ausführende Funktionen dürfen nicht getrennt werden. Sowohl die Planung als auch die Steuerung des Projektverlaufs dürfen nicht zentral durch die Projektleitung, sondern müssen dezentral durch die Teams selbst erfolgen.
- Da sich die einzelnen Ziele im Projektverlauf konkretisieren und verändern, müssen die Steuerungssysteme entsprechend anpassungsfähig sein, im Hinblick auf eine durchgängige Steuerung aber auch Kontinuität gewährleisten.
- Um die übergeordneten Vorgaben der Produktkosten, Time-to-Market und Qualität realisieren zu können, muß das Projektcontrolling im Rahmen einer Multikriterienanalyse die Zielsetzungen und deren Realisierung durch einfache Instrumentarien abbilden (vgl. *Eversheim et al.* 1993, S. 8).

Ein umfassender Ansatz zum Innovationscontrolling ist bislang noch nicht existent und aufgrund der Vielzahl und Vielfalt der Schnittstellen bei komplexen Serienprodukten auch nur sehr schwer umzusetzen (vgl. *Horváth* 1994, S. 6).

Zum Aufbau eines Innovationscontrolling für komplexe Serienprodukte sollte man sich daher zunächst auf die **wesentlichen** Schnittstellen im Innovationsprozeß konzentrieren. Wie bereits in Kapitel 2 verdeutlicht, sind der Übergang von der Entwicklung in die Produktion und die damit verbundenen organisatorischen Schnittstellen die kritischsten Schnittstellen im Innovationsprozeß.

3.3 Aufbau eines Planungssystems für Entwicklung und Serienanlauf

Bei der Initiierung eines Entwicklungsprojekts hat das Controlling ein Planungssystem zur Verfügung zu stellen, das die Zusammenarbeit der an Entwicklung und Serienanlauf sowie der späteren Produktion Beteiligten zeitlich und inhaltlich strukturiert und die Bearbeitung der verteilten Entwicklungsaufgaben im Hinblick auf übergeordnete Zielgrößen aufeinander abstimmt (vgl. Abbildung 3-1). Das Planungssystem läßt sich hierzu in zwei Bereiche unterteilen: zum einen in die **Zieldefinition**, bei der in mehreren Schritten die Zielsetzungen des Entwicklungsprojekts in den Dimensionen Zeit, Kosten und Qualität determiniert werden. Zum anderen die eigentliche **Projektplanung**, die die gesamte Entwicklungsaufgabe in einzelne Aufgabenpakete gliedert, deren Bearbeitung zeitlich und inhaltlich festlegt sowie die hierzu erforderlichen Ressourcen plant.

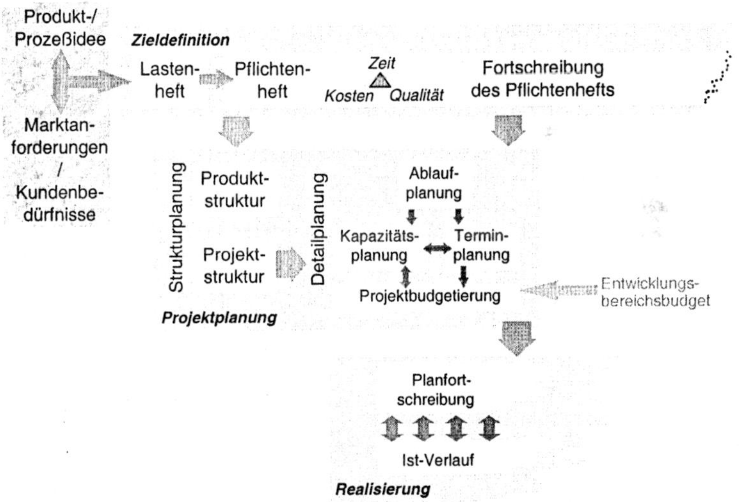

Abbildung 3-1: Ablauf der Planung eines Entwicklungsprojekts[3]

---

3 Vgl. hierzu *Brockhoff* 1994, S. 282.

3.3.1 Methoden der Zieldefinition

Ausgangspunkt der Planung von Entwicklungsprojekten für Serienprodukte sind die Bedürfnisse der Kunden und die Bedingungen des Markts sowie eine Entwicklungsidee zur Erfüllung dieser Anforderungen. Die Marktanforderungen und die Idee zur Befriedigung derselben werden zunächst in Form qualitativer Aussagen in einem Lastenheft schriftlich konkretisiert (vgl. *Eversheim et al.* 1994, S. 70). Aus dem Lastenheft wird dann durch Spezifizierung und Präzisierung des zu entwickelnden Objekts ein Pflichtenheft abgeleitet, das den Zielkatalog für die Entwicklung darstellt. An der Ausgestaltung des Pflichtenhefts arbeiten idealerweise alle Funktionsbereiche – insbesondere auch die Produktion – mit und bringen ihre Kenntnisse und Anforderungen ein (vgl. *Eversheim et al.* 1995, S. 27 ff.). Das verabschiedete Pflichtenheft stellt dann gleichsam das „Commitment" aller Funktionsbereiche des Unternehmens zum Entwicklungsprojekt dar (vgl. *Brockhoff* 1994, S. 283).

Die Veränderungen des Marktes und der verfügbaren Technologien erfordern nach der grundlegenden Verabschiedung des Pflichtenhefts immer wieder Anpassungen. Aber auch durch die immer weitergehende Konkretisierung der Erkenntnisse über die technische und wirtschaftliche Realisierbarkeit des Konzepts ist das Pflichtenheft im Verlauf der Entwicklung zu überprüfen und anzupassen (vgl. *Platz* 1986a, S. 122). In vielen Fällen verzögert sich dabei die endgültige Verabschiedung des Pflichtenhefts bis kurz vor den Produktionsstart.

Zur Unterstützung der Zieldefinition stehen unterschiedliche Planungsmethoden zur Verfügung. Im folgenden werden die wesentlichen kurz dargestellt.

3.3.1.1 Planung der Produkt- und Prozeßmerkmale

Die funktionalen und gestalterischen Merkmale eines neu zu entwicklenden Produkts sind an den zukünftigen Kundenbedürfnissen und den Anforderungen des Marktes auszurichten. Zur Ermittlung dieser Informationen steht eine Reihe von Methoden der Marktforschung zur Verfügung wie bspw. das Conjoint Measurement oder die Multidimensionale Skalierung, die hier aus Platzgründen nicht näher behandelt werden.[4] Als Ergebnis dieser Methoden liegen kundengruppenspezifische Anforderungen an die funktionalen und gestalterischen Produktmerkmale zusammen mit einer Präferenzstruktur für diese Merkmale vor. Eine Methode zur Übersetzung dieser Kundenanforderungen in konkrete Zielsetzungen für Produkte und Prozesse im Unternehmen stellt der Ansatz des **Quality Function Deployment** (QFD) dar (vgl. *Akao* 1992; *Hauser, Clausing* 1988).

---

4 Zu den Methoden vgl. *Backhaus et al.* 1994 und die dort aufgeführte Literatur.

Die Vorgehensweise des QFD umfaßt vier Schritte: Produktplanung, Komponentenplanung, Prozeßplanung und Produktionsplanung, die stufenweise die Kundenanforderungen in technische Funktionen, Produktkomponenten zur Erfüllung dieser Funktionen, Prozesse zur Erstellung dieser Komponenten und schließlich in Arbeitsanweisungen und Prüfpläne übersetzen (vgl. *Hauser, Clausing* 1988, S. 57 ff.). Zentrales Instrument ist das **House of Quality**, das in Form einer Matrix in jedem Schritt des QFD aufgebaut wird (vgl. *Hauser, Clausing* 1988, S. 68 sowie Abbildung 3-2). Die Erstellung eines House of Quality muß aufgrund des hohen Bedarfs an Detailkenntnissen in einem interdisziplinären Team erfolgen.

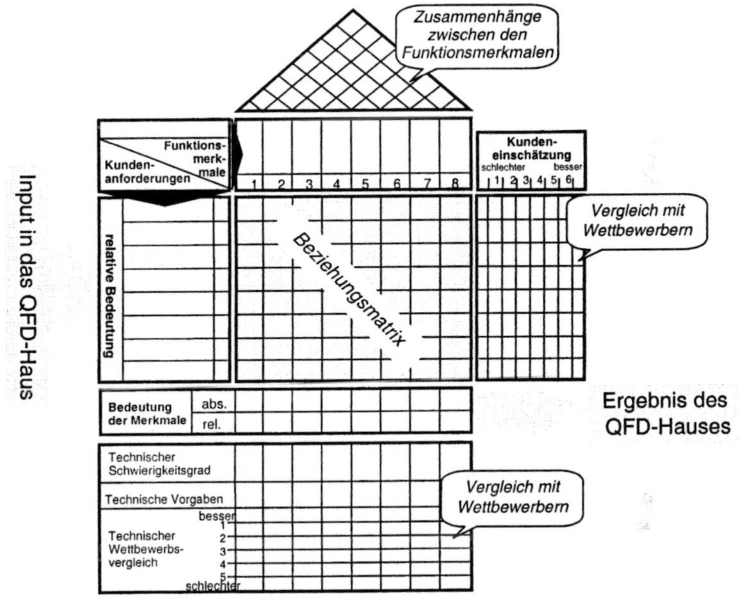

Abbildung 3-2: Beispiel für das House of Quality der Produktplanung

Als Ergebnis des QFD liegen nach dem ersten Schritt die relevanten technischen Vorgaben für die Funktionen des Gesamtprodukts und nach dem zweiten Schritt detaillierte Spezifikationen für Baugruppen und Bauteile vor, die als Vorgaben in die Zieldefinition für die Produktentwicklung aufgenommen werden.

Im dritten Schritt wird die Verbindung von Produkt- und Prozeßentwicklung beleuchtet. Hier werden die spezifizierten Baugruppen und Bauteile in die zu ihrer Realisierung notwendigen Prozeßschritte übersetzt und dabei die Prozeßmerkmale definiert. Durch die intensive Analyse der Produktionsprozesse können Schwachstellen bezüglich der Produzierbarkeit des zu entwickelnden Produktes und seiner Komponenten systematisch aufgedeckt werden. Gerade an der Schnittstelle zwischen Entwicklung und Produktion zeigt sich das Integrationspotential dieser Planungsmethode durch das gemeinsame Durchdenken der Zusammenhänge zwischen den potentiellen Produktkomponenten und den für ihre Erstellung notwendigen Prozessen. So zeigte *Sullivan* bereits 1986 an einem Beispiel auf, welche Unterschiede in der Anzahl der Konstruktionsänderungen vor bzw. nach Produktionsstart zwischen einem japanischen und einem amerikanischen Unternehmen bestehen. Dieses unterschiedliche Änderungsverhalten im Serienanlauf führte *Sullivan* auf den Einsatz des QFD in der Produktentwicklung zurück. Die Einführung von QFD bei *Toyota* senkte sowohl Anlauf- als auch Rüstkosten um über 60 % und verkürzte die Anlaufzeit um über 50 % (vgl. *Sullivan* 1986, S. 39).

3.3.1.2 Planung der Produkt- und Projektkosten

Bei der Entwicklung von Serienprodukten ist – im Gegensatz bspw. zum Anlagenbau – zwischen den Produktkosten der späteren Serienproduktion und den Projektkosten für das Entwicklungsprojekt zu differenzieren.

Die Methodik der **Produktkostenplanung** hat sich sehr stark gewandelt. Die Produktkosten wurden noch bis vor wenigen Jahren durch eine Kalkulation in späteren Phasen des Entwicklungsprozesses als abhängige Größe der bis zu diesem Zeitpunkt festgelegten Produkt- und Prozeßmerkmale ermittelt. Eine Planung der Produktkosten im Sinne von zu realisierenden Vorgabewerten wurde erst in der Produktionsphase durchgeführt.

Die Verstärkung des Wettbewerbs machte ein grundlegendes Umdenken notwendig: die Preise können heute nicht mehr durch die Unternehmen festgelegt werden, sondern sind durch den Markt vorgegeben. Sofern man bei der Kalkulation in den späten Phasen des Entwicklungsprozesses erkennt, daß dieser Marktpreis bei der gegebenen Kostensituation und den Renditevorstellungen des Unternehmens nicht realisierbar ist, so gibt es nur noch geringen Handlungsspielraum.

Die zentrale Frage kann daher nicht mehr lauten: „Was wird ein bestimmtes Produkt kosten?“, sondern es muß proaktiv hinterfragt werden: „Was darf ein bestimmtes Produkt kosten?“ (vgl. *Seidenschwarz* 1993, S. 31). Zur Beantwortung dieser Frage dient das Target Cost Management. Dieser umfassende Managementansatz unterstützt jedoch nicht nur die Planung, sondern auch die Erreichung der Zielkosten und stellt die hierzu notwendigen Management-Instrumente zur Verfügung. Im folgenden soll nur kurz auf den Bereich der Zielkostenplanung eingegangen werden, detailliert sind die Grundlagen des Ansatzes bei *Seidenschwarz* beschrieben (vgl. *Seidenschwarz* 1993).

Ausgangspunkt der Reinform der Zielkostenplanung, der „Market into Company" (vgl. *Löffler* 1995, S. 135)[5], ist der Preis, den ein Kunde für ein bestimmtes Produkt zu zahlen bereit ist. Von diesem sind die Zielrendite des Unternehmens sowie produktferne Gemeinkosten abzuziehen, um eine produktbezogene Zielvorgabe der im Rahmen des Entwicklungsprojekts beeinflußbaren Kosten ermitteln zu können. In Abstimmung mit den wesentlich an der späteren Leistungserstellung beteiligten Unternehmensbereichen und Entwicklungspartnern sind die Kosten von der Gesamtproduktebene auf untergeordnete Ebenen herunterzubrechen. Hierbei können zwei alternative Vorgehensweisen angewandt werden:

Die **Komponentenmethode** betrachtet direkt die einzelnen Systeme, Komponenten und Bauteile des Produkts und ermittelt den jeweiligen Anteil an den Gesamtkosten des Produkts entsprechend der Kostenstruktur bei einem Referenzprodukt[6]. Die Anwendung der Komponentenmethode ist damit auf Produkte mit geringem Innovationsgehalt beschränkt, die in ihrem konstruktiven Aufbau mit bestehenden Produkten vergleichbar sind (vgl. *Tanaka* 1989, S. 52 f.).

Die **Funktionsmethode** betrachtet für die Zielkostenspaltung zunächst die einzelnen funktionalen Produktmerkmale und stellt die Verbindung zu den Produktkomponenten erst in einem zweiten Schritt her. Nach dem Grundgedanken dieser Methode soll der Kostenanteil zur Realisierung einer Produktfunktion dem Bedeutungsanteil entsprechen, den der Kunde dieser Funktion an der wahrgenommenen Gesamtleistung beimißt. In einem zweiten Schritt werden dann die Produktkomponenten identifiziert, die zur Realisierung dieser Funktion beitragen und die Funktionsgewichtung wird auf die Komponentenstruktur übertragen.

Die so ermittelten, „vom Markt erlaubten" Kosten der einzelnen Komponenten und Bauteile werden ggf. noch im Hinblick auf deren Realisierbarkeit und die unternehmerischen Zielsetzungen modifiziert (vgl. *Löffler* 1995, S. 135). Als Ergebnis der Zielkostenplanung des Target Cost Management liegen dann konkrete Zielkostenvorgaben für das Gesamtprodukt sowie für einzelne Bauteile und Komponenten vor.

Zum Produktionsstart liegen die Herstellkosten des Produkts aufgrund höherer Ausschußraten, längerer Bearbeitungszeiten und höherer Materialverbräuche

---

5 Alternative Vorgehensweisen leiten die Zielkosten aus Plausibilitätsüberlegungen auf Basis von Erfahrungswerten oder aus der Analyse von Konkurrenzprodukten ab (vgl. *Seidenschwarz* 1993, S. 115 ff., der insgesamt fünf Alternativen identifiziert).

6 Dies kann das Vorgängermodell, ein vergleichbares aktuelles Produkt oder ein Konkurrenzprodukt sein.

noch über diesen Zielvorgaben. Durch Erfahrungskurveneffekte im Verlauf des Produktionshochlaufs sollen die Überschreitungen schnell abgebaut werden. Die Zielkosten müssen zum Ende des Produktionshochlaufs erreicht sein (vgl. *Löffler* 1995, S. 142).

Die **Planung der Projektkosten** ist prinzipiell integraler Bestandteil der Projektplanung und nicht der Zieldefinition (vgl. Abbildung 3-1 sowie Abschnitt 3.3.2.3). Entsprechend der Lebenszyklusorientierung des Innovationscontrolling müssen jedoch sämtliche Kosten, die mit der Produktion **und** Entwicklung eines neuen Serienprodukts verbunden sind, in der Zieldefinition berücksichtigt werden. Daher sind auch die Projektkosten für Entwicklung und Serienanlauf in die Zieldefinition aufzunehmen.

In jüngster Zeit finden sich entsprechende Ansätze, die versuchen, das Budget für das Produktentwicklungsprojekt im Rahmen des Target Cost Management direkt aus dem Markt abzuleiten. *Hilbert* beschreibt die Kombination alternativer Vorgehensweisen bei der *Volkswagen AG* zur Ableitung eines Entwicklungsbudgets aus dem Markt, das bei der *Volkswagen AG* mit **Target Engineering Expense** bezeichnet wird (vgl. *Hilbert* 1995, S. 356 ff.):

In der als Kostenmethode bezeichneten Vorgehensweise werden die Zielkosten zunächst in Einzel- und Gemeinkosten differenziert. Dem Gemeinkostenblock wird dann eine Ziel-Gemeinkostenstruktur zugrunde gelegt, aus der die Entwicklungskosten pro Fahrzeug als Gemeinkostenbestandteil ermittelt werden können (vgl. *Claasen, Hilbert* 1994, S. 157). Multipliziert man diesen Wert mit der geplanten Gesamtzahl an Fahrzeugen über den Lebenszyklus des Modells, so erhält man die Target Engineering Expense.

Dieser Wert wird mit den Ergebnissen anderer Verfahren, insbesondere mit Entwicklungskosten-Benchmarks anderer Fahrzeughersteller und einer mit diskontierten Ziel-Erlös- und -Kostenstruktur über den Lebenszyklus abgeglichen und als Budgetvorgabe für das Entwicklungsprojekt in die Planung eingestellt (vgl. *Hilbert* 1995, S. 361).

Als Ergebnis der Zieldefinition liegt dann zunächst ein Gesamtbudget für das Entwicklungsprojekt vor, das im Rahmen der Projektplanung weiter bis auf die Ebene der Arbeitspakete verteilt werden muß (vgl. Abschnitt 3.3.2.3).

3.3.1.3 Konzept zur Planung des Markteintrittszeitpunkts

Zentrale Aufgabe bei der Definition der zeitlichen Ziele der Innovation ist die Bestimmung des Markteintrittszeitpunkts. Diese zunächst trivial erscheinende Planungsaufgabe – „je früher, desto besser" – ist äußerst komplex und von hoher strategischer Bedeutung, denn der frühestmögliche Markteintritt ist nicht immer optimal. Eines der bekanntesten Beispiele hierfür ist der Personalcomputer *Alto*, der bereits 1970 von der Firma *Xerox* entwickelt wurde, sich aber aufgrund mangelnder Akzeptanz kleiner Arbeitsplatzcomputer mit graphischer Oberfläche zum damaligen Zeitpunkt am Markt nicht durchsetzen konnte (vgl. *Reichwald* 1990, S. 9 f.).

Zur Unterstützung der Entscheidung über den optimalen Zeitpunkt für einen Markteintritt werden verschiedene Methoden der Projektdeckungsrechnung vorgeschlagen, die sich vor allem in den jeweils betrachteten Größen unterscheiden (vgl. u.a. *Brockhoff, Urban* 1988, S. 2 ff; *Gentner* 1994, S. 142; *Graves et al.* 1991, S. 71 ff.). Das Grundprinzip dieser Methoden bildet eine Gegenüberstellung von Projektkosten- bzw. -aufwandsgrößen mit Projektergebnisgrößen in Abhängigkeit der Entwicklungszeit (vgl. *Commes, Lienert* 1983, S. 347 ff.).

Brockhoff und *Urban* bestimmen in ihrem Konzept der „optimalen Entwicklungsdauer" den Kapitalwert der prognostizierten Bruttogewinne[7] in Abhängigkeit des Markteintritts und ermitteln den Kapitalwert der zur Realisierung des Markteintrittszeitpunkts notwendigen Entwicklungsaufwendungen (vgl. *Brockhoff, Urban* 1988, S. 2 ff.). Die Differenz der beiden Größen stellt den Projektkapitalwert dar, den es zu optimieren gilt (vgl. *Brockhoff, Urban* 1988, S. 4). Aus dem optimalen Kapitalwert ist dann wiederum der Markteintrittszeitpunkt abzuleiten. Einen ähnlichen Ansatz stellt das **Break-Even-Time-Konzept** der Firma *Hewlett-Packard* dar, bei dem den diskontierten Aufwendungen für Entwicklung, Marketing und Produktionseinführung der Netto-Cash flow aus dem späteren Umsatz gegenübergestellt wird (vgl. *Graves et al.* 1991, S. 71 ff.; *House, Price* 1991, S. 92 ff.).

In diesen Ansätzen wird das Problem der Bestimmung des Markteintrittszeitpunkts durch ein Prognoseproblem der erwarteten Bruttogewinne bzw. Netto-Cash flows in Abhängigkeit des Markteintrittszeitpunkts ersetzt. Ungeachtet der Problematik einer verursachungsgerechten Ergebniszuordnung zu Entwicklungsprojekten (vgl. *Bürgel et al.* 1996, S. 311) wird die Entscheidungsproblematik dadurch nicht vereinfacht. Das größte Manko dieser Ansätze ist jedoch die mangelnde Berücksichtigung des Wettbewerbsumfelds sowie der mit einem Markteintritt verbundenen strategischen Zielsetzungen zugunsten kurzfristigerer Renditeüberlegungen. Der praktische Nutzen dieser Modelle wird daher als gering eingestuft (vgl. *Gemünden* 1993, S. 82; *Simon* 1989, S. 88).

Diese Methoden sind zur Wirtschaftlichkeitsanalyse von Entwicklungsprojekten gut geeignet und dienen als Erklärungsmodelle für die hohe Relevanz des Zeitaspekts in der Produktentwicklung bei Serienproduktion, der Zeitpunkt des

---

7 Nach der Definition von *Brockhoff* und *Urban* sind das die Gewinne „ohne Berücksichtigung von Forschung und Entwicklung" (*Brockhoff, Urban* 1988, S. 2).

Markteintritts sollte jedoch nicht allein durch diese Modelle geradezu mechanistisch abgeleitet werden.

Die grundlegende unternehmerische Entscheidung über den Zeitpunkt des Markteintritts sollte auf unternehmensinternen **und** unternehmensexternen Analysen beruhen, die wie folgt zu kombinieren sind: Auf Basis der grundsätzlichen Unternehmensstrategie ist zunächst die Entscheidung zu treffen, ob mit dem betrachteten Produkt eine Technologieführer- oder -folgerstrategie verfolgt werden soll (zu den Vor- und Nachteilen von Führer- und Folgerstrategien vgl. *Brockhoff* 1994, S. 153; *Murmann* 1994, S. 24).

Bei dieser Entscheidung ist eine Reihe externer Faktoren zu berücksichtigen (vgl. *Gerpott, Wittkemper* 1991, S. 120; *Murmann* 1994, S. 12):

- die **Marktposition** des Unternehmens,
- die **Positionierung** des neuen Produkts bezüglich Preis und Image sowie
- das zu erwartende **Marktpotential** für das neue Produkt.

Ist diese Entscheidung getroffen sind Prognosen zu erstellen über

- die zeitliche Entwicklung der **Kundenbedürfnisse** sowie
- das **Wettbewerberverhalten**, insbesondere eventuelle Produktneueinführungen der direkten Konkurrenten etc.

um hieraus den **spätestmöglichen Termin** für den Markteintritt T_2 unter der Maßgabe der zuvor getroffenen Entscheidung über die Führer- bzw. Folgerrolle abzuleiten (vgl. Abbildung 3-3). In einem zweiten Schritt ist die aus unternehmensinterner Sicht notwendige Entwicklungsdauer aus einer

- Beurteilung des **Innovationsgrads** des Entwicklungsobjekts, der
- Einschätzung des **Innovationspotentials** des Unternehmens auf Basis von Erfahrungswerten bisheriger Entwicklungsprojekte sowie
- der **Ressourcenverfügbarkeit** im betreffenden Zeitraum

abzuschätzen und somit der theoretische **Produktionsstart T_0** zu bestimmen.

Aus der Planung des Serienanlaufs und der Abstimmung mit der Markteintrittsstrategie (vgl. Abschnitt 3.3.3) wird der **frühestmögliche Termin** für einen Markteintritt T_1 abgeleitet. Sofern T_1 vor T_2 liegt, ergibt sich das Zeitfenster für den Markteintritt innerhalb dessen der konkrete Termin bestimmt werden kann. Liegt T_1 nach T_2 ist entweder nach Beschleunigungspotentialen des Entwicklungsprozesses oder des Serienanlaufs zu suchen, ggf. die strategische Positionierung als Technologieführer zu überdenken oder das Projekt insgesamt in Frage zu stellen.

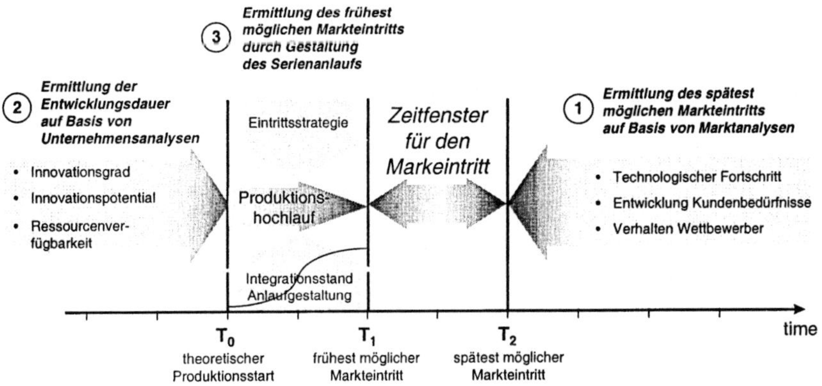

Abbildung 3-3: Bestimmung des Zeitfensters für den Markteintritt

Der so bestimmte Markteintrittszeitpunkt ist im Sinne eines **Target Timing** zu einer retrograden Ermittlung von Meilensteinterminen heranzuziehen (vgl. *Schorb* 1994, S. 189 f.; *Siegwart, Senti* 1995, S. 164 f.). Die Terminfeinplanung für das Projekt ergibt sich aus einer Harmonisierung des vom Markt abgeleiteten Zeitziels mit den auf der Basis vorhandener Ressourcen für die definierten Arbeitsumfänge prognostizierten Realisierungstermine (vgl. Abschnitt 3.3.2.2).

3.3.1.4 Zusammenhang zwischen den Zieldimensionen des Projekts und den Unternehmenszielen

Es wird häufig gefordert, die Interdependenzen zwischen den Zielgrößen der Innovation zu quantifizieren und eine dominante Zielgröße zu bestimmen. Gemäß der in Abschnitt 3.1 erläuterten Controllingdefinition stellt das Unternehmensergebnis diese übergeordnete Zielgröße dar. Der Zusammenhang zwischen den Zielsetzungen eines Projekts und dem Unternehmensergebnis ist jedoch nur sehr schwer zu ermitteln und empirisch zu fundieren:

Wird der Erfolg eines Produktprojekts innerhalb eines kurzen Zeitraums nach der Markteinführung beurteilt, so ergeben sich – wie empirisch nachgewiesen wurde – zu schlechte Beurteilungen über den Erfolg von Neuprodukten, da sich Innovationen oftmals erst nach längerer Zeit am Markt durchsetzen (vgl. *Weiss, Neyer* 1990, S. 66). Eine eindeutige Aussage, ob ein neues Produkt einen Erfolg oder einen Mißerfolg darstellt, läßt sich strenggenommen erst nach Abschluß des Produktlebenszyklus treffen.

Bei der Betrachtung von Produktprojekten, deren Lebenszyklus bereits weitestgehend abgeschlossen ist, ergeben sich jedoch durch die zeitliche Distanz zwischen dem Produktionsstart und dem Ende des Produktlebenszyklus zum einen

Verzerrungen in den Einschätzungen der Beteiligten (im nachhinein wird ein Produkt bspw. nicht mehr als innovativ angesehen), zum anderen sind Informationen teilweise nicht mehr erhältlich. Bei einer Analyse bereits abgeschlossener Produktprojekte werden außerdem lang zurückliegende Entwicklungssituationen betrachtet, aktuelle Veränderungen und Verbesserungen können nicht berücksichtigt werden.

Trotz dieser häufig geäußerten Kritik an der Erfolgsfaktorenforschung speziell im Bereich der F&E existieren viele empirische Untersuchungen zu den Erfolgsdeterminanten in F&E, deren Aussagen jedoch sehr widersprüchlich sind (vgl. *Hauschildt* 1993b, S. 295 ff.)

Das wohl bekannteste Beispiel wird auf die Erfahrungen der *Siemens AG* aus dem Bereich Elektronik zurückgeführt. Bei Produkten mit einer Lebensdauer von unter 5 Jahren vermindert eine Verzögerung des Entwicklungsprozesses um 6 Monate das produktbezogene Ergebnis um 25 % bis 30 %, eine Überschreitung der geplanten Produktkosten um 10 % vermindert das Ergebnis noch um 15 % bis 20 %, während eine Erhöhung der Entwicklungskosten um 50 % nur zu einem um 5 % bis 10 % schlechteren Ergebnis führt (vgl. *Schmelzer, Buttermilch* 1988, S. 46; *Schmelzer* 1990, S. 30, *Tiby* 1987, S. 3 und Abbildung 3-4). Eine Veröffentlichung der empirischen Basisdaten der *Siemens AG* erfolgte bislang nicht.

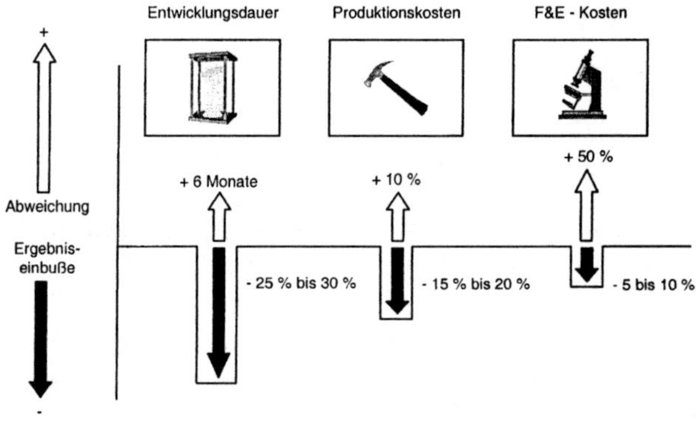

Abbildung 3-4: Zusammenhang zwischen Zeit, Kosten und Projektergebnis[8]

Nevens schildert vergleichbare Zusammenhänge aus seinen Erfahrungen im Markt für Laserdrucker: Bei einem jährlichen Marktwachstum von 20 %, einem Preisverfall von 12 % pro Jahr und einem Produktlebenszyklus von 5 Jahren hat

8 Entnommen aus *Tiby* 1987, S. 3.

nach seinen Erfahrungen eine Verzögerung der Markteinführung von 6 Monaten einen Ergebnisrückgang um über 30 % zur Folge. Eine Erhöhung der Entwicklungskosten um 30 % reduziert das Ergebnis über den gesamten Lebenszyklus um 2,3 % (vgl. *Nevens* 1990, S. 21). Ein Simulationsmodell mit Beispieldaten eines Automobilunternehmens, das ähnliche Effekte nachweist, findet sich bei *Smith* und *Reinertsen* (vgl. *Smith, Reinertsen* 1991, S. 28 ff.).

Diese Zusammenhänge erwähnt *Reinertsen* bereits 1983. Seine Äußerungen werden in Sekundär- und Tertiärzitaten (oft ohne Nennung der Originalquelle) meist unvollständig wiedergegeben. *Reinertsen* warnte: „Speed is sometimes secondary and, if unduly emphasized, can lead to disaster" und belegt dies mit einem Beispiel aus einem langsam wachsenden Markt mit langen Produktlebenszyklen, bei dem eine Überschreitung der Entwicklungskosten um 9 % die erzielbare Gewinnmarge um 45% schrumpfen ließ (vgl. *Reinertsen* 1983, S. 65).

Meyer und *Utterback* fanden bei einer empirischen Untersuchung von 24 Entwicklungsprojekten **keine** Korrelation zwischen der Entwicklungszeit und dem Erfolg eines Produktes (vgl. *Meyer, Utterback* 1995, S. 302). Im Rahmen einer theoretischen Analyse mittels eines Labormodells ermittelten *Backhaus* und *Gruner* sogar eine negative Korrelation zwischen der Beschleunigung der Produktentwicklung und der Ertragslage (vgl. *Backhaus, Gruner* 1997, S. 179). Zur Diskussion der Zusammenhänge ist auch auf *Crawford* 1992 zu verweisen.

Zusammenfassend läßt sich auf Basis der differenten Ergebnisse der empirischen Untersuchungen konstatieren, daß der Zusammenhang zwischen den Zielgrößen der Innovationsprojekte sich nicht eindeutig und allgemeingültig bestimmen läßt. Eine Fokusierung auf eine einzige, übergeordnete Größe zur Projektsteuerung ist daher unzulänglich und wird der Realität nicht gerecht (vgl. *Corsten, Reiß* 1992, S. 36). Eine effektive Projektplanung und -steuerung muß eine integrierte Betrachtung der Zielgrößen des magischen Dreiecks – Qualität, Kosten und Zeit - verfolgen (vgl. *Bürgel* 1989b, S. 5; *Platz* 1986c, S. 214).

3.3.2 Methoden der Projektplanung

3.3.2.1 Strukturplanung

Auf Basis des Pflichtenhefts erfolgt die Strukturplanung für die folgenden Entwicklungsschritte (vgl. *Schmelzer* 1992, S. 167). Die Strukturplanung hat zum einen die Strukturierung des Produkts in Teilsysteme, Baugruppen, Bauteile und Dienstleistungskomponenten zur Aufgabe (vgl. *Bürgel et al.* 1996, S. 122 f.). Zum anderen ist im Rahmen der Strukturplanung die Struktur des Projekts festzulegen, die das Gesamtprojekt in einzelne Aufgaben und Arbeitspakete unterteilt und diese sachlogisch ordnet (vgl. *Bürgel* 1989b, S. 6; *Burghardt* 1995, S. 117; *Graham* 1985, S. 120 ff.; *Studt* 1983, S. 82 ff.).[9]

Die Basis für die Projektplanung und -steuerung bildet der Projektstrukturplan. Dieser darf nicht mit einem Phasenschema verwechselt werden. Der Projektstrukturplan ist wesentlich detaillierter als ein Phasenschema und muß nicht notwendigerweise in zeitliche Abschnitte gegliedert sein. Aufgrund der hohen Detaillierung ist der Strukturplan immer projektspezifisch zu erstellen, während bei der Phaseneinteilung verschiedener Entwicklungsprojekte die Anwendung eines Standardphasenschemas angebracht ist.

Durch die systematische Unterteilung ergeben sich für den Projektstrukturplan mehrere Ebenen, auf denen verschiedene Gliederungskriterien zur Anwendung kommen können (vgl. Abbildung 3-5).

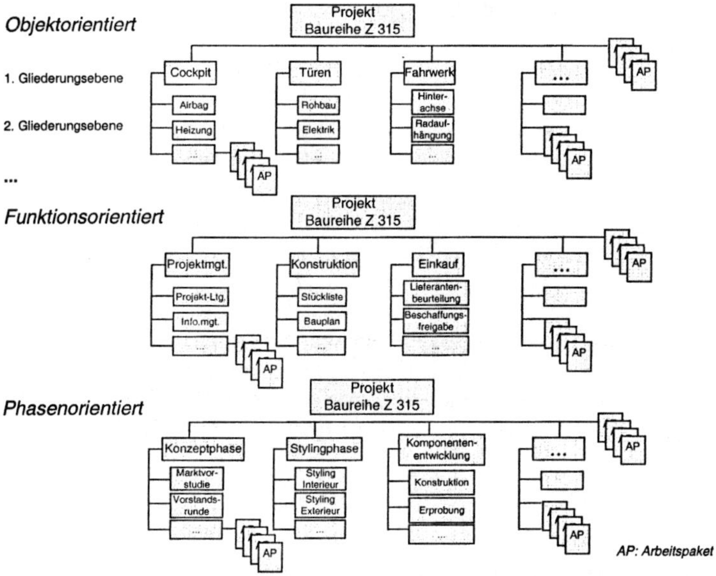

Abbildung 3-5: Gliederungsalternativen für den Projektstrukturplan[10]

---

9 *Burghardt* ordnet als drittes Element die Bildung der **Kontenstruktur** für die Projektabrechnung der Strukturplanung unter (vgl. *Burghardt* 1995, S. 116 und 124 ff.). In der Praxis wird jedoch häufig eine einheitliche Kontenstruktur für Entwicklungsprojekte angewandt, um die Vergleichbarkeit zwischen den Projektabrechnungen zu gewährleisten und den Planungsaufwand zu verringern.

Das detaillierteste Element des Projektstrukturplans stellen die einzelnen Arbeitspakete dar. Ein Arbeitspaket ist der „Teil eines Projektes, der im Projektstrukturplan nicht weiter aufgegliedert werden kann und an beliebiger Stelle liegen kann" (DIN 69 901, S. 2).

Ein Arbeitspaket umfaßt (vgl. *Platz* 1986b, S. 158):

- eine in sich geschlossene, sachlich verbundene Menge von Tätigkeiten,
- denen ein klar definierbares Ergebnis zuweisbar ist,
- die technisch überschaubar sind,
- deren Mengenvolumen und Aufwand im vorhinein abschätzbar ist und
- die durch eine Person oder eine kleine abgegrenzte organisatorische Einheit erledigt werden können.

In der Praxis beträgt der Kapazitätsumfang eines Arbeitspakets zwischen 20 Manntagen und einem Mannjahr (vgl. *Bürgel et al.* 1996, S. 124), als optimale Dauer werden zwei bis drei Wochen angesehen (vgl. *Schmelzer, Friedrich* 1997, S. 336). Die Gliederungstiefe des Projektstrukturplans hängt von Umfang, Komplexität, Innovationsgrad und Risiko des Entwicklungsprojekts ab (vgl. *Schmelzer* 1992, S. 167).

3.3.2.2 Ablauf-, Kapazitäts- und Terminplanung

Im nächsten Planungsschritt werden die im Projektstrukturplan in sachlogischer Struktur definierten Arbeitspakete in eine zeitliche Reihenfolge gebracht. Dabei sind zum einen die Abhängigkeiten zwischen den Arbeitspaketen zu beachten, zum anderen sind die im Pflichtenheft definierten Markt- und Produktionseinführungstermine zu berücksichtigen (vgl. *Madauss* 1994, S. 202). Für die Darstellung des Projektablaufs kommen häufig Balkendiagramme zum Einsatz, die aufgrund der Darstellungsmöglichkeit paralleler Abläufe als geeignetes Instrument zur Unterstützung des Simultaneous Engineering angesehen werden (vgl. *Specht, Beckmann* 1996, S. 370). Problematisch ist jedoch, daß aus Balkendiagrammen die Interdependenzen zwischen Arbeitspaketen nicht deutlich werden und die dargestellten Überlappungen falsche Planvorgaben liefern können (vgl. *Fischer, Weber* 1996, S. 61).

Ein präziseres Instrument für die Ablaufplanung stellt die Netzplantechnik dar, die in verschiedenen Ausprägungen zum Einsatz kommt (vgl. *Schwarze* 1990, S. 24 ff.). Die Netzplantechnik berücksichtigt die Interdependenzen zwischen den Arbeitspaketen, unterstützt die Planung, Analyse und Beschreibung von

---

10 Vgl. u. a. *Bürgel et al.* 1996, S. 124 ff.; *Burghardt* 1995, S. 121 f.; *Platz* 1989, S. 239 f.

Projektabläufen und dient dabei unter anderem der Ermittlung terminkritischer Abfolge von Arbeitspaketen (vgl. *DIN* 69 901, S. 2). Dabei lassen sich zwei Arten von Netzplanmethoden unterscheiden: Methoden für **deterministische Abläufe**, bei denen alle Arbeitspakete vorherbestimmbar sind, und Methoden für **stochastische Projektabläufe**, bei denen alternative Ablaufstrukturen in Abhängigkeit von bestimmten Ereignissen oder Entscheidungen mit bestimmten Wahrscheinlichkeiten auftreten können. Die Methoden für deterministische Abläufe werden am häufigsten angewandt, die bekanntesten Vertreter sind die Critical Path Method (CPM), die Program Evaluation and Review Technique (PERT) sowie die Metra-Potential-Method (MPM).

Die genannten Methoden der Netzplantechnik bieten eine sinnvolle Unterstützung für die Projektplanung, die erstellten Netzpläne weisen jedoch eine Reihe von Nachteilen auf, die ihren Einsatz als Basis zur Projektsteuerung stark einschränken (vgl. u. a. *Fischer, Weber* 1996, S. 60; *Madauss* 1994, S. 209 ff.):

- Netzpläne sind **sehr detailliert**, was bei einer Änderung der Arbeitspaketabläufe und -inhalte zu einem extrem hohen Überarbeitungsaufwand führen würde,
- Netzpläne sind **abstrakt** aufgebaut und werden von den Entwicklungsmitarbeitern häufig **nicht verstanden**,
- die in Netzplänen definierten Aktivitäten besitzen häufig **keine kontrollierbaren Arbeitsergebnisse**.

Um auf Basis der Ablaufplanung die notwendigen Kapazitäten für das Entwicklungsprojekt ermitteln zu können, ist eine detaillierte Abschätzung der Betriebsmittel und des Personalaufwands für die Arbeitspakete notwendig (vgl. hierzu ausführlich *Bürgel et al.* 1996, S. 139 ff.). Bei Kenntnis des zeitlichen Ablaufs der Arbeitspakete läßt sich der Kapazitätsbedarf im Zeitverlauf bestimmen. Dem Bottom-up ermittelten Kapazitätsbedarf stehen die tatsächlich zur Verfügung stehenden Kapazitäten für das Projekt als Ergebnis der Ressourcenzuteilung aus der Entwicklungsbereichsplanung gegenüber. In simultanen oder sukzessiven Harmonisierungsprozessen sind folglich die Kapazitäts-, Termin- und Ablaufplanung aufeinander abzustimmen (vgl. *Brockhoff* 1994, S. 284).

3.3.2.3 Projektbudgetierung

Die Planung der Projektkosten kann prinzipiell auf zweierlei Arten erfolgen:

Zum einen kann eine Ableitung Top-down durch ein von der Unternehmensführung periodisch vorgegebenes Bereichsbudget für die Entwicklung und dessen weitere Verteilung auf die einzelnen Entwicklungsprojekte erfolgen.[11] Das Bereichsbudget wird zumeist entweder auf Basis des Vorjahresbudgets oder als bestimmter Anteil am Unternehmensumsatz der Periode bestimmt (vgl. *Brockhoff* 1994, S. 185). Die Verteilung des Budgets auf die einzelnen Projekte erfolgt dann mit Hilfe von Prioritätsreihenfolgen, die durch strategische Portfolio- und operative Projektstatusbetrachtungen für die aktiven und geplanten Projekte ermittelt werden (vgl. *Stockbauer* 1991, S. 138 f.). Bei dieser Vorgehensweise besteht das Problem, daß die Bereichsbudgets periodisch abgegrenzt sind und mehrjährige Projekte somit nur periodisiert abgebildet werden können. Die Bereichsbudgets müssen hierfür für mehrere Jahre im voraus bestimmt werden, wobei mit zunehmender Länge des Betrachtungszeitraums die Planvorgaben ungenauer werden.

Bei der Bottom-up-Planung der Projektkosten erfolgt zunächst eine Kostenschätzung für geplante Teilprojekte und Aktivitäten. Hierzu kommen verschiedene Verfahren zur Anwendung (vgl. *Burghardt* 1995, S. 130 ff.; *Noth* 1986, S. 165 ff.). Diesen Verfahren ist gemeinsam, daß sie die Projektkosten auf der Basis von bereits abgeschlossenen Projekten abschätzen. Dies kann zum einen auf der Basis von Erfahrungen mit einzelnen vergleichbaren Projekten oder auf einer größeren, empirisch abgesicherten Basis von Projekten sowohl anhand einzelner Faktoren als auch unter Berücksichtigung mehrdimensionaler Systeme von Kosteneinflußfaktoren erfolgen. Es lassen sich die folgenden vier Methodenarten unterscheiden:

- **Algorithmische Methoden** ermitteln die Kosten eines Projekts anhand mathematischer Funktionen, die den Zusammenhang zwischen den Projektkosten und ausgewählten Einfluß- und Ergebnisgrößen aufzeigen. Diese Funktionen beruhen zumeist auf empirisch nachgewiesenen Korrelationen. In Abhängigkeit der betrachteten Einfluß- und Ergebnisgrößen lassen sich **parametrische Methoden**, die aus objektiv meßbaren Größen (z. B. „Fahrzeuggewicht", „Motorleistung") Kostenfunktionen bilden, und **Faktorenmethoden**, die subjektive und objektive Kriterien (z. B. „Problemkenntnisse der Getriebekonstrukteure") in einem Beurteilungssystem integrieren und hieraus die Projektkosten ableiten, unterscheiden.
- Beim Einsatz von **Vergleichsmethoden** wird eine Parallele zu bereits abgeschlossenen Entwicklungsprojekten anhand bestimmter Vergleichskriterien gezogen und die Mehr- oder Minderkosten des geplanten Projekts im Verhältnis zum abgeschlossenen Projekt abgeschätzt. Dies kann durch subjektive

---

[11] Bei den Ausführungen zur Bereichs- und Projektbudgetierung wird oftmals nicht zwischen Forschung und Entwicklung differenziert (vgl. z.B. *Brockhoff* 1994; *Stockbauer* 1991). Die folgenden Ausführungen beziehen sich auf die Budgetierung der Entwicklung.

Schätzungen auf Basis der Erfahrungen des Planenden erfolgen (**Analogiemethode**) oder auf der Basis eines formalisierten Schätzprozesses (**Relationsmethode**).

- **Kennzahlenmethoden** ermitteln Schätzgrößen für die Projektkosten in einem zweistufigen Verfahren. Aus einer Reihe von projekt- und produktspezifischen Faktoren werden Kennzahlen ermittelt, die wiederum zur Schätzung der Projektkosten herangezogen werden. Die **Multiplikatormethode** bspw. unterstellt einen linearen Zusammenhang zwischen einer Produktgröße (z. B. Anzahl der Stücklistenpositionen) und den Gesamtkosten des Projekts. Der Multiplikator wird wiederum aus empirisch fundierten Faktorentabellen ermittelt.
- Die **Prozentsatzmethoden** schließen von den Kosten eines Teilprojekts auf die Gesamtkosten. Dies kann zum einen durch eine Trendextrapolation der Kosten einer bereits abgeschlossenen Projektphase auf die verbleibenden Projektphasen erfolgen oder zum anderen als Hochrechnung der im Detail analytisch geplanten Kosten für eine Teilphase auf das Gesamtprojekt. Als Grundlage für die Hochrechnungen kommen wiederum Kostenstrukturen bereits abgeschlossener Projekte in Frage.

Dieses Bottom-up abgeschätzte Budget für das Entwicklungsprojekt ist mit der Top-down abgeleiteten Budgetvorgabe für das Projekt abzugleichen. In der Praxis wird häufig eine Kombination aus Top-down-Vorgabe und Bottom-up-Aggregation angewandt, um auf der Ebene des Gesamtprojekts eine Harmonisierung der Unternehmenszielsetzungen mit den Anforderungen des Projekts zu realisieren (vgl. *Stockbauer* 1991, S. 137).

3.3.3 Planungsmethoden für den Serienanlauf

Neben der Planung des Entwicklungsprozesses ist bei der Innovation komplexer Serienprodukte der Planung des Serienanlaufs besondere Beachtung zu schenken, um insbesondere den Markteintritt entsprechend vorbereiten zu können (vgl. Abschnitt 3.3.1.3).

In der Literatur finden sich zur Unterstützung der Planung des Serienanlaufs allerdings nur einige wenige Simulationsmodellen, mit deren Hilfe der Produktivitätsverlauf bei Beginn einer neuen Produktion abgeschätzt und die Auswirkungen unterschiedlicher Verläufe aufgezeigt werden. Diese Simulationsmodelle konzentrieren sich somit nur auf den Produktionshochlauf. Sie bedienen sich dabei der bereits in den 30er Jahren ermittelten Lernkurve (nähere Erläuterungen zur Lernkurve als Bestandteil der Erfahrungskurve finden sich bei *Hieber* 1991, S. 33 ff.). Die Grundformel der Lernkurve lautet (vgl. *Abernathy, Baloff* 1972, S. 28):

$$\mathbf{y_i = a\ x_i^{\ b}}$$

mit y_i = Produktivität zum Zeitpunkt i

a = Produktivität zu Beginn des Produktionshochlaufs

x_i = kumulierte Produktionsmenge zum Zeitpunkt i

b = Lernrate der Produktivitätsverbesserung

Mit Hilfe dieser Gleichung wird bei gegebener Produktivität zu Beginn des Produktionshochlaufs und bei bekannter Lernrate b die notwendige Produktionsmenge x_p berechnet, die zum Erreichen der geplanten Produktivität y_p erforderlich ist (vgl. *Gustmann et al.* 1989, S. 90 f.). Durch den Produktivitätslevel a zu Beginn des Produktionshochlaufs läßt sich dann die Dauer des Produktionshochlaufs ermitteln. Die so ermittelten Werte unterziehen die verschiedenen Simulationsmodelle unterschiedlichen Optimierungszielsetzungen:

Abernathy und *Balloff* beschreiben ein einfaches Simulationsmodell, das die im Produktionshochlauf produzierten Mengen in Abhängigkeit der Lernkurve den Auftragseingängen gegenüberstellt. Die Gestaltung des Produktionshochlaufs, insbesondere die Terminierung des Produktionsstarts vor dem Markteintritt wird so bestimmt, daß sowohl die Anzahl der offenen Bestellungen als auch der Lagerbestand minimiert werden (vgl. *Abernathy, Balloff* 1972, S. 30 ff.).[12] Das beschriebene Simulationsbeispiel zeigt, daß die Variation dieser Zeitspanne allein nicht zu einem Optimum der beschriebenen Mengengrößen führt. Vielmehr müssen auch der Produktivitätslevel zu Beginn des Produktionshochlaufs sowie die Lernrate in die Optimierung mit einbezogen werden. Welche Aktivitäten im Vorfeld des Produktionshochlaufs auf diese beiden Parameter einwirken, wird von den Autoren jedoch nicht näher dargelegt.

Abt et al. veranschaulichen einen Cash-flow-orientierten Ansatz zur Analyse des Produktionshochlaufs in komplexen Produktionsumgebungen am Beispiel der Waferproduktion eines Halbleiterherstellers (vgl. *Abt et al.* 1995, S. 3 f.). Sie erläutern ein computergestütztes Simulationsmodell, das die Ausschußraten für einen komplexen Produktionsprozeß auf Basis der gegebenen Lernraten der einzelnen Prozeßschritte ermittelt. In einem zusätzlichen Berechnungsmodul des Simulationsprogramms werden die Aufwandsgrößen für die einzelnen Prozeßschritte den aus dem Produktionsoutput resultierenden Ertragsgrößen gegenübergestellt. Mit Hilfe des Simulationsprogramms zeigen *Abt et al.* u. a. die Auswirkungen von Verzögerungen bei der Werkzeugbereitstellung sowie

12 Zu kritisieren ist dabei, daß in diesem Simulationsmodell nur Mengengrößen betrachtet werden. Eine Bewertung mit Opportunitätskosten für Auftragsstornierungen und zeitlich verzögerte Umsatzeinzahlungen sowie mit Lagerhaltungskosten würde die Aussagefähigkeit des Modells weiter verbessern.

unterschiedlicher Losgrößen im Produktionshochlauf auf den Cash flow des Produktprojekts auf.

Gustmann et al. beschreiben einen detaillierten Planungsansatz für den Produktionshochlauf auf Basis empirischer Untersuchungen in der Industrie der ehemaligen DDR, mit dessen Hilfe sie den Verlauf der Produktivität im Produktionshochlauf abbilden (vgl. *Gustmann et al.* 1989, S. 57 ff.). Als Basis dieses Ansatzes wird ebenfalls die Lernkurve verwendet, wobei *Gustmann et al.* ihr Hauptaugenmerk auf die Beeinflussung der Lernrate richten. Die unternehmensspezfische Lernrate bestimmen sie anhand der Aufzeichnungen bereits erfolgter Produktionshochläufe. Zur Ableitung der Lernrate für einen zukünftigen Produktionshochlauf erstellen *Gustmann et al.* Heuristiken, die die bisherige Lernrate u. a. in Abhängigkeit

- von der Qualität der Projektplanung,
- vom Innovationsgrad des neuen Produkts,
- vom Komplexitätsgrad des Prozesses,
- von der Schulung und Qualifikation der Arbeitskräfte sowie
- vom Automatisierungsgrad variieren (vgl. *Gustmann et al.* 1989, S. 40 ff.).

Die Heuristiken von *Gustmann et al.* wurden zwar in sozialistischen Staatsunternehmen erarbeitet, sie sind jedoch grundsätzlich auch auf privatwirtschaftliche Unternehmen in einem freien Wettbewerbsumfeld anwendbar.

Ein grundsätzliches Problem beim Einsatz der Lernkurve zur Planung des Produktionshochlaufs ist die hierzu notwendige Ermittlung der Lernrate b sowie des anfänglichen Produktivitätslevels a. Die Modelle von *Abernathy* und *Ballof* sowie von *Abt et al.* zeigen hierfür keinen Lösungsansatz. Die Ableitung dieser Größen anhand der Heuristiken von *Gustmann et al.* stellt einen ersten Ansatz zur Lösung dieses Problems dar.

An allen drei genannten Modellen ist zu kritisieren, daß sie sich in einer rein unternehmensinternen Sichtweise auf den Produktionshochlauf beschränken. Keines der Modelle liefert Aussagen darüber, wie der Serienanlauf insgesamt zu gestalten ist und wie die Gestaltung des Serienanlaufs mit der Markteintrittsstrategie koordiniert werden soll. Doch gerade die Markteinttrittstrategie hat einen bedeutenden Einfluß auf die Gestaltung des Serienanlaufs, denn sie bestimmt die Mengen des neuen Produkts, die durch die Produktion und die unterstützenden Bereiche bereitzustellen sind, um eine für einen erfolgreichen Markteintritt ausreichende Versorgung der Distributionskanäle zu gewährleisten (vgl. *Saunders, Jobber* 1994, S. 435 ff.). Gleichzeitig ist der Kapazitätsbedarf durch den Auslauf eines eventuellen Vorgängerprodukts sowohl während der Pilotserie als auch im Produktionshochlauf des neuen Produkts zu beachten (vgl. Tabelle 3-1).

Markteintritts-strategie	Mengenverläufe	Beschreibung	Implikationen für den Serienanlauf
Stichtagswechsel	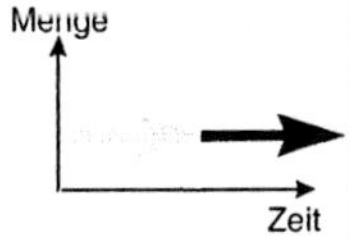	Der Wechsel vom Vorgänger auf das Folgeprodukt erfolgt zu einem bestimmten Stichtag für alle Varianten für alle Märkte.	Durchgehend hohes Produktionsvolumen notwendig, keine freien Kapazitäten für Pilotserie auf Serienanlagen.
Versetzter Wechsel	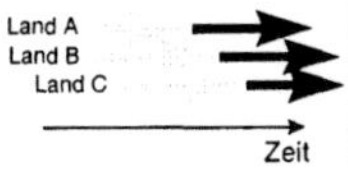	Der Wechsel erfolgt zeitlich versetzt in den einzelnen Märkten. In der Automobilindustrie überwiegend eingesetzt.	Langsame Änderung des Produktionsvolumens, freie Kapazitäten für Pilotserie auf Serienanlagen, gleiten-der Übergang möglich.
Flautenwechsel	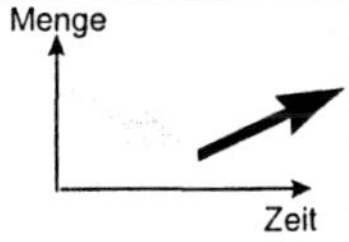	Der Wechsel erfolgt in einer Saison mit geringen Umsätzen. (bei Gütern mit saisonalem Absatz, z. B. Cabrios im Winter)	Geringes Produktionsvolumen bei Wechsel, freie Kapazitäten für Pilotserie, langsames Hochfahren der Serienproduktion.
Hochkonjunktur-wechsel	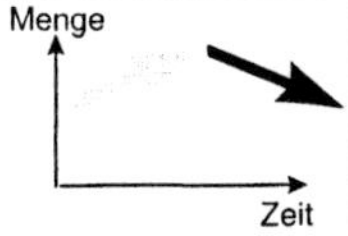	Der Wechsel erfolgt in einer Saison mit hohen Umsätzen, um schnell Marktanteile zu sichern. (dto.)	Sehr hohes Produktionsvolumen bei Wechsel notwendig, kaum freie Kapazitäten für Pilotserie auf Serienanlagen.
Variantenversatz	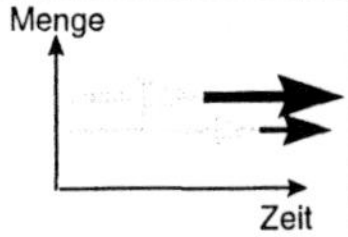	Der Wechsel erfolgt für einzelne Varianten zeitlich versetzt. (z.B. Beibehalten des Kombis für den 3er BMW bei Einführen des neuen Modells)	Stufenweise Änderung der Produktionsvolumina möglich, teilweise freie Kapazitäten für Pilotserie, Blockumstellung im Produktionshochlauf.
Abwertung	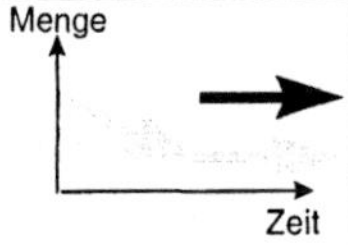	Das Vorgängermodell wird weiterproduziert, aber in anderen Marktsegmenten abgewertet abgesetzt.	Neue Anlage für das Nachfolgemodell notwendig, keine Berührungen in Pilotserie und Produktionshochlauf.
Informationelle Manipulation	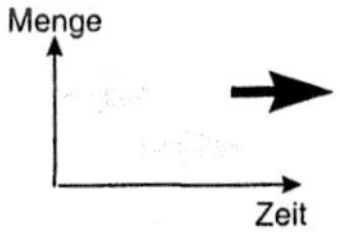	Der Markt wird gezielt mit Informationen über den Modellwechsel versorgt, um den Markt schnell zu durchdringen und Leapfrogging-Effekte auszunützen.	Produktionsvolumen des alten Modells nimmt ab, freie Kapazitäten für Pilotserie und Produktionshochlauf, aber schnell hohe Produktionsvolumen notwendig.
Sondereditionen	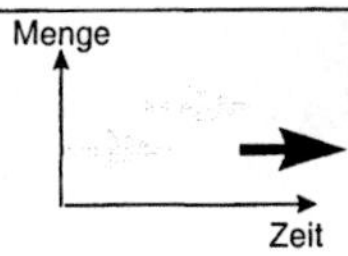	Das Vorgängermodell wird vor dem Wechsel nochmals besonders ausgestattet, um Umsatzeinbrüche beim Modellwechsel zu vermeiden.	Gesteigertes Produktionsvolumen des Vorgängers, keine Kapazität für Pilotserie, geringeres Volumen für Nachfolgemodell im Produktionshochlauf.

Tabelle 3-1: Einfluß der Markteintrittsstrategie auf den Serienanlauf

Eine zusammenfassende Beurteilung der dargestellten Planungsmethoden für Entwicklung und Serienanlauf findet sich in Abschnitt 3.5. Die mit den dargestellten Methoden erstellte Planung bildet die Basis für die Steuerung von Entwicklung und Serienanlauf, die im folgenden Abschnitt dargestellt wird.

3.4 Informationsversorgung zur Steuerung von Entwicklung und Serienanlauf

Zentrale Aufgabe des Controlling im Rahmen der Steuerung ist die permanente Informationsversorgung über den Projektfortschritt, um den Grad der Zielerreichung im Projektverlauf zu ermitteln und gegebenenfalls entsprechende Gegensteuerungsmaßnahmen einzuleiten, wenn die Erreichung der Projektziele gefährdet ist. Die Methoden der Projektfortschrittsmessung lassen sich in Abhängigkeit der betrachteten Größen wie folgt unterscheiden:

- **Ablauforientierte Projektfortschrittsmessung**, die den Projektfortschritt durch einen Vergleich des tatsächlichen mit dem geplanten Projektverlauf ermittelt,
- **Inputorientierte Projektfortschrittsmessung**, die den Projektfortschritt anhand des Faktorverbrauchs ermittelt. Der Faktorverbrauch kann dabei direkt als Mengengröße oder bewertet als Kostengröße in die Ermittlung einfließen.
- **Ergebnisorientierte Projektfortschrittsmessung,** die den Projektfortschritt anhand von Arbeitsergebnissen bestimmt.

3.4.1 Ablauforientierte Projektsteuerung

In der Praxis des Projektcontrolling existiert eine ganze Reihe von Ansätzen zur ablauforientierten Ermittlung des Projektfortschritts, die im folgenden dargestellt werden. Der Projektablauf wird dabei entweder durch die Abfolge der Arbeitspakete oder durch ein Phasenschema abgebildet. Die Angabe des erreichten Projektfortschritts erfolgt bei diesen Methoden zumeist als prozentualer Fortschrittsgrad.

3.4.1.1 Schätzung des Fertigstellungsgrads

Der Fertigstellungsgrad eines einzelnen Arbeitspaketes wird von den verantwortlichen Mitarbeitern selbst in Prozent abgeschätzt. Die einzelnen Fertigstellungsgrade der Arbeitspakete werden mit dem geplanten Volumen der Arbeitspakete gewichtet und additiv über die Ebenen des Projektstrukturplans bis hin zum Gesamtprojekt aggregiert. Diese Methode wird in der Praxis vor allem wegen der einfachen Handhabung und dem geringen Ermittlungsaufwand sehr häufig angewandt. Aufgrund der persönlichen Einschätzung des realisierten Projektstands durch die Mitarbeiter des Entwicklungsteams findet die Methode zudem eine hohe Akzeptanz bei den Beteiligten.

In der Literatur wird diese Methode jedoch zumeist abgelehnt (vgl. *Benes, Nau* 1994, S. 70; *Riedl* 1990, S. 131), denn die Subjektivität bei der Einschätzung des Entwicklungsstandes stellt einen nicht zu vernachlässigenden Mangel dar. *Coenenberg* und *Raffel* bezeichnen diese Problematik als 90%-Syndrom: nach empirisch fundierten Erkenntnissen[13] neigen Entwicklungsingenieure dazu, über lange Zeiträume des Entwicklungsprojekts hinweg einen Fertigstellungsgrad ihrer Arbeitspakete von 90 % anzugeben (vgl. *Coenenberg, Raffel* 1988, S. 202 sowie Abbildung 3-6).[14] So kommt es dazu, daß für die restlichen 10 % der Arbeit häufig mehr als 40 % der gesamten Zeit aufgebracht werden müssen (vgl. *Burghardt* 1995, S. 306).

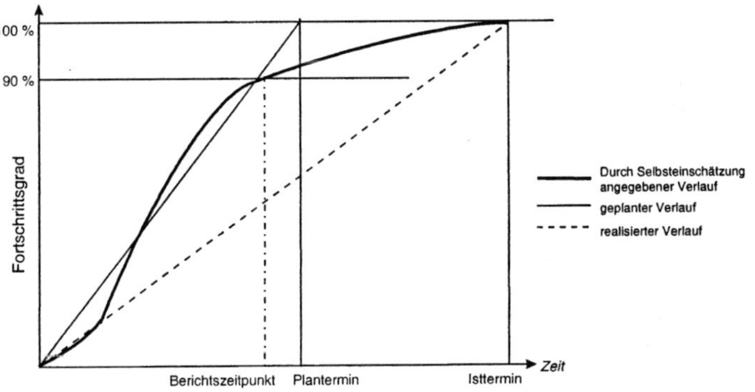

Abbildung 3-6: Das 90%-Syndrom[15]

Als Gegenmaßnahme könnten zum einen die Arbeitspakete so detailliert und klein definiert werden, daß deren Abarbeitung mit einer einfachen Ja/Nein-Entscheidung ermittelt werden kann (vgl. *Gaiser* 1993, S. 104). Eine so detaillierte Planung wird jedoch der Praxis der Produktentwicklung, insbesondere bei einem hohen Innovationsgrad der Entwicklungsaufgabe, nicht gerecht. Zudem ist zu kritisieren, daß die Interdependenzen zwischen den Arbeitspaketen nicht berücksichtigt werden.

---

13 So ermittelte *Platz* bei einer Analyse von 64 Softwareprojekten, daß die verantwortlichen Projektleiter den Fertigstellungsgrad ihrer Projekte während 2/3 der Projektlaufzeit mit 90 % und höher angaben (vgl. *Platz* 1995, o.S.).

14 *Gaiser* spricht von einem 95%-Phänomen, bei dem die Entwickler einen Fertigstellungsgrad von 95 % über einen Zeitraum von 60 % der gesamten Entwicklungsdauer angeben (vgl. *Gaiser* 1993, S. 103).

15 In Anlehnung an *Burghardt* 1995, S. 315.

3.4.1.2 50:50-Methode

Mit Hilfe der 50:50-Methode soll der Fertigstellungsgrad von Teilaufgaben und des Gesamtprojekts objektiv ermittelt werden. Die Stadien der einzelnen Arbeitspakete werden in drei Gruppen unterteilt: „Arbeitspaket noch nicht begonnen" (Fertigstellungsgrad 0 %), „Arbeitspaket in Bearbeitung" (50 %) und „Arbeitspaket abgeschlossen" (100 %). Durch Aggregation der Werte für die einzelnen Arbeitspakete kann dann der Fertigstellungsgrad der Teilaufgabe bzw. des gesamten Projekts grob ermittelt werden. Die Genauigkeit hängt von der zeitlichen Verteilung, der Vergleichbarkeit des Umfangs und der Anzahl der Arbeitspakete ab. Vor allem bei komplexen Projekten ist die einfache Klassifizierung der Arbeitspakete vorteilhaft, da der Aufwand zur Erfassung der Arbeitspaket-Stati relativ gering ist.

Die Problematik bei der Projektfortschrittsmessung auf der Ebene der Arbeitspakete liegt vor allem in einem mit fortschreitender Detaillierung exponentiell anwachsenden Aufwand (vgl. *Coenenberg, Raffel* 1988, S. 206). Bei umfangreichen Entwicklungsprojekten ist die Ebene der Arbeitspakete zu detailliert, da der erforderliche Installations- und Pflegeaufwand den erreichbaren Nutzen oftmals übersteigt (vgl. *Gentner* 1994, S. 78). Bei innovativen Entwicklungsprojekten müssen zudem die Arbeitspakete im Entwicklungsverlauf häufig geändert werden. Dies macht für die weitere Projektfortschrittsmessung eine umfassende Neuplanung notwendig (vgl. *Benes, Nau* 1994, S. 41).

3.4.1.3 Performance index und Cost performance index

Ein weiterer Ansatz zur Ermittlung des Projektfortschritts stellt der **Performance index** dar (vgl. *Bullinger, Warschat* 1995). Dabei werden die zu einem bestimmten Zeitpunkt beendeten Arbeitspakete nicht mit den insgesamt zu bearbeitenden Arbeitspaketen, sondern mit den laut Projektablaufplan bis zu diesem Zeitpunkt zu bearbeitenden Arbeitspaketen verglichen. Durch einen zusätzlichen Vergleich zwischen den geplanten und den tatsächlich entstandenen Kosten im **Cost index** wird die Messung des Entwicklungsstands zum **Cost performance index** erweitert und stellt somit eine Kombination einer ablauforientierten mit einer inputorientierten Fortschrittsmessung dar (vgl. *Korn* 1995, S. 273 f.).

$$\text{Performance index (t)} = 1 + \frac{\Sigma \text{ beendete Arbeitspakete Ist (t)} - \Sigma \text{ beendete Arbeitspakete Plan (t)}}{\Sigma \text{ beendete Arbeitspakete Plan (t)}}$$

$$\text{Cost index (t)} = 1 + \frac{\text{entstandene Kosten (t)} - \text{geplante Kosten (t)}}{\text{geplante Kosten (t)}}$$

$$\text{Cost performance index (t)} = \frac{\text{Performance index (t)}}{\text{Cost index (t)}}$$

Der Performance index gibt an, inwieweit die Abarbeitung der geplanten Arbeitspakete plangemäß (Wert = 1), verzögert (1 > Wert < 0) oder schneller (Wert > 1) verläuft. Der Cost index liefert dieselben Aussagen für den bewerteten Faktoreinsatz, wobei keine nach Mengen- und Wertkomponenten getrennten Aussagen möglich sind. Der Cost performance index liefert eine Aussage, ob die erledigten Arbeitspakete mit dem geplanten Faktoreinsatz realisiert werden konnten, die Aussagen über einen eventuellen Terminverzug werden im Cost performance index eliminiert.

Die ungewichtete Aggregation der Arbeitspakete im Performance Index bedingt, daß die Arbeitspakete im Umfang vergleichbar sind, durch die Betrachtung der bis zum betrachteten Zeitpunkt geplanten Arbeitspakete ist ein gleichmäßig verteilter zeitlicher Anfall nicht notwendig.

3.4.1.4 Mengenproportionalität

Bei der Methode der Mengenproportionalität wird der Arbeitsfortschritt einzelner Arbeitspakete oder Teilaufgaben anhand der vollendeten Bauteile ermittelt. Der Fertigstellungsgrad ergibt sich aus dem Verhältnis der bereits vollendeten Teile zu einem bestimmten Zeitpunkt und der insgesamt im Arbeitspaket bzw. in der Teilaufgabe zu bearbeitenden Teile. Die Methode der Mengenproportionalität wird auch als Festlegung des absoluten Fertigstellungsgrads bezeichnet (vgl. *Burghardt* 1995, S. 306). Die Methode ist leicht verständlich und einfach zu implementieren. Durch die ungewichtete Addition der einzelnen Teile bedingt diese Methode allerdings, daß innerhalb eines Arbeitspakets nur ähnliche Teile zu bearbeiten sind. Diese Voraussetzung ist in den meisten Entwicklungsprojekten jedoch nicht gegeben (vgl. *Benes, Nau* 1994, S. 65). Eine Vollendung der Bauteile erfolgt außerdem erst in den späten Phasen des Entwicklungsprojekts, eine Aussage über den Fortschrittsgrad des Projekts in den frühen Phase ist daher mit der Methode der Mengenproportionalität nicht möglich.

3.4.1.5 Meilenstein-Trendanalyse

Die Meilenstein-Trendanalyse dient zur phasenbezogenen Überwachung des Projektverlaufs (vgl. *Albert, Högsdal* 1987, S. 4 ff.). Diese Methode wird auch als Termintrendanalyse (vgl. *Schmitz, Windhausen* 1986, S. 122) bezeichnet. Als Meilenstein wird ein konkret bestimmtes und kontrollierbares Arbeitsergebnis definiert (vgl. *Platz* 1986a, S. 109 f.). Ein Meilenstein wird durch:

- ein objektiv meßbares Ergebnis einer Entwicklungsaufgabe,
- die Bestimmung eines Realisierungstermins und
- die Festlegung einer verantwortlichen Organisationseinheit determiniert.

Je nach betrachteter Detaillierungsebene des Projektstrukturplans können die Meilensteine unterschiedlich differenziert definiert werden. So können Meilensteine auf einer hoch aggregierten Ebene jeweils das Ende einer kompletten Entwicklungsphase kennzeichnen. Bei *Ford* werden diese Meilensteine auf Gesamtprojektebene Diamond Points genannt. Zu diesen Zeitpunkten wird die Geschäftsleitung in das Projekt einbezogen, indem sie den Projektfortschritt kontrolliert und den Beginn der nächsten Entwicklungsphase freigibt (vgl. *Ford* 1989, S. 3). Die Gesamtzahl der Meilensteine wird in Abhängigkeit der Komplexität, des Innovationsgrads und des mit dem Entwicklungsprojekt verbundenen Risikos bestimmt (vgl. *Singer* 1994, S. 57). Bei sehr komplexen Projekten können hierarchische Meilensteinpläne aufgebaut und einzeln überwacht werden (vgl. *Specht, Beckmann* 1996, S. 372).

Die Meilensteine werden im Meilenstein-Überwachungsplan eingetragen. Die Ordinate des Meilenstein-Überwachungsplans stellt die Planwerte der Realisierungstermine für die einzelnen Meilensteine dar, die Abszisse die Ist-Werte (vgl. Abbildung 3-7). In regelmäßigen Abständen werden die Meilensteine kontrolliert. Meilensteine, die zum Kontrolltermin erreicht sein müssen, werden inhaltlich überprüft, bei zukünftigen Meilensteinen wird der Realisierungstermin prognostiziert. Der Zeitpunkt der Kontrolle wird auf der Abszisse abgetragen. Die jeweils prognostizierten Realisierungstermine für die zukünftigen Meilensteine werden im Überwachungsplan eingezeichnet und mit den bisherigen Prognosen für den jeweiligen Meilenstein durch einen Linienzug miteinander verbunden.

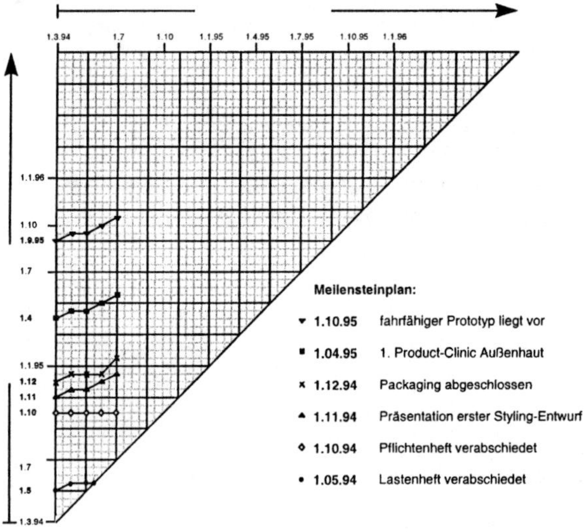

Abbildung 3-7: Überwachungsplan der Meilenstein-Trendanalyse

Die periodische Kontrolle der Meilensteine erfolgt grundsätzlich gemeinsam mit den Verantwortlichen für die Erreichung der darin definierten Arbeitsergebnisse. Durch die Diskussion der Terminsituation werden in der Meilenstein-Trendanalyse auch qualitative Faktoren berücksichtigt, die einer rein quantitativen Terminverfolgung nicht zugänglich sind (vgl. *Brockhoff, Urban* 1988, S. 27). Diese Besprechungen sollten im Regelfall monatlich stattfinden (vgl. *Riedl* 1990, S. 161). Anhand der Linienzüge im Überwachungsplan können sowohl Plan-Ist-Vergleiche der aktuell zu erreichenden Meilensteine als auch Plan-Wird-Vergleiche für zukünftige Meilensteine angestellt werden. Ein steigender Kurvenverlauf weist auf eine zu erwartende Verspätung hin, ein fallender Kurvenverlauf zeigt an, daß eine vorzeitige Realisierung des Meilensteins zu erwarten ist. Somit können sowohl Aussagen zum aktuellen Projektstand als auch zum zukünftigen Projektverlauf erfolgen.

Die Angabe eines prozentualen Fortschrittsgrads ist mit der Meilenstein-Trendanalyse nicht möglich. Die Aussagefähigkeit über den erreichten Projektstand hängt von der Meilenstein-Definition ab. Sofern konkrete Leistungsziele oder Konkretisierungsstufen des Endprodukts erreicht sein müssen, stellt die Meilenstein-Trendanalyse eine Kombination von ablauforientierter und ergebnisorientierter Projektfortschrittsmessung dar. Hierbei ist jedoch auf den konkreten Inhalt der Meilenstein-Definition und deren Erfüllungsstand zu achten. So wird bspw. im allgemeinen der Meilenstein „fahrfähiger Prototyp" als erreicht angesehen, wenn ein Prototyp für Fahrtest aufgebaut wurde. Bis zur tatsächlichen Realisierung der Fahrtauglichkeit dieses Fahrzeugs kann jedoch noch sehr viel Arbeit notwendig sein.

Für eine aussagefähige Projektfortschrittskontrolle anhand der Meilenstein-Trendanalyse ist es außerdem wichtig, daß die Meilensteine gleichmäßig über den gesamten Entwicklungsprozeß hinweg verteilt sind (vgl. *Benes, Nau* 1994, S. 23). Gerade bei einer simultanen Problemlösung im Rahmen des Simultaneous Engineering besteht jedoch das Problem, daß die einzelnen, parallel erarbeiteten Ergebnisse erst gegen Ende des Projekts anfallen. Dadurch besteht bei Einsatz der Meilenstein-Trendanalyse lange Unklarheit über den tatsächlichen Projektstand.

Eine zusammenfassende Beurteilung der Methoden der ablauforientierten Projektfortschrittsmessung erfolgt in Abschnitt 3.5.

3.4.2 Inputorientierte Projektsteuerung

Die Methoden der inputorientierten Projektfortschrittsmessung ermitteln den Projektfortschritt anhand des Faktorverbrauchs zur Erreichung des aktuellen Projektstands. Die Basis dieser Methoden bilden die Kapazitätsplanung sowie die Projektbudgetierung. Eine Angabe über den erreichten Projektfortschritt erfolgt anhand eines Vergleichs des tatsächlichen Faktorverbrauchs bis zum Betrachtungszeitpunkt mit dem geplanten Faktoreinsatz.

3.4.2.1 Zeitabhängige Projektkostenkontrolle

Die einfachste Form der inputorientierten Projektfortschrittsmessung erfolgt durch die Kontrolle der angefallenen Entwicklungskosten im Entwicklungsverlauf als pauschale Maßgröße für die eingesetzten Faktormengen.

Als Grundlage für diese Form der Fortschrittsmessung wird das Projektbudget entsprechend dem prognostizierten Kostenanfall auf die Entwicklungszeit verteilt und die Kosten im Zeitverlauf kumuliert (vgl. *Madauss* 1994, S. 235). Dieser „Plankostenkurve" über die Entwicklungszeit werden die kumulierten Ist-Kosten gegenübergestellt. Als Differenz der beiden Kurven ergibt sich - in Anlehnung an die starre Plankostenrechnung – die Gesamtabweichung (vgl. *Brockhoff* 1977, S. 28; *Coenenberg, Raffel* 1988, S. 199). Die realisierbare Gliederungstiefe der Abweichungsanalyse hängt von der Struktur und Detaillierung des Entwicklungsbudgets ab. Bei einem globalen Projektbudget läßt sich die Abweichung nur auf der Gesamtprojektebene ermitteln, während sich bei einer detaillierten Budgetierung nach Kostenarten auf Teilbereichs- und Arbeitspaketebene eine wesentlich genauere Abweichungsanalyse durchführen läßt. Grundlegende Voraussetzung ist dabei, daß auch die Ist-Kosten in der entsprechenden Detaillierung erfaßt werden (vgl. *Coenenberg, Raffel* 1988, S. 200).

Sollte die Abweichung auf Planungsfehler zurückzuschließen sein, so ist ggf. eine Planrevision durchzuführen. Durch diese dritte Kurve läßt sich dann zusätzlich der Planungsfehler als Differenz der ursprünglichen Plankosten zu den revidierten Plankosten ermitteln (vgl. *Brockhoff* 1994, S. 334 f.) Mit Hilfe dieser Abweichung können zusätzliche Erkenntnisse zur Verbesserung zukünftiger Projektbudgetierungen abgeleitet werden.

3.4.2.2 Messung des Entwicklungswerts

Die Methode beruht auf der Erkenntnis, daß eine kalenderzeitabhängige Budgetkontrolle (vgl. Abschnitt 3.4.2.1) zur Projektsteuerung im Entwicklungsbereich zu falschen Signalen führt. Die Prämisse, daß der Leistungsfortschritt in der Entwicklung von der Zeit abhängig ist, kann angesichts der Situation in der

Praxis nicht aufrecht erhalten werden. „Bezeichnet man den Fortschritt in der Leistungserstellung als Output des Entwicklungsprozesses, so ist die [zeitorientierte] Budgetkontrolle im Grunde nichts anderes als eine starre Plankostenrechnung mit dem Problem der nicht analysierbaren Vermischung von Wert- und Mengenkomponenten innerhalb der gemeldeten Abweichung" (*Coenenberg, Raffel* 1988, S. 200). Entsprechend der Weiterentwicklung der Kostenrechnungsmethoden in der Produktion wird mit der Methode des Entwicklungswerts versucht, die Prinzipien der flexiblen Plankostenrechnung auf den Entwicklungsbereich anzuwenden. Diese Methode wird unter verschiedenen Bezeichnungen in der Literatur diskutiert: „Earned-Value-Technique" (*Gentner* 1994, S. 69), „Integrierte Kosten- und Leistungsanalyse" (*Coenenberg, Raffel* 1988, S. 199 ff.), „Kostentrendanalyse" (*Benes, Nau* 1994, S. 31), „Task Performance Control" (*Madauss* 1994, S. 239 f.), „Wertzuwachsprofil" (*Bürgel* 1993, S. 108).[16]

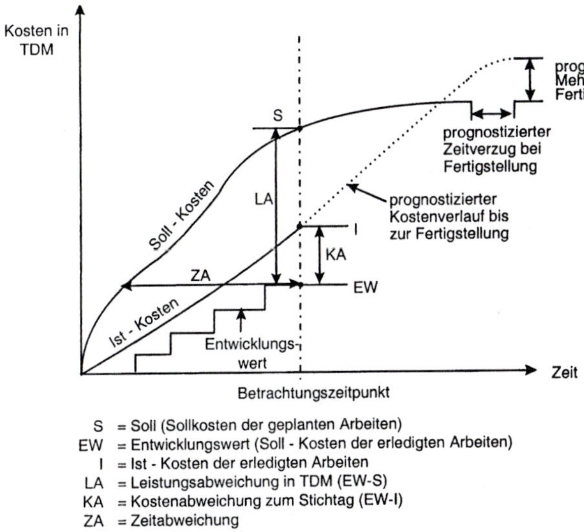

Abbildung 3-8: Schaubild der Messung des Entwicklungswerts[17]

---

16 *Gaiser* spricht in diesem Zusammenhang vom Qualitätsfortschritt (*Gaiser* 1993, S. 105).

17 In Anlehnung an *Bürgel, Binder* 1997, S. 19.

Um die hierfür notwendige „Soll-Kostenkurve" ermitteln zu können, muß eine Bezugsgröße für den Projektfortschritt bzw. die Leistung der Entwicklung gefunden werden. Als Lösungsansatz wird der Realisierungsgrad von Arbeitspaketen verwendet. Die Soll-Kosten eines Arbeitspakets zu einem bestimmten Zeitpunkt ergeben sich dann aus der Multiplikation des Realisierungsgrads zu diesem Zeitpunkt mit den gesamten für das Arbeitspaket budgetierten Kosten. Der Begriff Soll-Kosten, den *Coenenberg* und *Raffel* hierfür verwenden, ist allerdings etwas irreführend, da die Berechnungsmethodik, die Kostendifferenzierung und die Kurvenverläufe nicht denen der flexiblen Plankostenrechnung entsprechen (vgl. Abbildung 3-8). In der Literatur finden sich daher häufig andere Bezeichnungen. So sprechen *Krystek* und *Zur* von der Ermittlung des „Arbeitswerts" (*Krystek, Zur* 1991, S. 306 ff.). *Bürgel* verwendet in bezug auf den Einsatzbereich der Entwicklung treffender den Begriff „Entwicklungswert" (*Bürgel, Binder* 1997, S. 17 f.; *Bürgel et al.* 1996, S. 314 ff.). Der Entwicklungswert des Gesamtprojekts zu einem bestimmten Zeitpunkt wird durch die Summe der Entwicklungswerte aller Arbeitspakete zu diesem Zeitpunkt wiedergegeben.

Zur Ermittlung des Realisierungsgrads der zum Betrachtungszeitpunkt bereits begonnen, aber noch nicht abgeschlossenen Arbeitspakete schlagen *Coenenberg* und *Raffel* eine Vorgehensweise in Anlehnung an die in Abschnitt 3.4.1.2 beschriebene 50:50-Methode vor (vgl. *Coenenberg, Raffel* 1988, S. 202). Prinzipiell kann jede der oben beschriebenen Methoden zur ablauforientierten Projektfortschrittsmessung hierfür verwendet werden.

Durch die Messung des Entwicklungswerts können eine Reihe von Aussagen zum Entwicklungsstand ermittelt werden. So können z. B. die resultierenden Gesamtkosten des Projekts bei Einhaltung des geplanten Fertigstellungstermins prognostiziert werden, indem man die bislang realisierte Kostenüber- bzw. -unterdeckung auf die gesamten Plankosten durch lineare Extrapolation hochrechnet. Der voraussichtliche Termin der Fertigstellung läßt sich durch Trendextrapolation der aktuellen Terminverzögerung ermitteln. Bei der Ermittlung der Abweichungen sind eventuelle Ergebnisverzerrungen durch Preisabweichungen zu berücksichtigen. Diese können durch die einheitliche Bewertung mit Planpreisen eliminiert bzw. durch die zusätzliche Bewertung mit Ist-Preisen ausgewiesen werden. Hierzu sind allerdings sämtliche Mengenkomponenten des Faktoreinsatzes (Arbeitsstunden der Entwicklungsingenieure, Maschinenstunden auf Pilotanlagen etc.) in der Entwicklung separat zu erfassen, was einen erheblichen Mehraufwand bedeutet.

Zur differenzierten Bestimmung des Entwicklungswerts bei der praktischen Anwendung der Methode schlägt *Gentner* eine phasenbezogene Messung vor (vgl. *Gentner* 1994, S. 70 f.). Diese hat den Vorteil, daß die Aussagen über den

Projektfortschritt der aktuellen Phase nicht durch die Abweichungen der vorhergehenden Phasen verfälscht werden.

3.4.2.3 Cost-to-complete

Bei sehr großen Entwicklungsprojekten ist die Budgetierung bis auf die Ebene der Arbeitspakete zu aufwendig. Als eine einfache Alternative zur Bestimmung des Realisierungsgrads schlagen *Coenenberg* und *Raffel* in diesem Fall die Betrachtung der Restkosten (Cost-to-complete) vor, die durch Schätzungen der Mitarbeiter und Trendextrapolation bisheriger Kostenüber- bzw. -unterschreitungen ermittelt werden (vgl. *Coenenberg, Raffel* 1988, S. 202).

$$\text{Realisierungsgrad} = \frac{\text{Budgetierte Gesamtkosten} - \text{Restkosten}}{\text{Budgetierte Gesamtkosten}}$$

Der Entwicklungswert ergibt sich in diesem Fall aus der Differenz der budgetierten Gesamtkosten und den Restkosten. Die Ermittlung der bereits realisierten Arbeitspakete und der hierfür angefallenen Kosten ist bei diesem Ansatz nicht notwendig. Durch die Betrachtung der verbleibenden Restkosten bis zum Projektabschluß wird eine Verfälschung des tatsächlich realisierten Entwicklungsstands durch Unwirtschaftlichkeiten, bei denen Budgetüberschreitungen eine vorzeitige Projektrealisierung vortäuschen, vermieden (vgl. *Gaiser* 1993, S. 103 f.). Die Abschätzung der Cost-to-complete kann durch eine Prognose der noch notwendigen Zeit (Time-to-complete) ergänzt werden. Den Mitarbeitern im Entwicklungsteam fällt eine Abschätzung der noch benötigten Zeit bis zum Projektabschluß häufig leichter als die Angabe von Restkosten (vgl. *Coenenberg, Raffel* 1988, S. 206). Die Angabe ist dabei umso verläßlicher, je strukturierter und detaillierter die noch zu bewältigenden Aufgaben determiniert sind.

Madauss schlägt eine alternative Ermittlungsmethode vor (vgl. *Madauss* 1994, S. 240 f.): Zur Ermittlung Cost-to-complete FK_t ist der bis zum Betrachtungszeitpunkt realisierte Entwicklungswert EW_t von den geplanten Gesamtkosten des Projekts PK_0 abzuziehen.

$$FK_t = PK_0 - EW_t$$

Die tatsächlichen Projektgesamtkosten PK_t rechnet er in Abhängigkeit der Ist-Kosten Ik_t zum Zeitpunkt t wie folgt hoch:

$$PK_t = FK_t + Ik_t = PK_0 - EW_t + Ik_t = PK_0 + D\ K_t$$

Madauss legt die Annahme zugrunde, daß vom Betrachtungszeitpunkt bis zum Projektende keine weiteren Kostenüberschreitungen zu erwarten sind. In der Unternehmenspraxis zeigt sich hier eher das Gegenteil (vgl. *Murrmann* 1994).

3.4.2.4 Durchführungskontrolle

Die Methode der Durchführungskontrolle kombiniert die Meilenstein-Trendanalyse mit einer Kontrolle des Faktoreinsatzes für den erreichten Projektstatus. *Specht* und *Beckmann* bezeichnen diese inputorientierte Betrachtungsweise auch als kapazitätsorientierte Projektfortschrittskontrolle (*Specht, Beckmann* 1996, S. 362).

Als Bezugsgrößen des Projektfortschritts können bei dieser Methode verschiedene Faktoren verwendet werden: Arbeitsstunden, differenziert nach der Qualifikation der Arbeitskräfte, der Verbrauch an Roh-, Hilfs- und Betriebsstoffen, die Nutzung von Betriebsmitteln oder Fremdleistungen. Die Methode der Durchführungskontrolle kann jedoch lediglich einen dieser Faktoren gleichzeitig berücksichtigen. In den meisten Fällen wird die Personalkapazität betrachtet. Zur Anwendung der Durchführungskontrolle muß der Faktorverbrauch im Entwicklungsverlauf sowohl detailliert geplant als auch bei der konkreten Realisierung erfaßt werden (zur Akzeptanz von Stundenaufschrieben und Zeitkontrollen in der Entwicklung vgl. *Domsch, Gerpott* 1988, S. 91 ff.).[18]

Die Durchführungskontrolle baut auf der Meilenstein-Trendanalyse auf und erweitert den Meilenstein-Überwachungsplan um eine weitere Dimension (vgl. Abbildung 3-9). Den jeweiligen Meilensteinen wird der geplante Faktoraufwand (hier Mannmonate) gegenübergestellt und kumuliert auf der Ordinate dargestellt. Die geplanten Realisierungstermine werden auf der Abszisse abgetragen.

Der Vergleich der Kurvenverläufe von Plan- und Ist-Werten zeigt dann, ob Terminverzögerungen (Ist-Kurve verschiebt sich in Relation zur Plankurve nach rechts) oder ein höherer Faktorverbrauch (Ist-Kurve verschiebt sich nach oben) vorliegen.

Problematisch ist beim Einsatz der Durchführungskontrolle, daß nur die Zusammenhänge zwischen einem Inputfaktor und dem Projektablauf aufgezeigt werden können. Der Projektstand kann hierdurch nur unzureichend ermittelt werden.

---

[18] Nach den Erfahrungen von *Schelle* kommt es in der Entwicklung bei der gleichzeitigen Arbeit an mehreren Arbeitspaketen innerhalb eines Projekts oder gar in verschiedenen Projekten, bei denen Tätigkeiten zudem noch häufig unterbrochen und an anderer Stelle fortgesetzt werden, „zwangsläufig zu Stundenkontierungen bei Arbeitspaketen und Aufträgen, die den tatsächlich aufgewendeten Mannstunden nicht entsprechen" (*Schelle* 1977, S. 326).

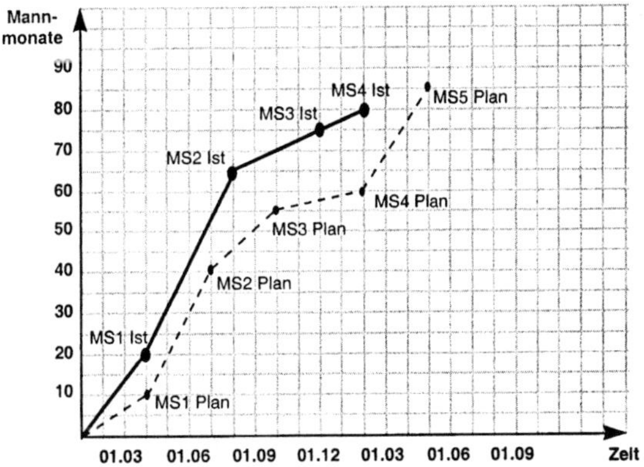

Abbildung 3-9: Darstellung der Durchführungskontrolle

3.4.2.5 Kombinierte Meilenstein- und Kosten-Trendanalyse

Die ablauforientierte Meilenstein-Trendanalyse kann mit einer Kostenanalyse zu einer integrierten Betrachtung kombiniert werden. Dies hat gegenüber der Durchführungskontrolle den Vorteil, daß durch die Maßgröße Kosten mehrere Einsatzfaktoren gleichzeitig betrachtet werden können und diese durch die Bewertung auf eine einheitliche Dimensionsbasis gestellt werden.

Brockhoff und *Urban* schlagen vor, die Meilenstein-Trendanalyse durch eine einfache zeitabhängige Projektkostenkontrolle zu ergänzen (vgl. *Brockhoff, Urban* 1988, S. 28). Diese Vorgehensweise wird in den Integrierten Projektfortschrittsberichten angewandt (vgl. Abschnitt 3.4.2.6 und Abbildung 3-11). Aufgrund der Schwächen der zeitabhängigen Projektkostenkontrolle ist diese Vorgehensweise jedoch mit erheblichen Nachteilen behaftet.

Eine aussagekräftigere Projektfortschrittsmessung stellt die Kombinierte Meilenstein- und Kosten-Trendanalyse im Sinne einer Entwicklungswertermittlung auf der Basis von Meilensteinen dar, die *Brockhoff* und *Urban* als „Zeit/Kostenkurve" (*Brockhoff, Urban* 1988, S. 29) bezeichnen. *Benes* und *Nau* beschreiben diese Methodik unter der Bezeichnung „vereinfachte Kostentrendanalyse" (*Benes, Nau* 1994, S. 43; vgl. hierzu auch *Albert, Högsdal* 1987, S. 60 ff.)[19]. Auf der vertikalen Achse wird somit der bewertete Verbrauch aller Fakto-

19 *Benes* und *Nau* beschreiben zuvor die Ermittlung des Entwicklungswerts als Kostentrendanalyse (vgl. *Benes, Nau* 1994, S. 31 ff.). Die „Vereinfachung" liegt in der geringeren Detaillierung durch die Betrachtung von Entwicklungsphasen im Vergleich zur

ren in Plan- und Istgrößen abgetragen und nicht – wie bei der Durchführungskontrolle – die Einsatzmengen eines einzigen Faktors.

Bei der Kontrolle der Meilensteine werden dann die bis dahin aufgelaufenen Entwicklungskosten ermittelt. Zusätzlich können Prognosen der Cost-to-complete und Time-to-complete graphisch veranschaulicht werden (vgl. Abbildung 3-10).

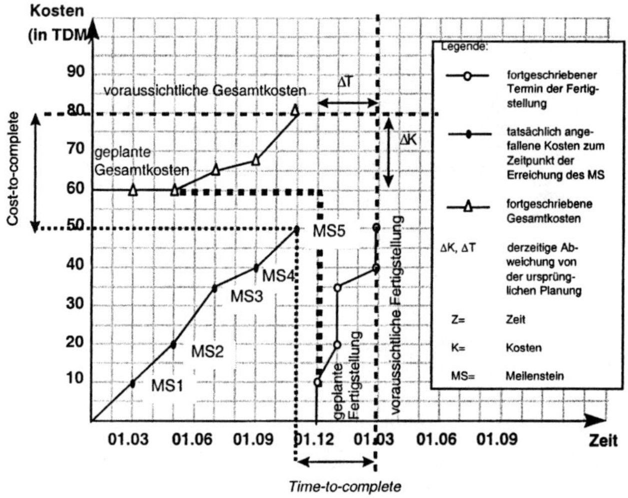

Abbildung 3-10: Kombinierte Meilenstein- und Kosten-Trendanalyse[20]

Dabei kann die Abschätzung der Restzeit und der Restkosten, die in Abbildung 3-10 nur für das Gesamtprojekt durchgeführt wurden, auch separat für einzelne Meilensteine erfolgen. Hierdurch lassen sich detaillierte Aussagen über die Einhaltung der Kosten- und Terminpläne treffen (vgl. hierzu die Übersicht in *Benes, Nau* 1994, S. 55). Allerdings ist die Abschätzung der Cost-to-complete und Time-to-complete für jeden Meilenstein mit erheblichem Aufwand verbunden.

Betrachtung von Arbeitspaketen bei der Ermittlung des Entwicklungswerts (vgl. Abschnitt 3.4.2.2).

20 In Anlehnung an *Specht, Beckmann* 1996, S. 376.

3.4.2.6 Integrierter Projektfortschrittsbericht

Mit Hilfe einer Kombination der o.g. Methoden soll der integrierte Projektfortschrittsbericht[21] dem Management einen Überblick über den Projektstand vermitteln und eine übergeordnete Steuerung ermöglichen (vgl. *Brockhoff, Urban* 1988, S. 31). Dieser Bericht stellt kein neues Verfahren zur Projektfortschrittsmessung dar, der zusätzliche Nutzen entsteht durch die Zusammenfassung der Daten auf einem übersichtlichen Berichtsblatt. Die Projektfortschrittsberichte werden entweder periodisch[22] oder beim Erreichen bestimmter Meilensteine erstellt (vgl. *Specht, Beckmann* 1996, S. 365). Im Berichtsblatt werden die wichtigsten Zielgrößen zusammengefaßt dargestellt (vgl. Abbildung 3-11).

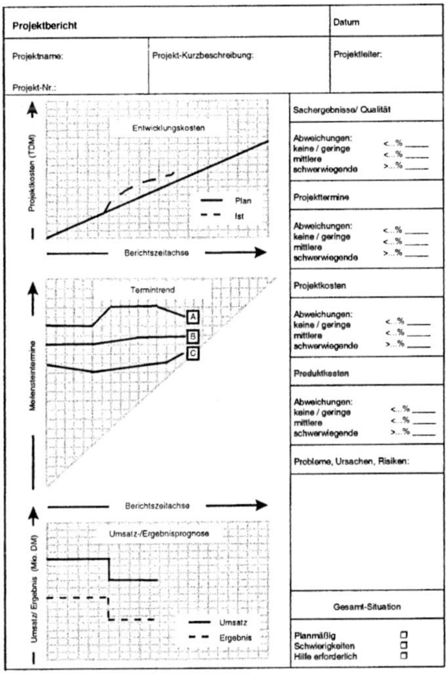

Abbildung 3-11: Integriertes Berichtsblatt für den Projektfortschritt[23]

21 In neueren Veröffentlichungen werden diese Fortschrittsberichte auch als **Projekt Cockpit Chart** bezeichnet (vgl. *Schmelzer* 1997, n.o.S.).

22 Bei der *Siemens AG* werden diese Berichte mittlerweile wöchentlich erstellt (vgl. *Schmelzer, Friedrich* 1997, S. 339).

23 Entnommen aus *Schmelzer* 1992, S. 186.

Neben der Projektidentifikation in der Kopfzeile des Berichts werden in graphischer Form eine zeitabhängige Projektkostenkontrolle, ein Meilenstein-Überwachungsplan sowie eine Umsatz- und Ergebnisprognose dargestellt.

Die Abweichungen in den Zielgrößen werden auf dem Berichtsblatt erläutert und kommentiert, eine Gesamteinschätzung schließt den Bericht ab.

Dieses Berichtsblatt wird in standardisierter Form in vielen Unternehmen angewandt. Die Nachteile der einzelnen, in den Projektfortschrittsbericht integrierten Methoden werden durch die Zusammenfassung nicht vermieden. Zudem besteht keine Transparenz über das Zustandekommen der Angaben über das realisierte Sachergebnis.

3.4.3 Ergebnisorientierte Projektsteuerung

Die Aufgabe der ergebnisorientierten Projektsteuerung ist es, den Projektstand bezüglich der Qualität, des Umfangs und des Konkretisierungsgrads der zu entwickelnden Sach- und Dienstleistungen zu überwachen und im Hinblick auf die Zielsetzungen des Innovationsprojekts zu beeinflussen (vgl. *Specht, Beckmann* 1996, S. 364). Hierzu ist der Projektfortschritt nicht input- oder ablauforientiert, sondern ergebnisorientiert zu erfassen Diese Art der Projektfortschrittsmessung ist im traditionellen Projektmanagement nur wenig verbreitet. *Burghardt* bezeichnet die ergebnisorientierte Projektfortschrittsmessung als Produktfortschrittskontrolle (*Burghardt* 1995, S. 315). Er führt hierzu an: „Das Feststellen des Produktfortschritts ist ... nur auf Basis des genauen technischen Wissens der bestehenden Leistungs- und Funktionsanforderungen und der inneren Struktur des zu entwickelnden Produkts bzw. Systems möglich; sie liegt deshalb i.allg. auch nicht im direkten Aufgabenbereich des Projektmanagements, sondern in der Entwicklung selbst“ (*Burghardt* 1995, S. 313). *Burghardt* unterscheidet daher die Kontrolle des Projektfortschritts als Aufgabe des Projektmanagements und die Produktfortschrittskontrolle als Aufgabe der Entwicklung (vgl. *Burghardt* 1995, S. 313 ff.). Zur Projektfortschrittskontrolle schlägt *Burghardt* eine Reihe von ablauforientierten und inputorientierten Methoden vor, die in den vorhergehenden Abschnitten beschrieben wurden.

Unabhängig davon, daß eine organisatorische Trennung zwischen Projektmanagement und der Entwicklung abzulehnen ist und im Rahmen von Simultaneous Engineering auch nicht existiert, ist eine Separation zwischen dem Projektfortschritt und dem Produktfortschritt ebenfalls zu negieren: ein Produktfortschritt ohne Projektfortschritt ist bei der Erfassung des Projektfortschritts durch input- und ablauforientierte Methoden nicht möglich, da auch bei rein gedanklichen Vorgängen zur Weiterentwicklung des Produkts zumindest Personalkapazität eingesetzt wird. Andererseits ist ein Projektfortschritt, der das Projekt nicht gleichzeitig auch dem angestrebten Ziel der Entwicklung näher bringt und somit einen Produktfortschritt darstellt, sinnlos.

Eine ergebnisorientierte Projektfortschrittsmessung muß daher unabdingbarer Bestandteil des Projektsteuerungssystems sein. Zur ergebnisorientierten Projektfortschrittsmessung finden sich in der Literatur allerdings nur vereinzelte Ansätze.

3.4.3.1 Integrierte Ansätze

Gentner integriert in sein Kennzahlensystem zur Effektivitäts- und Effizienzsteigerung von Entwicklungsprojekten als Baustein zur Beurteilung des Gesamtprojekts sogenannte Leistungskennzahlen Produkt (vgl. *Gentner* 1994, S. 136 f.). Anhand der wesentlichen Produkteigenschaften des Endprodukts ist seiner Auffassung „eine Bewertung und Steuerung des Gesamtprojekts vorzunehmen. Die Produkteigenschaften konkretisieren sich hierbei am Zielerreichungsgrad der im Pflichten- und Lastenheft definierten Positionen" (*Gentner* 1994, S. 136). Als Leistungskennzahlen Produkt schlägt er u. a. vor (vgl. *Gentner* 1994, S. 137):

- Anzahl der Anwendungsneuheiten,
- Teilevereinfachung,
- Logistikvereinfachung,
- Verhältnis Eigenentwicklung/Fremdentwicklung
- Verhältnis Eigenfertigung/Fremdbezug.

Die grundsätzliche Vorgehensweise dieses Ansatzes ist zu befürworten. Es ist jedoch fraglich, inwieweit die von *Gentner* konkret vorgeschlagenen Kennzahlen zur ergebnisorientierten Projektsteuerung dienlich sind.

Neben dem ganzheitlich angelegten Ansatz von *Gentner* finden sich Ansätze, die die Erreichung einzelner Zielsetzungen verfolgen.

3.4.3.2 Steuerung der Zielkostenerreichung

Die Ermittlung der Produktkosten erfolgte bislang häufig erst nach Abschluß der Entwicklung kurz vor dem Markteintritt in Form einer Vorkalkulation. Durch den zunehmenden Kostendruck im Wettbewerb und nicht zuletzt durch die Einführung des Target Cost Managements erfolgte in diesem Bereich in den letzten Jahren ein grundlegendes Umdenken. Da die Höhe der Produktkosten bereits durch die Konstruktion des Produkts zu über 70 % festgelegt wird, sind die Produktkosten bereits in den Phasen der Komponentenentwicklung und Detailkonstruktion zu ermitteln und die Auswirkungen konstruktiver Entscheidungen auf die Produktkosten zu verdeutlichen. In dieser frühen Phase der Produkt- und Prozeßentwicklung können die traditionellen Methoden der Produktkalkulation jedoch noch nicht angewandt werden. Hier werden vielmehr spezifische Verfahren zur konstruktionsbegleitenden Kalkulation eingesetzt, die sich in qualitative und quantitative Verfahren gliedern lassen (vgl. zum Überblick *Gleich, Scholl* 1994, S. 5 ff.):

Qualitative Verfahren dienen zur Entscheidungsunterstützung bei der Entwicklung und Konstruktion und liefern anhand einfacher Kausalmodelle auf der Basis von Erfahrungswerten qualitative Aussagen über das Kostenverhalten bei der Veränderung bzw. bei der Auswahl zwischen Alternativen konstruktiver Lösungen (vgl. *Ehrlenspiel* 1985, S. 56 ff.). Zu den Hauptvertretern der qualitativen Verfahren zählen Heuristische Regeln und Relativkosten. Der Vorteil dieser Verfahren ist der geringe Informationsbedarf zur Generierung von Aussagen. Allerdings kann mit diesen Verfahren lediglich der Grad von Kostenveränderungen ermittelt werden, zur Kalkulation der absoluten Kosten eines zu konstruierenden Bauteils sind diese nicht geeignet, hierzu dienen die quantitativen Verfahren.

Quantitative Verfahren ermitteln die absoluten Kosten eines Bauteils, wobei zwischen pauschalen und analytischen Verfahren unterschieden wird. Bei den pauschalen Verfahren werden die Kosten in Abhängigkeit eines oder mehrerer Produktparameter durch Kostenfunktionen berechnet, die mittels Regressionsanalysen und Optimierungsrechnungen auf der Basis statistischer Erhebungen über die Relationen zwischen den jeweiligen Parametern und den Produktkosten aufgestellt wurden (vgl. z.B. *Madauss* 1997, S. 20 ff.). Analytische Verfahren ermitteln die Produktkosten sehr viel detaillierter auf der Basis differenzierter Kostenfunktionen für einzelne Bauteile, Fertigungs- und Montageprozesse bzw. durch Analogieschlüsse aus den Kosten bereits bekannter Bauteile mit ähnlichen Geometriedaten, Funktionen, Werkstoffen oder Fertigungs- und Montageverfahren (vgl. *Becker* 1990, S. 354 f.).

An den bislang genannten Verfahren ist zu kritisieren, daß sie sich hauptsächlich auf die direkten Produktkosten beziehen und die Gemeinkosten in den direkten Bereichen entweder völlig vernachlässigen oder die Gemeinkostenwirkungen konstruktiver Entscheidungen nicht verursachungsgerecht abbilden. Diese Kritik hat zur Entwicklung von Kostenmodellen geführt, die auch die Kalkulation der Gemeinkosten ermöglichen (vgl. z.B. *Ehrlenspiel* 1992; *Fischer et al.* 1993; *Scholl* 1997; *Schuh* 1989), deren Verbreitungsgrad ist allerdings bislang noch relativ gering.[24]

---

24 Bei keinem der in der explorativen Untersuchung analysierten Entwicklungsprojekte bei deutschen Automobilhersteller oder -zulieferer wurden Kostenmodelle zur konstruktionsbegleitenden Kalkulation von Gemeinkosten eingesetzt.

Die Verfahren der konstruktionsbegleitenden Kalkulation haben in ihrer ursprünglichen Intention hauptsächlich den Charakter von Entscheidungsrechnungen, die dem Konstrukteur zusätzliche Informationen über die Implikationen seiner Konstruktionsentscheidungen auf die Kostensituation des zu konstruierenden Produkts bzw. Bauteils liefern.

Im Rahmen des Target Cost Managements ist eine laufende Steuerung der Zielkostenerreichung als ein wesentliches Element einer ergebnisorientierten Projektsteuerung zu implementieren.[25] Hierzu werden prinzipiell keine neuen Methoden angewandt (vgl. *Seidenschwarz* 1994, S. 170), vielmehr werden die mit Hilfe der konstruktionsbegleitenden Kalkulation generierten Kosteninformationen zu einer permanenten Überprüfung und Verfolgung der Produktkosten verwendet – dem sogenannten Kostenforechecking (vgl. *Gleich* 1994, S. 48 ff.). Hierzu sind allerdings lediglich die quantitativen Verfahren zur Ermittlung der absoluten Produktkosten geeignet. Während in den frühen Entwicklungsphasen aufgrund der mangelnden Informationen dabei eher die pauschalen Verfahren zur Anwendung gelangen, werden in den späteren Phasen hauptsächlich die detaillierteren analytischen Verfahren eingesetzt. Diese regen zudem aufgrund der notwendigen Detailinformationen über die Produktionsprozesse und die Prozeßkosten der unterstützenden Bereiche zu einer frühzeitigen Diskussion und gegenseitigen Abstimmung an der Schnittstelle zwischen Entwicklung und Produktion an.

3.4.3.3 Steuerung der Realisierung von Qualitätszielen

Das Qualitätsmanagement weist eine Vielzahl an Instrumenten auf, die die Ermittlung des Realisierungsstands von Qualitätszielen unterstützen (vgl. zum Überblick u. a. *Seghezzi* 1996, S. 241 ff.; *Kamiske, Brauer* 1996). Die meisten dieser Ansätze sind jedoch für das Qualitätsmanagement in der Nullserie oder der Serienproduktion konzipiert. So wird bspw. für eine Kurzzeitfähigkeitsuntersuchung zur Analyse des Verhaltens einer einzelnen Maschine ein Mindestumfang von 50 Teilen benötigt, für eine vorläufige Prozeßfähigkeitsuntersuchung zur Analyse ganzer Prozeßabläufe sind mindestens 100 Teile erforderlich (vgl. *Dietrich, Schulze* 1995, S. 224 ff.) Andere Ansätze wie Ishikawa-Diagramme (vgl. *Seghezzi* 1996, S. 247) oder die Fehler-Möglichkeits- und Einflußanalyse (vgl. *Kamiske, Brauer* 1993, S. 29 ff.) dienen lediglich der Datenerhebung und Strukturierung zu einem bestimmten Zeitpunkt im Innovationsprozeß. Eine permanente Verfolgung und Steuerung der Zielerreichung wird durch

---

25 In den meisten Darstellungen zum Target Cost Management wird allerdings der Betrachtungsschwerpunkt auf die Phase der Zielkostenplanung gelegt und die Zielkostenerreichung wird – wenn überhaupt – nur nachrangig behandelt.

diese Ansätze nicht unterstützt. Hierzu finden sich nur wenige Ansätze in der Literatur.

Madauss beschreibt zur Steuerung der Qualitätsrealisierung die Methodik der Technical Performance Control, mit der der erreichte bzw. erwartete Erfüllungsstand der wesentlichen technischen Leistungsmerkmale überwacht werden soll (vgl. *Madauss* 1994, S. 242 ff.). Dabei wird zwischen quantitativ meßbaren und nicht quantitativ meßbaren Leistungsmerkmalen unterschieden. Beispiele für meßbare Leistungsmerkmale sind Gewicht, Energieverbrauch, Luftwiderstand und Geräuschentwicklung, als nicht meßbare Leistungsmerkmale werden u.a. Ergonomie und Handhabbarkeit angeführt. Anhand von Tests werden die meßbaren Leistungsmerkmale periodisch bis zum Erreichen der geplanten Leistung ermittelt, mittels Expertenbefragung werden die Erfüllungsgrade der nicht meßbaren Leistungsmerkmale einer formalisierten, systematischen Prüfung unterzogen.

Ein neu zu entwickelndes Produkt weist eine Vielzahl an technischen Leistungsmerkmalen auf. Mit Hilfe der Technical Performance Control lassen sich jedoch nur einige wenige Leistungsmerkmale verfolgen und deren Realisierung steuern. Zur Bestimmung der relevanten Leistungsmerkmale sind mehrere Faktoren zu betrachten (vgl. auch *Madauss* 1994, S. 243, der hier speziell die Faktoren bei Auftragsentwicklung betrachtet):

- Gesetzliche Forderungen (z.B. Emissionswerte, Fahrzeugabmessungen, etc.),
- Kritische Entwicklungsparameter (z.B. Fahrzeuggewicht),
- Kundenanforderungen (z.B. Geräuschpegel im Innenraum).

Zur einfachen Interpretation bietet sich eine graphische Darstellung des zeitlichen Verlaufs der erzielten Leistungsmerkmale an. Hierbei werden häufig zwei diametral wirkende Leistungsmerkmale in einem Schaubild zusammengefaßt, bspw. Motorgewicht und Motorleistung (vgl. *Burghardt* 1995, S. 313).

Insgesamt zeigt sich – trotz der hohen Bedeutung, die der ergebnisorientierten Projektsteuerung beigemessen wird – ein erheblicher Mangel an Instrumenten zu deren Unterstützung.

3.5 Zusammenfassende Beurteilung der bestehenden Controllingansätze

Wie die obigen Ausführungen zeigen, existiert im Bereich der Projektplanung ein umfassendes Controlling-Instrumentarium zur Unterstützung der Planung von Innovationen komplexer Serienprodukte.

So werden umfangreiche Planungsinstrumente zur Zieldefinition für die Produktkosten und die Qualität bereitgestellt. Diese Instrumente ermitteln nicht nur

Vorgaben für das Gesamtprodukt, sondern auch für die einzelnen Komponenten und Bauteile. Durch die sich so ergebende Zielhierarchie wird die Selbstkoordination der einzelnen Simultaneous Engineering-Teams im eigenen Unternehmen als auch an den Schnittstellen zu Entwicklungspartnern und Zulieferern umfassend unterstützt.

Das Quality Function Deployment dient dabei nicht nur zur Bestimmung von Qualitätszielen auf Bauteilebene, sondern unterstützt durch das systematische Ableiten von Spezifikationen für die Produktionsprozesse die frühzeitige Abstimmung an der Schnittstelle zwischen Entwicklung und Produktion. Aufgrund der Komplexität und des Aufwands der Methode[26] beschränkt man sich jedoch bei der praktischen Anwendung zumeist auf die ersten beiden Phasen des QFD zur Ableitung von technischen Produktfunktionen und Bauteilspezifikationen, bei komplexen Neuentwicklungen wird die Methodik zudem nur auf die innovativen Elemente des Entwicklungsobjekts angewandt (vgl. *Pfeifer* 1993, S. 44). Doch wie die Erfahrungen in der Praxis zeigen, ist die Anwendung des QFD in der frühen Phase der Produkt- und Prozeßentwicklung mit einer erheblichen Reduktion von Änderungen in den späten Phasen des Innovationsprozesses verbunden (vgl. *Flik et al.* 1993, S. 6 f.; *Sullivan* 1986, S. 35 ff.). Die Anwendung des QFD zur Schnittstellenharmonisierung zwischen Entwicklung und Produktion ist daher trotz des hohen Planungsaufwands sinnvoll.

Die Methoden zur Bestimmung der Entwicklungszeit sind um die in Abschnitt 3.3.1.3 skizzierten Vorgehensschritte zur Ableitung des Zeitfensters für den Markteintritt zu ergänzen, um die unternehmensexterne Situation adäquat zu berücksichtigen und den Planungshorizont über den Produktionsstart hinaus zu setzen. Dabei ist insbesondere auch die Gestaltung des Serienanlaufs mit der Markteintrittsstrategie in Einklang zu bringen (vgl. Tabelle 3-1).

Die Methoden der Projektplanung sind grundsätzlich ebenfalls für die Planung der Innovation komplexer Serienprodukte geeignet. Hierbei ist jedoch zu beachten, daß durch die Anwendung des Simultaneous Engineering und die zunehmende Reduktion der Entwicklungstiefe die Projektplanung nicht mehr bis auf die Ebene der Arbeitspakete erfolgen kann. Eine detaillierte Planung der einzelnen Arbeitsschritte erzeugt in diesem Umfeld entweder „einen erheblichen und unnötigen Planungsmehraufwand, einen instabilen und damit unsicheren Planungsstand [sowie] andauernde Unruhe und Unsicherheit im Projekt" (*Platz* 1989c, S. 218) oder führt bei striktem Festhalten an der Planung zu Inflexibilität bei unvorhergesehenen Verzögerungen oder Änderungen im Projektablauf. Die einzelnen Schritte zur Abstimmung und Bewältigung der ver-

---

26 Der Aufbau eines House of Quality beansprucht bspw. für die Klimaanlage eines Mittelklassewagens die Kapazität von ca. einen Mannmonat (vgl. *Flik et. al.* 1993, S. 7).

teilten Entwicklungsaufgaben müssen vielmehr den Mechanismen der Selbstkoordination überlassen werden. Zur effektiven Steuerung in diesem Umfeld können den Simultaneous Engineering-Teams nur Ergebnisse vorgegeben werden, keine Abläufe.

Im Gegensatz zu den Planungsmethoden, die für die Planung der Innovation komplexer Serienprodukte sehr gut geeignet sind, werden die dargestellten Instrumente zur Projektsteuerung trotz der breiten Anwendung auch in der Literatur zunehmend kritisiert, da sie den aktuellen und zukünftigen Anforderungen der Projektsteuerung bei der Innovation komplexer Serienprodukte nicht gerecht werden (vgl. *Ahn* 1997, S. 11f.; *Bullinger et al.* 1992, S. 41; *Fischer, Weber* 1996, S. 58 ff.). Die Aussagen der in der Exploration befragten Projektleiter stellen somit keine Einzelfälle dar. Die Kritik bezieht sich sowohl auf die Methoden der ablauforientierten als auch auf die Methoden der inputorientierten Projektsteuerung.

Einer ablauforientierte Projektsteuerung, die sich an der Planung auf Arbeitspaketebene orientiert, fehlt daher in diesem Umfeld die Grundlage. Die Projektablaufplanung kann hier lediglich auf der Ebene von Meilensteinen erfolgen. Eine Projektsteuerung auf Basis von detaillierten Meilensteinen kann jedoch die unabdingbaren Iterationszyklen bei der Innovation komplexer Serienprodukte nur unzureichend erfassen und steuern. Diese Problematik wird allerdings erst in den späten Phasen des Entwicklungsprozesses deutlich, wenn klar wird, daß die Summe aller freigegebenen Konstruktionszeichnungen keine Aussagen darüber liefert, inwieweit ein komplexes System in seiner Gesamtheit den Anforderungen entspricht (vgl. *Mass, Berkson* 1995, S. 20). Durch die Iterationen bei der Integration der Einzelteile zum Gesamtsystem werden viele der zuvor erteilten Freigaben hinfällig.

Die traditionellen Methoden der inputorientierten Fortschrittsmessung haben den Nachteil, daß sie den Entwicklungsfortschritt nicht direkt am Ergebnis messen, sondern durch den Vergleich von geplantem und realisiertem Ressourceneinsatz bestimmen. Zwischen dem Input und dem Output der Entwicklung ist jedoch klar zu differenzieren. In vielen Fällen wurde und wird jedoch „unzulässigerweise ... Input mit Output gleichgesetzt, indem die aufgewandten Entwicklungs**stunden** [im Original in Anführungszeichen] als Maß für die Entwicklungs**leistung** [dto.] verwendet wurden" (*Bürgel et al.* 1996, S. 30). Dieser Vorgehensweise liegt die Annahme zugrunde, daß jede zusätzlich eingebrachte Arbeitsstunde auch tatsächlich das Ergebnis des Innovationsprozesses näher bringt.[27]

---

27 Eine Beurteilung der Validität dieser Annahme bleibt dem Leser überlassen (vgl. *Parkinson* 1966, S. 12 ff.).

Bei einer Steuerung anhand der Projektkosten ist außerdem zu beachten, daß die Ist-Kostenerfassung dieselbe Gliederungstiefe aufweisen muß wie die Projektkostenplanung (vgl. *Schmelzer* 1992, S. 181). Häufig findet man in der Praxis den Fall, daß zwar die Planung der Projektkosten bis auf die Ebene der einzelnen Arbeitspakete erfolgt, die Erfassung der Ist-Kosten aber nicht in dieser Detaillierung durchgeführt wird (vgl. *Coenenberg, Raffel* 1988, S. 200). Die Ist-Kosten müssen in diesem Fall auf die einzelnen Arbeitspakete geschlüsselt werden, was die Aussagefähigkeit der Methoden zusätzlich stark einschränkt.

Der Schwerpunkt der traditionellen inputorientierten Projektsteuerung auf den Entwicklungskosten ist historisch bedingt: Die Methoden des Projektcontrolling wurden bei großen Forschungs- und Entwicklungsprojekten in der Luft- und Raumfahrttechnik nach dem zweiten Weltkrieg entwickelt (vgl. *Madauss* 1994, S. 178 ff.). Der Betrachtungsschwerpunkt der Projektkosten hat in diesem Umfeld durchaus seine Berechtigung, handelt es sich hierbei doch zumeist um Systeme, die in Einzelfertigung oder Kleinserienproduktion hergestellt werden. Die Kosten für Forschung und Entwicklung dieser Systeme macht einen Großteil der Lebenszykluskosten des Systems aus. **Projektcontrolling** zur ergebnisorientierten Koordination des Projektablaufs und **Produktcontrolling** zur ergebnisorientierten Koordination der Produktentstehung bilden in diesem Umfeld eine Einheit.

Bei der Steuerung der Innovation komplexer Serienprodukte, bei denen die Entwicklungskosten nur einen geringen Bruchteil der gesamten Lebenszykluskosten ausmachen und die Planung und Abstimmung der einzelnen Arbeitsschritte des Entwicklungsprozesses aufgrund der Vielzahl an Schnittstellen der Selbstkoordination überlassen werden müssen, kommt es bei der Anwendung der traditionellen Methoden der Projektsteuerung zu einer Entkopplung von Produkt- und Projektcontrolling (vgl. *Schmelzer, Friedrich* 1997, S. 334 ff.). Produktbezogene Größen bilden bei diesen Methoden zwar den Ausgangspunkt für die Projektplanung, die weitere Verfolgung des Realisierungsstands richtet sich aber an der Projektplanung aus, nicht an den produktbezogenen Zielsetzungen. Diskrepanzen zwischen Planung und Realisierung des Produkts können durch diese Vorgehensweise nicht ermittelt werden und zeigen sich dann erst im Serienanlauf, wenn das Entwicklungsergebnis den Serienbedingungen ausgesetzt wird. Eine Integration von Produkt- und Projektcontrolling durch eine ergebnisorientierte Projektsteuerung ist daher bei der Innovation komplexer Serienprodukte unabdingbar (vgl. *Schmelzer, Friedrich* 1997, S. 343).

Ein häufig angeführtes Argument gegen eine solche ergebnisorientierte Projektsteuerung ist die Tatsache, daß sowohl zur Planung als auch zur Kontrolle des Fortschritts das Projektergebnis bereits bekannt sein muß. Da dies nicht gegeben sei, habe eine ergebnisorientierte Fortschrittsmessung nur Kontrollcharakter ohne Planungs- und Steuerungsmöglichkeit (vgl. *Zenz* 1981, S. 114 f.). Dieses

Argument trifft für den Bereich der Forschung sicherlich zu, im Bereich der Produktentwicklung ist es jedoch nicht stichhaltig, da die Ziele der Produkt- und Prozeßentwicklung durchaus bekannt sind und auch bereits in einem frühen Planungsstadium festgelegt werden (vgl. Abbildung 3-1). Die notwendige Fortschreibung und Anpassung des Zielkatalogs tut diesem keinen Abbruch.

„Eine flexible Steuerung des Entwicklungsprojekts muß ... am geplanten Ergebnis des Entwicklungsprojekts - dem zu entwickelnden Produkt und den hierfür geltenden Zielsetzungen – ansetzen und somit Projekt- und Produktcontrolling in der Entwicklung verbinden" (*Horváth et al.* 1997, S. 9). Wie die obigen Ausführungen gezeigt haben, ist eine ergebnisorientierte Steuerung bislang jedoch nur in Ansätzen vorhanden. Die methodische Unterstützung beschränkt sich hierbei hauptsächlich auf die Steuerung der Zielkostenerreichung.

4 Serienreifegradmessung zur Steuerung des Innovationsprozesses

In diesem Kapitel wird eine Konzeption zur ergebnisorientierten Messung und Steuerung des Projektfortschritts entwickelt, die im folgenden gemäß der in der Praxis üblichen Begriffsverwendung als Serienreifegradmessung bezeichnet wird. Hierzu werden zunächst in Abschnitt 4.1 die verschiedenen Dimensionen des Resultats von Innovationsprozessen diskutiert und der Begriff der Serienreife definiert. Die verschiedenen Methoden der Serienreifegradmessung sowie deren zeitliche Entwicklung werden in Abschnitt 4.3 dargestellt und anhand praktischer Beispiele aus der Automobilindustrie veranschaulicht. Die grundsätzliche Konzeption der Methoden zur Serienreifegradmessung sowie die organisatorischen und methodischen Voraussetzungen für den Einsatz der Serienreifegradmessung bei der Innovation komplexer Serienprodukte werden im anschließenden Abschnitt dargelegt. Eine Beurteilung der vorgestellten Methoden zur Serienreifegradmessung schließt dieses Kapitel ab.

4.1 Grundlagen der ergebnisorientierten Steuerung von Innovationen

4.1.1 Ergebnis des Innovationsprozesses - die Serienreife

Zur Konzeption einer ergebnisorientierten Steuerung des Innovationsprozesses ist zunächst das gewünschte Ergebnis der Innovation komlexer Serienprodukte näher zu analysieren. Am Ende des Innovationsprozesses steht nicht nur das Produkt, das in Form, Funktion und Preis den Kundenanforderungen gerecht werden soll, sondern auch ein Leistungssystem, das es dem Unternehmen ermöglicht, dieses Produkt in den vom Markt geforderten Stückzahlen – in Serie – zu produzieren. Das Ergebnis des Innovationsprozesses besitzt somit drei Dimensionen: die Produktdimension, die Prozeßdimension sowie die Kapazitätsdimension (vgl. Abbildung 4-1).

Im Rahmen der **Produktdimension** geht es um die Erfüllung der Anforderungen des Kunden an Form und Funktion des Produkts sowie um die Konkretisierung des Produkts selbst. Im Verlauf der Entwicklung sind die Materialien und die Gestaltung des Produkts bzw. seiner Elemente festzulegen, die Integrität der Produktelemente sicherzustellen und die Produktfunktionalität gemäß den Kundenanforderungen zu realisieren.

Die **Prozeßdimension** betrachtet die Fähigkeit des Unternehmens, die Produktleistung in Qualität und Quantität für den Kunden erbringen zu können. Im Verlauf der Entwicklung ist die Prozeßstruktur mit den einzelnen Prozeßschritten zur Realisierung des Produkts zu bestimmen sowie die Qualität und Quantität der Prozeßinputs und Prozeßoutputs zu determinieren.

Im Rahmen der **Kapazitätsdimension** geht es um die Bereitstellung der notwendigen Ressourcen zur Prozeßdurchführung im benötigten Umfang. Hier sind im Entwicklungsverlauf zum einen Fragen der generellen Ressourcenverfügbarkeit in ausreichender Qualität und Quantität zu klären und ggf. zusätzliche Ressourcen bereitzustellen, zum anderen ist der Umfang des Fremdbezugs zu bestimmen.

Bei dieser Betrachtungsweise werden die unterschiedlichen Perspektiven der Funktionsbereiche Entwicklung und Produktion und der daraus resultierende Zielkonflikt deutlich. Die Funktionsbereiche setzen in ihrer jeweiligen Sichtweise unterschiedliche Prioritäten im zeitlichen Verlauf des Innovationsprozesses (vgl. Abbildung 4-1).

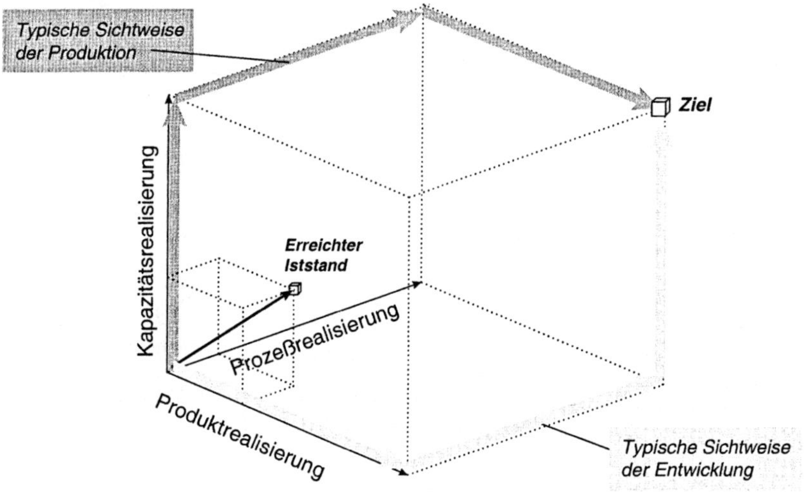

Abbildung 4-1: Ergebnisdimensionen des Innovationsprozesses

Aus der traditionellen Sicht der **Entwicklung** ist zunächst das Produkt zu konkretisieren, bevor die zur Erstellung notwendigen Prozesse festgelegt werden können. Wenn diese wiederum bekannt sind, können die notwendigen Kapazitäten ermittelt und bereitgestellt werden.

Aus der klassischen Sicht der **Produktion** ergibt sich zuerst die Notwendigkeit, die für die Produktion benötigten Kapazitäten zu determinieren und aufzubauen. Sobald diese verfügbar sind, können die Prozesse erprobt und abgesichert werden, um letztendlich das Produkt zu realisieren.

Um die Sichtweisen von Entwicklung und Produktion zu integrieren und den Zielkonflikt zu beseitigen muß die ergebnisorientierte Projektsteuerung bei der Ermittlung des erreichten Entwicklungsstands von vornherein alle drei Dimensionen gleichzeitig berücksichtigen.

Als Bezeichnung für dieses mehrdimensionale Endergebnis der Innovation wird in Literatur und Praxis häufig der Begriff „Serienreife“ bzw. das Adjektiv „serienreif“ verwendet (vgl. z.B. *Geigenberger* 1992, S. 2; *Huy* 1993, S. 138). Eine mangelnde „Serienreife“ wird auch häufig als Ursache für Probleme in den späten Phasen des Innovationsprozesses angeführt: „Ein Großteil sämtlicher Anlaufprobleme liegt in der Tatsache begründet, daß die Autos noch nicht serienreif sind und erst im Rahmen des Anlaufs optimiert werden müssen“ (*Bungard, Hoffmann* 1995, S. 19). Leider findet sich in Literatur und Praxis keine einheitliche Definition der Serienreife.[1]

Den folgenden Ausführungen wird gemäß den obigen Überlegungen die nachstehende Definitionen der Serienreife und des Serienreifegrads zugrunde gelegt:

> Das Ergebnis der Produkt- und Prozeßentwicklung hat dann die **Serienreife** erreicht, wenn das zu entwickelnde Produkt den Kundenanforderungen in entspricht und in den vom Markt geforderten Stückzahlen bereitgestellt werden kann.
>
> Der Serienreife**grad** ist in diesem Zusammenhang eine dimensionslose Größe, die angibt, inwieweit das das betrachtete Entwicklungsobjekt die Serienreife bereits erreicht hat.

Zur ergebnisorientierten Steuerung des Innovationsprozesses ist der Serienreifegrad laufend zu ermitteln und zu verfolgen. Welche grundsätzliche Struktur ein System zur Serienreifegradmessung aufweist, wird im folgenden Abschnitt erörtert.

4.1.2 Struktur des Systems zur Serienreifegradmessung

Die Serienreifegradmessung stellt keine völlig neue Methodik dar, sie bildet vielmehr einen Integrationsrahmen für die im Unternehmen bereits vorhandenen Informationen über die Zielerreichung und ermittelt und dokumentiert deren zeitlichen Verlauf.

---

1 Vgl. hierzu den Überblick über die verschiedenen Begriffsverständnisse in *Wangenheim* 1996, S. 13 f..

Wie die verschiedenen Beispiele in Abschnitt 4.2 zeigen, gibt es unterschiedliche Ausgestaltungsmöglichkeiten der Serienreifegradmessung. Dabei läßt sich keine allgemeingültige Methodik zur Serienreifegradmessung bestimmen, vielmehr ist eine unternehmensspezifische Konzeption der Serienreifegradmessung notwendig, die auf den im Unternehmen vorliegenden Instrumenten zur Projektplanung und den vorhandenen Informationen über die Zielerreichung aufbaut.

Alle Methoden der Serienreifegradmessung gemeinsam ist der Produktstrukturplan als Ausgangsbasis zur Informationsstrukturierung. Diesem kommt bereits bei der Projektplanung eine zentrale Funktion zu: „Allgemein gilt, daß die Produktstruktur die Brücke zwischen der kaufmännischen Kostenstrukturierung und der fachlichen Aufgabenstrukturierung bildet und gleichzeitig das Bindeglied zu den Entwicklungsergebnissen herstellt; sie ermöglicht außerdem das Synchronisieren der Termin- und Kostenüberwachung und gewährleistet damit eine gemeinsame Projektplanung der Entwicklung und der FuE-Kaufmannschaft. Die Produktstruktur stellt als das zentrale Strukturelement für die Integration aller das Projekt unterstützenden Verfahren dar" (*Burghardt* 1995, S. 120).

Dabei ist zu beachten, daß die Serienreifegradmessung nicht nur das physische Produkt betrachtet, sondern das gesamte System zur Leistungserstellung. Als Grundstruktur der Serienreifegradmessung muß daher der Produktstrukturplan um die zur Erstellung der Produktbestandteile notwendigen Prozesse und die dazugehörigen Kapazitäten erweitert werden (vgl. Abbildung 4-2).

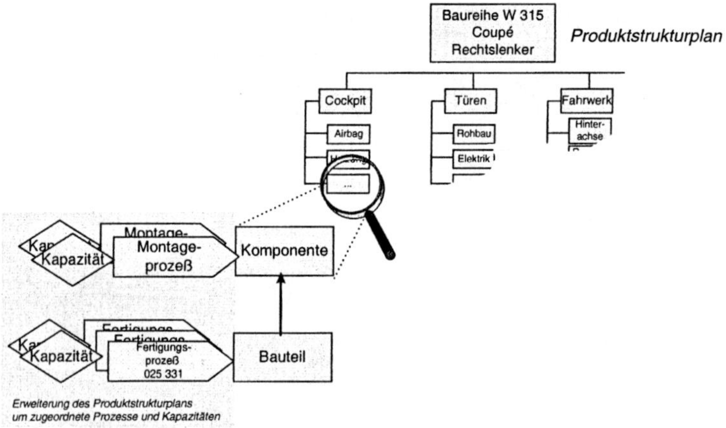

Abbildung 4-2: Erweiterung des Produktstrukturplans zur Serienreifegradmessung

Diese Struktur wird in einer relationalen Datenbank hinterlegt, auf die alle an Entwicklung und Serienanlauf beteiligten Projektmitarbeiter Lesezugriff erhalten. Der Produktstrukturplan ist zu Beginn der Produkt- und Prozeßentwicklung noch sehr grob strukturiert. Die im Entwicklungsverlauf sich ergebenden Modifikationen, Konkretisierungen und weiteren Detaillierungen der Produktstruktur werden laufend von den jeweils verantwortlichen Mitarbeitern eingepflegt.

Den einzelnen Elementen dieser Struktur werden Attribute zur Erfassung der Serienreife des Elements zugeordnet, die im Verlauf des Innovationsprozesses durch die verantwortlichen Mitarbeiter eingestellt und gepflegt werden.

Durch die Baumstruktur des Produktstrukturplans werden die Schnittstellen zwischen den Bauteilen, Komponenten und Systemen abgebildet. Dabei kann ein übergeordnetes Systemelement (bspw. eine Komponente) maximal den kleinsten Serienreifegrad der ihm zugeordneten Elemente annehmen. Auf diese Weise unterstützt die Serienreifegradmessung die Abstimmung der verteilt bearbeiteten Entwicklungsaufgaben, da sich eine mangelnde Harmonisierung der Entwicklungsstände durch den geringen Serienreifegrad auf übergeordneter Ebene manifestiert.

Dabei besteht das Problem, daß die bauliche Zusammengehörigkeit nicht unbedingt der funktionalen Zusammengehörigkeit entspricht. So bilden bspw. Bremskraftverstärker, Bremsleitungen, Bremstrommeln, etc die funktionale Einheit des Bremssystems, diese werden jedoch in unterschiedlichen, nicht zusammenhängenden Montagevorgängen verbaut. Diese mehrdimensionalen Zusammenhänge und die sich daraus ergebenden unterschiedlichen Schnittstellen können nicht in einer einzigen Struktur abgebildet werden, sondern müssen durch Alternativhierarchien des Produktstrukturplans dargestellt werden.

4.1.3 Berücksichtigung der Zielgrößen der Innovation

Die Serienreife gemäß der oben genannten Definition integriert die Zielgrößen des Innovationsprozesses komplexer Serienprodukte: Time-to-Market, Qualität und Produktkosten. Sie ersetzt dabei nicht die verschiedenen Verfahren zur Ermittlung der Zielerreichung, sondern sie kombiniert und dokumentiert der Ergebnisse für eine ergebnisorientierte Projektsteuerung.

Der Zusammenhang zwischen der Zielgröße **Time-to-Market** und dem Serienreifegrad ergibt sich über den zeitlichen Verlauf des Serienreifegrads: Zum Zeitpunkt des Markteintritts sollte die Serienreife erreicht sein, der Serienreifegrad daher annähernd bei 100 % liegen. Um anhand des Serienreifegrads den Verlauf der Produkt- und Prozeßentwicklung im Hinblick auf die Time-to-Market zu steuern und eine eventuelle Verzögerung des Markteintrittstermins abschätzen zu können, sind konkrete Serienreifegradniveaus zu festgelegten

Meilensteinen zu definieren. Welcher Verlauf des Serienreifegrads als Soll-Wert über den Zeitablauf des Innovationsprozesses vorgegeben wird, hängt von der jeweiligen Gestaltung des Systems zur Serienreifegradmessung ab.

Die Zielgröße **Qualität** im Sinne eines „fitness for use" ist in der Serienreife durch die Betrachtung der Kundenanforderungen in der Produktdimension explizit enthalten. Da die verbal qualitativ formulierten Kundenanforderungen nicht für einen direkten Vergleich mit den Entwicklungsergebnissen geeignet sind, wird das Produktkonzept als intermediärer Zielmaßstab für die Serienreifegradmessung verwendet. Da sich zum einen die Marktbedingungen und Kundenanforderungen im Zeitablauf ändern, zum anderen das Produktkonzept selbst aufgrund von Realisierungsüberlegungen und Problemen bei der Konzeptumsetzung häufig modifiziert wird, ist eine periodische Überprüfung des Produktkonzepts auf seine Marktadäquanz notwendig (vgl. *Nippa, Reichwald* 1990, S. 71). Diese Überprüfung kann bspw. durch Produkt-Kliniken erfolgen (vgl. *Schuh* 1991, S. 15 sowie Abschnitt 2.2.1).

Die Serienreife steht außerdem in einem engen Zusammenhang mit der Zielgröße **Produktkosten**. Durch die Konkretisierung des Entwicklungsobjekts auf den Ebenen Produkt, Prozeß und Kapazität werden die Kosten determiniert. Bei einem geringen Serienreifegrad ist auch die im Rahmen der konstruktionsbegleitenden Kalkulation ermittelte Zielkostenerreichung aufgrund der hohen Wahrscheinlichkeit weiterer Änderungen zu relativieren, während bei einem hohen Serienreifegrad die Produktkosten weitestgehend festgelegt und kaum noch veränderbar sind.

Bei der Anwendung der Serienreifegradmessung in der Praxis wird der Zusammenhang zwischen dem Konkretisierungsstand des Entwicklungsobjekts und den prognostizierten Produktkosten auf unterschiedliche Weise berücksichtigt. Einige Ansätze integrieren die prognostizierten Produktkosten in die übergeordnete Größe des Serienreifegrads. Andere Ansätze betrachten die prognostizierten Produktkosten aufgrund ihrer hohen Bedeutung als separate Größe neben dem Serienreifegrad.

Prinzipiell sind beide Vorgehensweisen denkbar, es ist jedoch zu beachten, daß durch die Aggregation der Produktkosten die Zusammenhänge zwischen dem Reifegrad des Entwicklungsobjekts und der Beeinflußbarkeit der Kosten nicht mehr transparent dargelegt und dadurch die Analysemöglichkeiten über den Stand der Zielerreichung eingeschränkt werden.

4.1.4 Organisation der Datenermittlung

Verantwortlich für die laufende Datenermittlung sind prinzipiell die mit der Entwicklung des betreffenden Bauteils betrauten Organisationseinheiten. Zur Erhebung der Daten über den erreichten Serienreifegrad stehen generell vier Methoden zur Verfügung (vgl. *Platz* 1986c, S. 221):

- **Formale Abfragen**: Eine formale Abfrage dient der Ermittlung quantitativer Daten anhand objektiver Kriterien. Die Abfrage kann sowohl direkt durch Abfrageformulare wie bspw. Stundenaufschriebe als auch indirekt durch die Auswertung von Sekundärquellen wie bspw. CAD-Datensätzen erfolgen.[2] Die formale Abfrage ist unpersönlich und weist im Entwicklungsbereich zumeist Akzeptanzprobleme auf. Diese Ermittlungsmethode hat jedoch den Vorteil, daß der Aufwand relativ gering ist und die Erhebung daher sehr häufig durchgeführt werden kann.
- **Review mit externer Kontrollinstanz**: Im Rahmen von Qualitätsaudits werden sowohl quantitative als auch qualitative Daten ermittelt. Die Datenerhebung erfolgt durch eine externe Kontrollinstanz, der Ablauf des Qualitätsaudits ist weitestgehend formalisiert. Der Aufwand zur Datenermittlung ist durch die Anzahl der involvierten Personen und die Dauer des Reviews allerdings relativ hoch.
- **Festlegung im Team**: Die Datenfestlegung im Team erfolgt vor allem bei Design Reviews in gemeinsamer Abstimmung der betreffenden Mitarbeiter ohne externe Kontrollinstanz, weshalb die Akzeptanz im Entwicklungsbereich hier deutlich höher ist als bei den vorgenannten Methoden. Die ermittelten Daten können sowohl qualitativer als auch quantitativer Natur sein. Der Aufwand zur Datenermittlung ist bei der Festlegung im Team durch eventuell notwendige Diskussionen relativ hoch, weshalb diese Form der Datenerhebung nur zu bestimmten Meilensteinen erfolgen kann.
- **Selbsteinschätzung**: Die Methode der Selbsteinschätzung kann ebenfalls für die Ermittlung qualitativer und quantitativer Daten angewandt werden. Sofern der Methode keine objektiven Kriterien zugrunde gelegt werden, besteht allerdings die Gefahr der Fehleinschätzung (vgl. hierzu die Ausführungen im Abschnitt 3.4.1). Der Erfassungsaufwand dieser Methode ist relativ gering, sie ermöglicht daher eine häufige Datenerhebung.

Bei allen diesen Methoden ist ein eindeutiges, gemeinsames Bezugsobjekt zur Datenermittlung zu identifizieren. Diese zunächst trivial erscheinende Aufgabe ist in der Praxis mit erheblichen Schwierigkeiten verbunden. Der Entwicklungsstand dokumentiert sich in der unternehmerischen Praxis nicht durch einen einzigen Prototyp, sondern durch eine Vielzahl an schriftlichen Unterlagen und unterschiedlichen physischen Modellen einzelner Bauteile und des Gesamtprodukts. Die Identifikation des aktuellen Entwicklungsstands ist die Aufgabe des **Konfigurationsmanagements**.

---

2 Diese Form der Datenerhebung findet in Form der **Qualitätsbewertung** bereits seit langer Zeit Anwendung in der Automobilindustrie (vgl. *VDA* 1986, S. 24 - 28).

4.1.5 Konfigurationsmanagement als methodische Voraussetzung

Um den Serienreifegrad zu einem bestimmten Zeitpunkt im Entwicklungsverlauf messen zu können, ist zunächst der zu diesem Zeitpunkt realisierte Entwicklungsstand zu ermitteln.

Das „Konfigurationsmanagement ist eine Teildisziplin des Projektmanagements, die die systematische Zusammenstellung und Dokumentation des jeweils gültigen Standes der Konfiguration koordiniert, die Konfigurationsänderungen steuert und verwaltet, die Überprüfung der Verwirklichung am realen Objekt veranlaßt und die Beteiligten jederzeit über jegliche Situation informiert" (*Saynisch* 1989, S. 565).

Als Konfiguration wird in diesem Zusammenhang eine bestimmte technische Lösungsstufe eines zu entwickelnden Produkts verstanden (vgl. *Kolks* 1987, S. 250), die durch die freigegebenen Unterlagen, wie bspw. Spezifikationen, Zeichnungen, Stücklisten etc. dokumentiert wird.

Das Konfigurationsmanagement läßt sich in die drei Funktionen

- Konfigurations-Identifikation,
- Konfigurations-Überwachung und
- Konfigurations-Statusermittlung einteilen (vgl. *Madauss* 1994, S. 329 ff.).

Im Rahmen der **Konfigurations-Identifikation** werden Referenzkonfigurationen definiert. Die Referenzkonfiguration dokumentiert die zusammengehörenden Zwischenergebnisse einer bestimmten Konkretisierungsstufe im Entwicklungsverlauf und bildet die Bezugsbasis für alle nachfolgenden Änderungen.

Die **Konfigurations-Überwachung** wird auch als Änderungswesen bezeichnet (vgl. *Saynisch* 1989, S. 570). Als Änderungen werden im Rahmen der Konfigurations-Überwachung Modifikationen an Produkten, Bestandteilen von Produkten und der Dokumentation der Produkte verstanden (vgl. *Singer* 1994, S. 60). Um zu verhindern, daß eine Änderung sich auf bereits veraltete Bauteilstände bezieht und dadurch Folgeänderungen impliziert, soll durch die Konfigurations-Überwachung gewährleistet werden, daß Änderungsanträge sich auf die zum jeweiligen Zeitpunkt aktuelle Referenzkonfiguration beziehen. Zum anderen soll durch die konsequente Überprüfung die Anzahl der Änderungsanträge reduziert werden (vgl. *Singer* a.a.O.).

Die **Konfigurations-Statusermittlung** hat die Aufgabe, den aktuellen Konfigurationsstand zu ermitteln und die Konfigurationsentwicklung zu dokumentieren. Zu fest vorgegebenen Zeitpunkten – zumeist zu Meilensteinterminen auf Gesamtprojektebene – wird dabei eine festgelegte Referenzkonfiguration aus der vorhergehenden Referenzkonfiguration und den seit diesem Zeitpunkt durchgeführten Änderungen gebildet. Hierzu müssen die aktuellen Änderungsanträge und -genehmigungen dokumentiert und der Status der jeweiligen Änderungen ermittelt werden. Dabei ist die Computerunterstützung durch Konfigurations-Datenbanken sinnvoll.

Der Anlagenbau ist der originäre Anwendungsbereich des Konfigurationsmanagements, das von der US-Air-Force in den 50er Jahren im Rahmen der Entwicklungsprogramme für Interkontinental-Raketen konzipiert wurde (vgl. *Saynisch* 1984, S. 79 ff.). Später fand die Methodik eine verstärkte Anwendung bei der Softwareentwicklung (vgl. *Kolks* 1987, S. 249 ff.). Der Einsatz des Konfigurationsmanagements ist prinzipiell auch bei der Entwicklung komplexer Serienprodukte sinnvoll, der Verbreitungsgrad in diesem Bereich ist jedoch bislang gering (vgl. *Saynisch* 1989, S. 563 f.). Dies ist nicht weiter verwunderlich, denn: „Seine Wirksamkeit entfaltet Konfigurationsmanagement erst in Projekten, die ergebnisorientiert abgewickelt werden“ (*Burghardt* 1995, S. 421). Wie in Kapitel 3 gezeigt, ist eine ergebnisorientierte Projektsteuerung in der Entwicklung jedoch nur wenig verbreitet.

Die Konfigurations-Identifikation sowie die Konfigurations-Statusermittlung sind die unabdingbare Voraussetzung für die Serienreifegradmessung. Die aktuelle Konfiguration bildet die Basis zur Ermittlung des Projektfortschritts. Nur bei Kenntnis des aktuellen Zustands des Entwicklungsobjekts kann auch der Serienreifegrad zeitnah ermittelt werden. In der Unternehmenspraxis zeigt es sich jedoch, daß häufig keine Daten der sich schnell ändernden Konstruktionsstände erfaßt werden, die zudem noch stark zergliedert und dezentralisiert bearbeitet werden (vgl. *Nieder* 1994, S. 33).

Andererseits kann die Serienreifegradmessung das Konfigurationsmanagement sinnvoll unterstützen, denn bei der Beurteilung von Änderungsanträgen müssen die Auswirkungen auf die Serienreife des Gesamtprodukts berücksichtigt werden, um spätere Anlaufprobleme und Folgeänderungen zu verhindern.

4.2 Evolution der Serienreifegradmessung in der Unternehmenspraxis

Bei einigen Unternehmen der Automobilindustrie finden sich verschiedene Ansätze einer Serienreifegradmessung zur Unterstützung der ergebnisorientierten Projektsteuerung, die jeweils unternehmensspezifisch entwickelt wurden und weit über die bislang in der Theorie bekannten Verfahren zur Projektsteuerung hinausgehen. Diese Ansätze integrieren die Serienreifedimensionen Produkt, Prozeß und Kapazität auf unterschiedliche Weise. In der Gesamtsicht läßt sich eine zeitliche Entwicklung der Methoden erkennen. Diese Evolutionsstufen dienen im folgenden zur Klassifizierung der Ansätze (vgl.

Abbildung 4-3)[3]. Dabei besteht für ein Unternehmen bei der Einführung einer ergebnisorientierten Projektsteuerung jedoch nicht die zwingende Notwendigkeit, alle Evolutionsstufen zu durchlaufen.

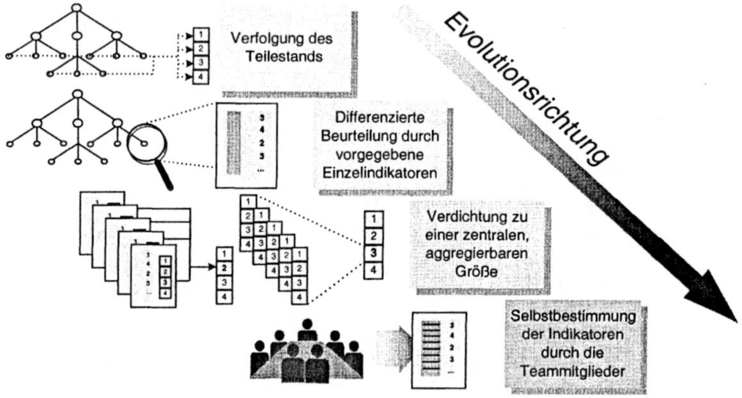

Abbildung 4-3: Evolutionsstufen der Serienreifegradmessung

Im folgenden werden die einzelnen Evolutionsstufen der Serienreifegradmessung näher beschrieben und an Beispielen aus der Automobilindustrie veranschaulicht.

4.2.1 Klassifikation und Verfolgung des Teilestands

Die einfachste Form der Serienreifegradmessung ist die Klassifikation der Bauteile anhand eines simplen Schemas. Jedes Bauteil wird in Abhängigkeit des erreichten Konkretisierungsstands und der Erfüllung einiger funktionaler und technischer Anforderungen in den drei Dimensionen Produkt, Prozeß und Kapazität einer bestimmten Klasse zugeordnet.

Es müssen mindestens zwei Anforderungen aus unterschiedlichen Perspektiven erfüllt sein, damit ein Teil auf der betreffenden Stufe eingeordnet werden kann. Zur Feststellung des Entwicklungsfortschritts werden zu bestimmten Zeitpunkten im Entwicklungsablauf (periodisch oder zu Meilensteinterminen) die Anzahl der Bauteile pro Klasse ermittelt. Als Zielgröße für den Fort-

3 Bei der hier aufgestellten These einer Evolution der ergebnisorientierten Projektsteuerung kann aufgrund der geringen empirischen Basis nicht von gesicherten Erkenntnissen gesprochen werden. Die chronologische Entwicklungslinie wurde aufgrund der unterschiedlichen Anwendungszeiträume der einzelnen Ansätze in den Unternehmen aufgestellt.

schrittsverlauf wird festgelegt, wieviel Prozent der Gesamtzahl an Bauteilen zu einem bestimmten Zeitpunkt auf einer bestimmten Stufe angelangt sein müssen. Bspw. sollen zu Beginn der Vorserie 80 % aller Teile auf der Stufe 1 angelangt sein, zu Beginn der Nullserie 95 % und beim Start der Produktion 98 % aller Teile.

Ein entsprechendes Klassifikationsschema sieht bspw. wie folgt aus:

	Produktsicht	*Prozeßsicht*	*Kapazitätssicht*
Stufe 1	Funktionale Anforderungen voll erfüllt.	Passung und Oberfläche mit Serienwerkzeugen ohne Mängel reproduzierbar.	Produktion auf Serienanlagen, hohe Stückzahlen ohne Nacharbeit reproduzierbar.
Stufe 2	Funktionale Anforderungen werden innerhalb der Toleranzgrenzen erfüllt.	Serienwerkzeuge, maximal 3 Punkte Abweichung in Passung und Oberfläche.	Produktion auf Serienanlagen, hohe Stückzahlen möglich, kurzfristig manuelle Nacharbeit.
Stufe 3	Funktionale Anforderungen nach Nacharbeit erfüllt.	Serienwerkzeuge, Oberfläche und Passung nach Nacharbeit in Ordnung.	Produktion auf Serienanlagen, manuelle Nacharbeit, geringe Stückzahlen.
Stufe 4	Bauteil aus Serienmaterial, verwendungsfähig, funktionale Anforderungen weitestgehend erfüllt.	Versuchswerkzeuge, Oberfläche in Ordnung, Passung durch Nacharbeit gewährleistet.	Produktion auf Pilotanlage.
Stufe 5	Bauteil aus seriennahem Material, verwendungsfähig, funktionale Anforderungen nicht erfüllt.	Versuchswerkzeuge, Oberfläche und Passung entsprechen noch nicht den Anforderungen.	Produktion auf Pilotanlage oder manuell, Serienanlage im Aufbau.
Stufe 6	Bauteil aus Versuchsmaterial, Funktionsprüfung noch nicht möglich.	Musterbau, Prozeßfähigkeit noch nicht prüfbar.	Manuelle Produktion, Serienanlage noch nicht determiniert.

Tabelle 4-1: Beispiel eines Klassifikationsschemas für Bauteile

Diese Methodik eignet sich auch für die Serienreifegradmessung von Zulieferteilen. Zur Verfolgung des Teilestands von Zulieferteilen können allerdings nicht dieselben Klassifikationskriterien angewandt werden wie bei der Bewertung von eigengefertigten Teilen. Dies ist damit zu begründen, daß zum einen der Kenntnisstand über die beim Zulieferer verwendeten Werkzeuge geringer ist. Zum anderen kann der Teilestand nicht so häufig ermittelt werden, da die Anzahl der Prototypversionen, die beim Hersteller eingereicht werden, deutlich geringer ist als die Gesamtzahl der Versionen beim Zulieferer.

Ein Klassifikationsschema für Zulieferteile beinhaltet bspw. folgende Klassifikationsstufen in Abhängigkeit der Freigabestände:

Stufe 1: Endgültige Freigabe, das Teil kann in den benötigten Stückzahlen vom Lieferanten geliefert werden.

Stufe 2: Bedingte Freigabe, die Bemusterungsteile entsprechen in wesentlichen Punkten den Anforderungen, die Funktion des Bauteils ist nicht beeinträchtigt, es sind jedoch noch geringe Mängel zu beseitigen.

Stufe 3: Die Bemusterungsteile des Lieferanten wurden bereits bewertet, eine Freigabe konnte aufgrund von Mängeln noch nicht erteilt werden, die Funktion des Bauteils ist bislang beeinträchtigt.

Stufe 4: Erste Prototypteile wurden vom Lieferanten bereits vorgelegt, eine Bewertung hat bisher noch nicht stattgefunden.

Stufe 5: Teil ist noch nicht bekannt.

Ein Beispiel aus der Praxis für die Entwicklung des Reifegrads von Kaufteilen im Entwicklungsablauf und im Vergleich zum Vorgängermodell zeigt Abbildung 4-4.

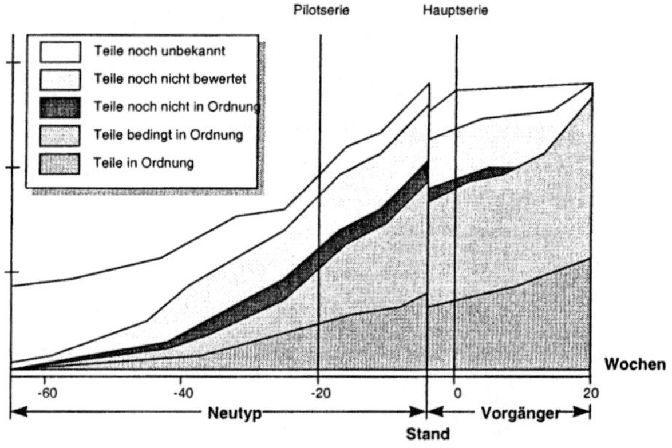

Abbildung 4-4: Entwicklung des Reifegrads für ein Kaufteil[4]

---

4 Entnommen aus *Hanssen, Remmel* 1996, S. 974.

Durch die Teilestandsverfolgung wird nicht nur der Entwicklungsstand beschrieben, sondern auch die Integration der Teile unterstützt. Hierzu werden die einzelnen Teile entsprechend ihres Reifegrads sichtbar kategorisiert, bspw. durch farbliche Codierung. Treten bei Pilotmontage oder Produkttest Probleme mit einem Bauteil auf, so können bei Änderungsentscheidungen anhand der farblichen Visualisierung die Konsequenzen für die anderen Bauteile in Abhängigkeit des jeweiligen Entwicklungsstands abgeschätzt werden.

An der Teilestandsverfolgung ist zu kritisieren, daß die Anzahl der einzelnen Bauteile in der jeweiligen Klasse ungewichtet addiert wird. Es erfolgt keine Differenzierung in kritische und unkritische Teile bzw. in innovative Teile, Gleichteile und carry over-Teile. Außerdem bedeutet die Aussage, daß alle Teile in der obersten Reifegradstufe angelangt sind, noch nicht, daß auch das Gesamtprodukt den funktionalen Anforderungen entspricht. Es werden zudem nur wenige Kriterien zur Klassifikation verwendet, wodurch zwar einerseits der Aufwand bei der Ermittlung relativ gering ist, andererseits nur grobe Aussagen zum Entwicklungsstand getroffen werden können.

Durch die Vermischung der einzelnen Kriterien bei der Klassifikation ist zudem eine Ursachenanalyse bei Problemen im Verlauf der Teileintegration bzw. bei starker Abweichung vom geplanten Projektstand äußerst schwierig. Aus diesen Gründen wurde der Ansatz weiterentwickelt, um den Teilestand anhand mehrdimensionaler Indikatoren differenziert zu erfassen und dadurch konkretere Informationen zur Steuerung der Innovation liefern zu können.

4.2.2 Differenzierte Erfassung durch mehrdimensionale Indikatoren auf Baugruppenebene

Bei dieser Verfahrensart der Serienreifegradmessung wird eine Reihe von Indikatoren auf Baugruppenebene vorgegeben, anhand derer der Reifegrad der Produktbestandteile ermittelt werden soll. Diese Indikatoren entstammen den drei Dimensionen Produkt, Prozeß und Kapazität und werden einheitlich für alle Entwicklungsprojekte zentral definiert. Da aufgrund der Mehrdimensionalität eine Aggregation der einzelnen Realisierungsstände nicht ohne weiteres möglich ist und andererseits einige Indikatoren nicht auf Bauteilebene heruntergebrochen werden können, erfolgt die Anwendung dieser Methodik zumeist nicht auf Bauteil-, sondern durch unterschiedliche Indikatoren auf Komponenten- und Systemebene.

So stellen bspw. die Parameter **Gewicht** und **Kosten** zentrale Zielgrößen für die Entwicklung eines neuen Fahrzeugs dar und werden bei den analysierten Automobilherstellern auch als Indikatoren zur Ermittlung des Reifegrads herangezogen.

Außerdem werden unterschiedliche Indikatoren aus verschiedenen Reifegradbereichen betrachtet, die wie folgt differenziert werden können:

- **Bauliche Reife** für die Konkretisierungsstände der Komponenten aus Eigenfertigung und Fremdbezug, der Prozesse und der Kapazitäten,
- **Funktionale Reife** für die Erfüllung der funktionalen Anforderungen an das Produkt, die Prozesse und die Kapazitäten,
- **Dokumentarische Reife** für den Umfang der begleitenden Dokumentation sowie
- **Wirtschaftliche Reife** für die verschiedenen Ergebnisse im Hinblick auf wirtschaftliche Zielsetzungen (z.B. Entwicklungskosten, Investitionsvolumen).

Für diese Reifegradbereiche werden jeweils einer oder mehrere Indikatoren aus den verschiedenen Dimensionen definiert, wodurch sich eine zweidimensionale Matrize der Reifegradindikatoren ergibt (vgl. Tabelle 4-2).

	Produkt	Prozeß	Kapazität
Bauliche Reife	• Konstruktionsfreigaben • Anzahl bemusterte Teile	• Umfang Materialspezifikationen • Anzahl Prototypen	• Anzahl Lieferantenverträge • Anzahl geschulte Mitarbeiter
Funktionale Reife	• Audit-Note Prototypbeurteilung • Mängelanzahl Crashsimulation	• cpk-Werte • Ausschußquote Pilotmontage	• Realisierbares Produktionsvolumen
Dokumentarische Reife	• CAD-Datensätze • Anzahl Service-Unterlagen	• Anzahl Arbeitsanweisungen	• Anzahl Spezifikationen • Positionen Wartungsprotokoll
Wirtschaftliche Reife	• Herstellkosten • Wartungskosten • Kraftstoffverbrauch	• Fertigungskosten	• Investitionsvolumen • Instandhaltungskosten

Tabelle 4-2: Zweidimensionale Matrize der Reifegradindikatoren mit Beispielen

Dabei können unterschiedliche Indikatortypen zum Einsatz kommen (vgl. auch *Seghezzi* 1996, S. 36):

- **Attributive Größen** zur Beurteilung, ob ein bestimmter Zustand vorliegt oder nicht. Beispiele für attributive Größen sind die Erteilung von Genehmigungen des Technischen Überwachungsvereins oder von Freigaben für Zulieferteile durch den Automobilhersteller.
- **Skalierte Größen**, bei denen der Zustand eines Indikators in bestimmte Klassen eingeordnet werden kann. Beispiele für skalierte Größen sind Bemusterungsergebnisse von Prototypen und Audit-Punkte bei der Zulieferbeurteilung.
- **Variable Größen** in Form von monetären oder physikalischen Größen, die innerhalb einer bestimmten Bandbreite jeden beliebigen Wert annehmen können. Beispiele für physikalische Größen sind Abgaswerte, Motordrehzahl und Gewicht.

Insgesamt ergibt sich eine große Anzahl an Indikatoren, deren periodische Ermittlung einen hohen Aufwand verursachen würde. Um den Aufwand zur Datenerhebung möglichst gering zu halten, erfolgt in der Praxis häufig eine phasenbezogene Erfassung ausgewählter Indikatoren (vgl. *Fischer, Weber* 1996, S. 61): Während bspw. die Indikatoren Gewicht und Kosten grundsätzlich über den gesamten Entwicklungsablauf hinweg verfolgt werden, betrachtet man in den oben beschriebenen Reifegradbereichen jeweils nur die Indikatoren, von denen auch eine Veränderung in der betreffenden Phase zu erwarten ist.[5] Sofern ein Indikator noch nicht ermittelt werden kann oder dieser Indikator bereits seinen Zielwert vollständig erfüllt hat, wird er aus der Betrachtung ausgeschlossen. Abbildung 4-5 führt hierzu einige Beispiele an.

Durch diese Vorgehensweise reduziert sich die Anzahl der Indikatoren, die zu einem bestimmten Zeitpunkt betrachtet werden müssen. Gleichzeitig hat dies jedoch den Nachteil, daß sich die Inhalte des Serienreifegradberichts im Zeitablauf ändern und dadurch keine Kontinuität der Aussagen besteht.

---

5 Die Idee einer phasenweisen Beurteilung des Entwicklungsstands anhand phasenspezifischer Indikatoren ist nicht neu. Diese Methodik wird im Anlagenbau bereits seit langem angewandt, ein Beispiel findet sich bei *Motzel* (vgl. *Motzel* 1989, S. 519 ff.). Einen vergleichbaren Ansatz schlägt *Zenz* bereits 1981 vor (vgl. *Zenz* 1981, S. 138 ff.). Die bei diesen Autoren vorgeschlagenen Indikatoren sind jedoch in keinster Weise für die Beurteilung komplexer Serienprodukte geeignet.

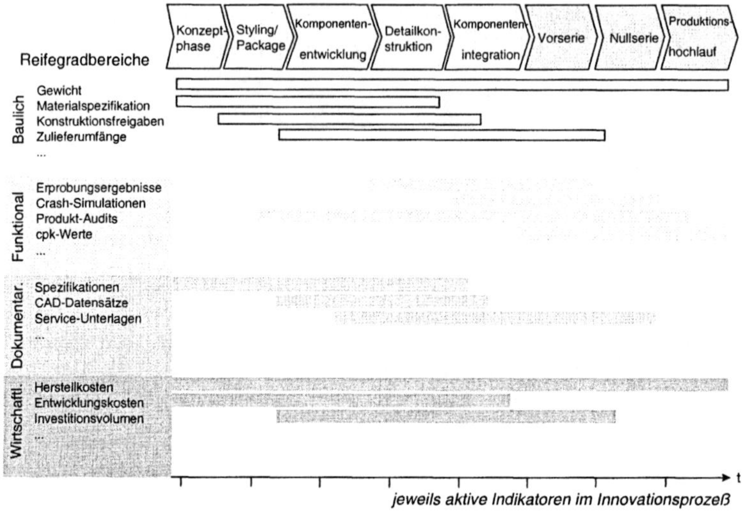

Abbildung 4-5: Beispiele für die phasenspezifische Ermittlung von Reifegradindikatoren

Ein Beispiel für diese Methodengruppe beschreibt *Spiess* mit den sogenannten SET-Statusberichten bei der *Volkswagen AG* (vgl. *Spiess* 1994, S. 277 ff.). Der Entwicklungsstand wird anhand von neun verschiedenen Indikatoren ermittelt, die für alle Produktbestandteile einheitlich und verbindlich vorgegeben werden (vgl. Abbildung 4-6). Die Bewertung der einzelnen Indikatoren erfolgt teilweise durch objektive Maßstäbe, teilweise durch subjektive Schätzung innerhalb der Simultaneous Engineering-Teams (SET). Die Angaben über den erreichten Serienreifegrad werden bei der *Volkswagen AG* noch durch zusätzliche Einschätzungen über die voraussichtliche Entwicklung des Indikators ergänzt. Diese Ergänzung um Expertenprognosen werden auch bei anderen Automobilherstellern eingesetzt (vgl. *Hessenberger, Späth* 1998, n.o.S.), um zusätzliche Hinweise über potentielle Problemfelder im Innovationsprozeß zu erhalten.

In der laufenden Anwendung bei der *Volkswagen AG* hat es sich gezeigt, daß die ursprüngliche Periodizität des SET-Statusberichts von zwei bis drei Monaten für eine Steuerung nicht ausreichend ist. Deshalb wurde das ursprünglich in Papierform entworfene Berichtssystem auf eine EDV-Lösung umgestellt. Hierdurch konnte sowohl die Berichterstellung vereinfacht als auch die Verfügbarkeit der Berichte beschleunigt werden (vgl. *Spiess* 1994, S. 279 und S. 293). Mit der dadurch realisierbaren höheren Periodizität der Berichte ist eine zeitnahe Steuerung möglich.

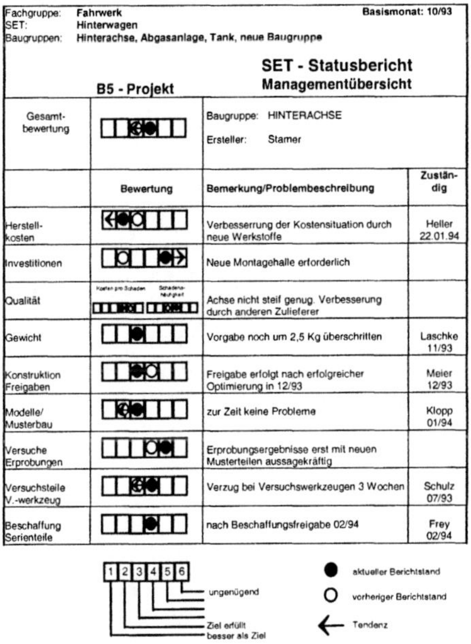

Abbildung 4-6: SET-Statusbericht bei der Volkswagen AG[6]

Ein Kritikpunkt an den Methoden der zweiten Evolutionsstufe ist, daß die Zusammenhänge zwischen den einzelnen Indikatoren nicht abgebildet werden. Außerdem unterstützt die ergebnisorientierte Projektsteuerung auf Baugruppenebene zwar die Arbeit des Entwicklungsteams, das für die jeweils betrachtete Baugruppe zuständig ist, durch die mangelnde Aggregierbarkeit der Aussagen sind diese Methoden für eine übergeordnete Steuerung jedoch nicht geeignet. Daher wurde bei der Weiterentwicklung nach einer Möglichkeit gesucht, Aussagen über den Realisierungsstand anhand einer zentralen Größe zu treffen.

4.2.3 Verdichtung zu einem einheitlichen Indikator für den Projektfortschritt

Bei den Methoden der dritten Generation werden die einzelnen Indikatorausprägungen zu einer zentralen Aussagegröße verdichtet. Dabei besteht das Problem, daß eine Vielzahl unterschiedlicher Größen verschiedener Dimensionen

---

6 Entnommen aus *Spiess* 1994, S. 277.

zusammengefaßt werden müssen. Zur Lösung dieses Problems müssen die Größen in eine einheitliche Dimension transformiert werden. Dafür bieten sich prinzipiell zwei Alternativen an:

- **Transformation in monetäre Größen**: Die Transformation in monetäre Größen ist ein häufig verwendetes Vehikel zur Vereinheitlichung von Zielgrößen. Die Transformation vieler nichtmonetärer Indikatoren (z.B. Erfüllung bestimmter Abgasnormen) läßt sich jedoch nur mit Hilfskonstrukten (z.B. Restkosten bis zur Erfüllung der Abgasnorm) realisieren.
- **Transformation in dimensionslose Größen**: Zur Transformation in dimensionslose Größen bieten sich die Vergabe von Punkten für einzelne Sachstände oder eine Indizierung der Zielerreichung an (vgl. *Zenz* 1981, S. 132 ff.). Das Problem bei der Punktvergabe für die einzelnen Zielerreichungsgrade besteht darin, daß die mögliche Gesamtpunktzahl von der Anzahl der bewerteten Einheiten und dem Umfang der Punkteskala für die einzelnen Einheiten abhängt. Dabei ist zum einen zu Beginn des Entwicklungsprozesses die Gesamtanzahl der zu bewertenden Einheiten noch nicht bekannt, zum anderen können sich unterschiedliche Gesamtpunktzahlen bei verschiedenen Entwicklungsprojekten mit unterschiedlichen Anzahlen von Bewertungseinheiten ergeben. Sowohl die Planungs- und Steuerungsmöglichkeiten in den frühen Phasen eines einzelnen Projektes als auch die Vergleichbarkeit der Entwicklungsstände zwischen verschiedenen Projekten würden hierdurch erschwert.

Aus diesen Gründen wird in der Praxis einer Indizierung der Zielerreichungsgrade häufig der Vorrang gegeben. Als maximale Indexgröße werden 100 % bzw. der Wert 1 vergeben, da es sich gezeigt hat, daß die Angabe von Prozentwerten für den Serienreifegrad klar und einfach verständlich ist (vgl. *Fischer, Weber* 1996, S. 61).

Die Transformation der Daten auf eine einheitliche Datenbasis kann zusätzlich durch Gewichtungsfaktoren unterstützt werden, die die Bedeutung der einzelnen Kriterien für den zentralen Indikator ausdrücken bzw. die Bedeutung der einzelnen Produktelemente betonen. Zur Gewichtung können folgende Größen herangezogen werden:

- **Ziel-Budget** für das betrachtete Systemelement: Mit Hilfe dieses Gewichtungsfaktors wird der Schwerpunkt der Betrachtung auf die aus wirtschaftlicher Sicht kritischen Systemelemente gelegt. Methodische Voraussetzung ist der Einsatz des Target Cost Management. Es ist jedoch fraglich, ob die Zielkosten in der notwendigen Detaillierung für die betrachteten Systemelemente der Serienreifegradmessung zur Verfügung stehen.

- **Bedeutung aus Kundensicht**: Mit Hilfe dieses Faktors wird die Serienreifebetrachtung auf den Markt ausgerichtet (vgl. *Seghezzi* 1996, S. 42). Die Gewichtungsfaktoren für die einzelnen Systemelemente können dabei aus den einzelnen Houses of Quality des Quality Function Deployment abgeleitet werden.
- **Innovationsgrad** des jeweiligen Systemelements: Durch diesen Gewichtungsfaktor wird die Betrachtung auf die aus der Innovationsperspektive des Unternehmens kritischen Elemente gelenkt. Problematisch ist hierbei die Notwendigkeit, den Innovationsgrad für die einzelnen Systemelemente explizit zu ermitteln.

Durch eine hierarchische Gruppierung von einzelnen Kriterien zu übergeordneten Indikatoren, die wiederum zu höherrangigen Gruppenindikatoren zusammengefaßt werden, lassen sich zudem die Beziehungen zwischen den einzelnen Kriterien und den betrachteten Bauteilen bzw. Komponenten abbilden.

Mit der Methode zur Verdichtung der Indikatoren wird die Steuerung eines dezentralen Innovationsprozesses unterstützt. Hierzu ist ergänzend ein adäquates Berichtssystem zu gestalten, das den ermittelten Reifegrad verdeutlicht. In einigen Unternehmen der Automobilindustrie hat sich hierfür ein einfaches Ampelsystem bewährt (vgl. Abbildung 4-7). Die Einstufungen nach den Ampelfarben geben Auskunft über den Stand und die zu erwartende Entwicklung der einzelnen Indikatoren:

- **Rot** Die Zielsetzungen werden voraussichtlich/ sind nicht erreicht,
- **Gelb** die Zielsetzungen können durch die bereits eingeleiteten Maßnahmen erreicht werden,
- **Grün** die Zielsetzungen sind erreicht.

Die *Daimler-Benz AG* wendet dieses Berichtssystem bereits in mehreren Entwicklungsprojekten an (vgl. *Hessenberger, Späth* 1998, n.o.S.). Dabei werden die einzelnen Ampelsignale jeweils in drei weitere Grade differenziert. Der unterste Grad der Stufe Rot (1) weist darauf hin, daß die Zielsetzungen nicht mehr erreichbar sind und mit Auswirkungen auf das Gesamtprojekt zu rechnen ist. Der oberste Grad der Stufe Rot (3) verdeutlicht, daß die Zielsetzungen zwar nicht erreicht sind und momentan auch keine erfolgversprechenden Maßnahmen zur Zielerreichung existieren, jedoch keine Auswirkungen auf das Gesamtprojekt erkennbar sind. Diese Differenzierung erfolgt entsprechend bis zum Grad 9 auf der Stufe Grün, bei dem eine Übererfüllung der ursprünglichen Zielsetzungen vorliegt.

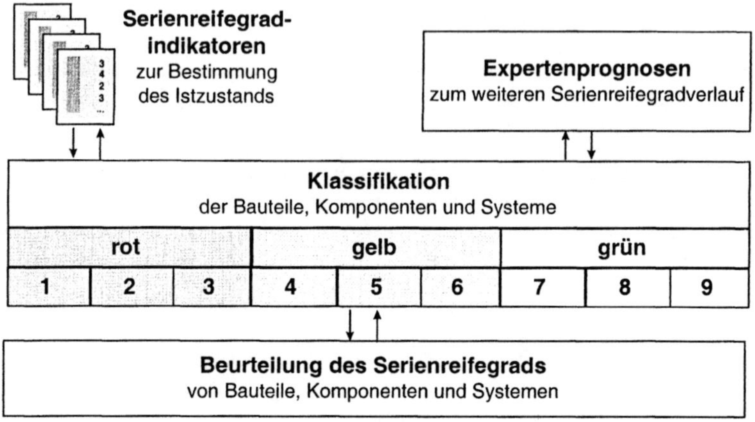

Abbildung 4-7: Berichtsschema für die Reifegradermittlung[7]

Bei der Berichterstattung werden die Einstufungen zusätzlich mit den Vormonatswerten kombiniert, um die Tendenzen zur Veränderung des Indikators anschaulich zu machen.

Nieder beschreibt ein Anwendungsbeispiel für diese Methodengruppe, das bei der *Daimler-Benz AG* im Bereich Nutzfahrzeuge zur Beurteilung neu entwickelter Aggregate versuchsweise eingesetzt wurde und dessen Methodik in der Zwischenzeit in weiteren Innovationsprojekten auch außerhalb der Automobilindustrie Eingang gefunden hat (vgl. hierzu *Nieder* 1994, S. 34 ff.). Dieses Anwendungsbeispiel stellt allerdings ein Sonderfall dar, da man sich bei diesem Ansatz der Fuzzy-Logic zur Datentransformation und -aggregation bedient.

Den Mitarbeitern wird eine Reihe von Reifeindikatoren vorgegeben, anhand derer sie die Beurteilung des Entwicklungsstands vornehmen sollen (vgl. Abbildung 4-8).

Zu diesen einzelnen Indikatoren geben die Mitarbeiter eine Schätzung über den Erfüllungsgrad der jeweiligen Anforderungen bzw. Aufgabenpakete auf einer Skala von 0 % (nicht erfüllt) bis 100 % (voll erfüllt) an. Die Angaben werden periodisch mit Hilfe eines Fragebogens erhoben, der konkrete Frage zu den einzelnen Indikatoren enthält bspw. „Bis zu welchem Grad kann die geplante maximale Ausschußhöhe der Produktion voraussichtlich eingehalten werden?". Die subjektiven Bewertungen werden mittels linguistischer Variablen fuzzifiziert, d. h. in eine Unschärferelation übersetzt, die durch einen Bewertungsvektor dargestellt wird. Die Anwendung der Fuzzifizierung wird damit

7 In Anlehnung an *Hessenberger, Späth* 1998, n.o.S.

begründet, daß bspw. die Aussage „70 % Erfüllung der Anforderungen" bei nicht direkt quantifizierbaren Meßgrößen eine Exaktheit vortäuscht, die so nicht gegeben ist. Der Mitarbeiter hätte ebenso 65 % oder 73 % angeben können. Mit Hilfe des Bewertungsvektors läßt sich diese Ungenauigkeit berücksichtigen.

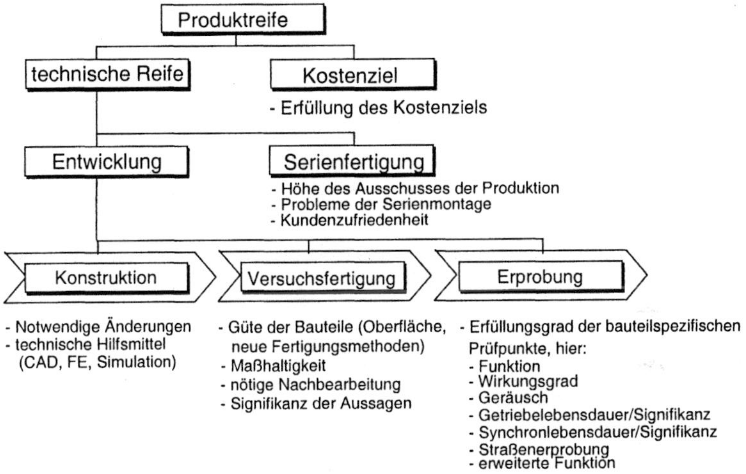

Abbildung 4-8: System der Reifeindikatoren für Nutzfahrzeugaggregate bei der *Daimler-Benz AG*[8]

Die Aggregation der fuzzifizierten Werte erfolgt dann mit Hilfe eines Systems von 84 „Wenn-dann"-Regeln, in denen auch die Gewichtungsfaktoren für die Datenaggregation hinterlegt sind. Zum Schluß liegt eine „unscharfe" Beurteilung der Reife des gesamten Entwicklungsobjekts vor, die wiederum in eine Prozentzahl übersetzt werden kann.

Die Anwendung dieser Methodik kann prinzipiell produkt- und branchenunabhängig erfolgen. Lediglich die Regeln zur Aggregation der einzelnen Angaben müssen entsprechend den spezifischen Bedingungen im betrachteten Anwendungsfeld angepaßt werden.

Der Ansatz von *Nieder* versucht, die Scheingenauigkeit subjektiver Beurteilungen durch die Fuzzifizierung zu vermeiden. Durch die Unschärferelationen gelingt dies jedoch nur teilweise, da bei der Transformation die Aussage lediglich zu einem gewissen Grad relativiert wird. Die krassen Fehlbeurteilungen, die sich aufgrund des 90 %-Syndroms ergeben können, werden durch die Fuzzifizierung der Aussagen nicht behoben. So zeigte sich auch beim Praxis-

---

8 Entnommen aus *Nieder* 1994, S. 35.

einsatz dieses Verfahrens ein Einbruch des Reifestands zum Zeitpunkt der Serieneinführung (vgl. *Nieder* 1994, S. 39). Dieser Einbruch kann dadurch erklärt werden, daß die Entwickler kurz vor dem Serienstart ihre Fehleinschätzung erkennen bzw. nicht mehr länger aufrecht erhalten können und eine realistische Schätzung abgeben. Dieser Umstand verdeutlicht die Schwäche subjektiver Schätzungen bei der praktischen Anwendung.

Prinzipiell ist bei den bislang genannten Ansätzen zu bemängeln, daß sowohl die Indikatoren als auch die Art der Verdichtung durch die Methodik vorgegeben werden. Durch die einheitliche Vorgabe ergibt sich zwar eine prinzipielle Vergleichbarkeit zwischen verschiedenen Entwicklungsprojekten, aus Sicht des einzelnen Projekts besteht jedoch der Nachteil, daß die Spezifika des Projekts (bspw. besonderer Innovationsgrad spezieller Baugruppen) nicht adäquat berücksichtigt werden. Außerdem finden das Wissen und die Belange der Mitarbeiter nicht in ausreichendem Maß Eingang in die Bewertung, weshalb die Akzeptanz der vorgenannten Methoden bei den beteiligten Projektmitarbeitern in der Praxis eher gering ist.

4.2.4 Auswahl der Indikatoren und Gewichtungsfaktoren durch die Mitarbeiter

Einige Unternehmen, die bereits seit längerem Ansätze zur Serienreifegradmessung einsetzen, legen die Indikatoren für die Serienreife nicht für alle Innovationsprojekte allgemeingültig fest, sondern lassen diese grundsätzlich projektspezifisch durch die Verantwortlichen aus Entwicklung und Produktion bestimmen.[9] Dies hat den Vorteil, daß die Erfahrungen der Beteiligten über die kritischen Parameter aus früheren Entwicklungsprojekten in das Serienreifegradsystem aufgenommen werden und die Akzeptanz insgesamt höher ist.[10]

Bei den Methoden der nächsten Evolutionsstufe werden daher die Indikatoren für den Serienreifegrad bzw. die Gewichtungsfaktoren zur Aggregation der Indikatoren nicht mehr zentral durch die Methode vorgegeben, sondern von den Mitarbeitern im Entwicklungsteam gemeinsam erarbeitet und festgelegt. Die Methode schreibt lediglich die Reifegradbereiche und Perspektiven vor, in denen die Mitarbeiter jeweils einen oder mehrere Indikatoren bestimmen.

Zwei der im Rahmen der explorativen Untersuchung befragten Unternehmen haben die Erfahrung gemacht, daß für eine erfolgreiche Festlegung der Indi-

---

9 Vgl. zur Auswahl von Beurteilungsindikatoren durch die betroffenen Mitarbeiter auch *Seghezzi* 1996, S. 38.

10 Zur Akzeptanzsteigerung von Meßsystemen durch die Einbindung der Mitarbeiter vgl. *Meyer* 1994, S. 101.

katoren im Team die Moderation durch einen externen Berater unabdingbar ist. Dieser hat dafür Sorge zu tragen, daß die Aussagefähigkeit der ausgewählten Indikatoren nicht durch Bereichsegoismen beeinträchtigt wird. Die Indikatoren sollten außerdem nicht völlig frei definiert werden, um die Vergleichbarkeit zwischen parallel laufenden Entwicklungsprojekten und den Vorgänger- und Nachfolgeprojekten im Zeitverlauf zu gewährleisten. Daher bietet sich die Verwendung eines Indikatorenkatalogs an, der eine Reihe unternehmensspezifischer Indikatoren und deren Ermittlungsverfahren enthält. Hieraus sind einige Indikatoren auszuwählen, die grundsätzlich in allen Entwicklungsprojekten zur Serienreifegradmessung angewandt werden, bspw. Fahrzeuggewicht, Herstellkosten und Kraftstoffverbrauch (vgl. *Fischer, Weber* 1996, S. 61).

Die Indikatoren werden auf einheitlichen Definitionsblättern beschrieben, die zu ihrer Bestimmung verwendeten Kriterien und Meßinstrumente eindeutig festgelegt und ein Verantwortlicher für die laufende Messung und Überwachung des Indikators benannt. Die Veränderungen des Indikators werden periodisch ermittelt und in einer zentralen Datenbank erfaßt. Mit Hilfe dieser Datenbank können dann zeitliche Verläufe dargestellt und beliebige Gruppierungen zur Berichtserstellung über den Projektstatus generiert werden.

In einem aktuellen Entwicklungsprojekt des Bereichs Nutzfahrzeuge der *Daimler-Benz AG* wird zum Beispiel ein solcher Ansatz angewandt (vgl. zum folgenden auch *Hessenberger* 1996 sowie *Hessenberger, Späth* 1998, n.o.S.). Die Ermittlung des Entwicklungsstands erfolgt dabei durch zwei unterschiedliche Reifegradangaben: den Reifegrad des Prozesses und den Reifegrad des Produkts (vgl. Abbildung 4-9).

Die Bezeichnung Prozeßreifegrad ist eigentlich irreführend, da nicht die Prozesse der späteren Leistungserstellung beurteilt werden, sondern der Fortschritt des Entwicklungsprozesses in den einzelnen beteiligten Funktionsbereichen.[11] Der Prozeßreifegrad wird in sogenannte Prozeßstufen unterteilt, die die Beteiligung und die Aufgabenpakete der einzelnen Unternehmensfunktionen am Entwicklungsprojekt widerspiegeln. Durch das interdisziplinäre Team wird eine Gewichtung der einzelnen Prozeßstufen gemäß ihrer Bedeutung für den gesamten Entwicklungsprozeß festgelegt. Für die einzelnen Prozeßstufen werden durch die verantwortlichen Mitarbeiter einzelne Indikatoren vorgeschlagen, die eine objektive Ermittlung des aktuellen Entwicklungsstands ermöglichen. Diese Vorschläge sowie die Gewichtung der Prozeßstufen und der Indikatoren innerhalb einer Prozeßstufe werden im Team diskutiert, ggf. überarbeitet und verabschiedet. Sofern die vorgeschlagenen Indikatoren noch eine zu hoch aggregierte Größe darstellen, werden Kriterien definiert, die dann zum

[11] Die Bezeichnung **Projektreifegrad** wäre hier eigentlich sinnvoller.

betreffenden Indikator verdichtet werden. Am Ende des mehrere Tage dauernden Diskussionsprozesses wird das Indikatorenmodell verabschiedet und in einer Datenbank hinterlegt (vgl. Abbildung 4-10).

Gesamtreifegrad des Prozesses	
Prozeßstufe	Gewichtung
Entwicklung	30 %
Engineering	20 %
Einkauf	10 %
Fertigung/ Logistik	20 %
Qualitätssicherung	10 %
Vertrieb	10 %

Gesamtreifegrad des Produktes	
Hauptindikator	Gewichtung
Kosten	25 %
Wirtschaftlichkeit	25 %
Zuverlässigkeit	20 %
Technik	10 %
Komfort/ Ergonomie	10 %
Servicefreundlichkeit	10 %

Abbildung 4-9: Prozeß- und Produktreifegrad in der Nutzfahrzeugentwicklung[12]

Die Verfolgung des Prozeßreifegrads in diesem Sinn stellt eine Kombination der Prinzipien der ablauforientierten und der ergebnisorientierten Projektsteuerung dar. Durch die gleichzeitige Messung der aktuellen Entwicklungsstände in den einzelnen Prozeßstufen wird die Parallelität der Aufgabenbearbeitung und die Interdependenzen zwischen den beteiligten Funktionen verdeutlicht.

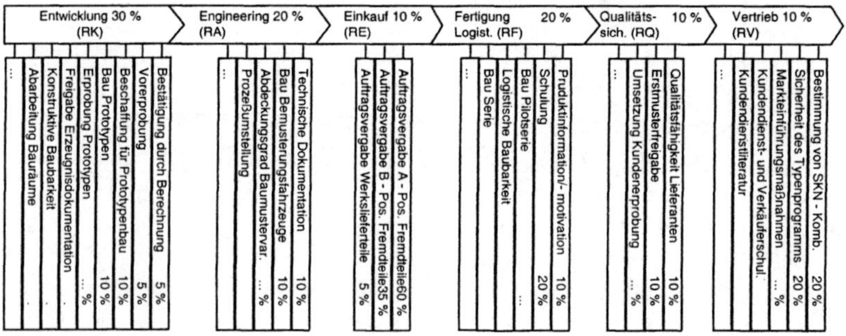

Abbildung 4-10: Reifegradindikatoren auf den einzelnen Prozeßstufen[13]

[12] Entnommen aus *Hessenberger, Späth* 1998, n.o.S.

[13] Entnommen aus *Hessenberger* 1996.

Der Produktreifegrad wurde in diesem Projekt in einzelne Hauptindikatoren aufgeteilt, die eine Ermittlung des Entwicklungsstands auf Gesamtfahrzeugebene ermöglichen (vgl. Abbildung 4-9). Ausgangspunkt für die Auswahl der Hauptindikatoren und deren Gewichtung war eine Umfrage bei den Kunden des Nutzfahrzeugherstellers. Zur differenzierten Messung des Reifegrads auf Komponenten- und Bauteilebene wurden die Hauptindikatoren weiter in einzelne Indikatoren und direkt meßbare Kriterien unterteilt. So fließen bspw. in den Hauptindikator Wirtschaftlichkeit der Kraftstoffverbrauch, Wartungs- und Reparaturkosten ein. Der Kraftstoffverbrauch wiederum wird u. a. durch das Fahrzeuggewicht und die Motorleistung beeinflußt.

Für die Messungen des Prozeß- und des Produktreifegrads werden zunächst für die einzelnen Indikatoren Zielwerte für den zeitlichen Verlauf und das Ende des Entwicklungsprozesses vereinbart. Die tatsächlichen Istwerte werden dann in Relation zu diesen Zielwerten als Prozentzahlen angegeben.

Die Kontrolle der Istwerte der jeweils aktuell betrachteten Indikatoren durch die Indikatorverantwortlichen erfolgt wöchentlich, in größeren Perioden wird ein Bericht an die Projektleitung und andere Lenkungsgremien erstattet. Insgesamt findet das System eine hohe Akzeptanz bei den Anwendern. Ausschlaggebend hierfür war nach Aussagen der beteiligten Mitarbeiter die Nominierung der betreffenden Indikatoren durch die Verantwortlichen und die Festlegung der Indikatoren im Team.

4.3 Zusammenfassende Beurteilung der Serienreifegradmessung

Der Ursprung zur Entwicklung der hier vorgestellten Methoden zur Serienreifegradmessung lag im Bedarf eines adäquaten Führungsinstruments für die Entwicklung komplexer Serienprodukte in der Automobilindustrie. Früher wurden neue Fahrzeuge teilweise über einen Zeitraum von mehr als zehn Jahren in den Entwicklungsabteilungen der Automobilhersteller konzipiert, konstruiert und durch umfangreiche Testreihen auf die spätere Serienproduktion vorbereitet. In diesem übersichtlichen Umfeld konnte der aktuelle Stand des Entwicklungsprojekts relativ einfach ermittelt werden. Die marktgetriebene Beschleunigung der Innovationszyklen und der intensivierte technologische Fortschritt in den vergangenen Jahren änderte diese Situation nachhaltig: durch den Einsatz von Simultaneous Engineering und die Reduktion der Entwicklungstiefe wurde dem wachsenden Know-how-Bedarf bei gleichzeitiger Verkürzung der Entwicklungszeit Rechnung getragen. In diesem komplexen Umfeld ließ sich der Stand des Entwicklungsprojekt allerdings nicht mehr problemlos ermitteln. Die traditionellen Methoden der Projektsteuerung versagten.

Interessanterweise wurden die vorgestellten Ansätze in den einzelnen Unternehmen annähernd gleichzeitig unabhängig voneinander konzipiert und in zunehmenden Maße zur Steuerung der Innovationsprojekte eingesetzt, allerdings mit unterschiedlicher Intention und unterschiedlicher Eignung für die Anforderungen der geänderten Innovationsbedingungen (vgl. Tabelle 4-3).

Die Methoden der Serienreifegradmessung unterstützten die Steuerung in diesem komplexen Umfeld durch die Vermittlung eines strukturierten Überblicks über den erreichten Entwicklungsstand für die Entscheidungsträger und alle Projektbeteiligten (vgl. *Fischer, Weber* 1996, S. 61; *Nieder* 1994, S. 39). Realisiert wird dies durch die Erfassung und Aggregation des bislang verteilt vorhandenen Wissens über den aktuellen Status des Entwicklungsprojekts.

Die Verknüpfung der Serienreifegrade baulich und funktional verbundener Bauteile, Komponenten und Systeme unterstützt die Koordination der Schnittstelle zwischen den Bauteilen. Durch die integrative Betrachtung der Dimensionen Produkt, Prozeß und Kapazität im Steuerungssystem wird außerdem die Koordination zwischen Entwicklung und Produktion bereits in den frühen Entwicklungsphasen wesentlich unterstützt und verbessert.

Die Serienreifegradmessung dient außerdem der Ressourcenallokation innerhalb des Projekts durch die Hervorhebung der Bereiche, in denen der tatsächliche Entwicklungsfortschritt stark hinter dem geplanten zurückbleibt. Durch eine Umverteilung der Ressourcen können weitere Verzögerungen und eine Verspätung des Markteintritts verhindert werden (vgl. *Nieder* 1994, S. 39).

Entgegen den empirischen Erkenntnissen von *de Meyer* und *Kahn* (vgl. Abschnitt 2.5.2) konnten die betreffenden Unternehmen durch die Anwendung dieses integrierten, funktionsübergreifenden Informationssystems deutliche Verbesserungen im Innovationsprozeß verzeichnen. Allerdings handelt es sich bei der Serienreifegradmessung auch nicht um einen streng formalisierten Informationsaustausch – wie bei den genannten empirischen Untersuchungen, sondern vielmehr um die Generierung einer gemeinsamen Wissensbasis über den Innovationsfortschritt.

Allerdings weisen die beschriebenen Methoden der Serienreifegradmessung auch einige Mängel auf. So zeigt sich bspw. ein zeitliches Dilemma: Der Zeitpunkt des Markteintritts wird bereits in der Konzeptphase im Rahmen der Projektplanung terminiert und frühzeitig am Markt kommuniziert, um die Kaufentscheidung potentieller Kunden bis zu diesem Zeitpunkt zu verzögern. Der Einsatz der Serienreifegradmessung ist jedoch erst ab der Phase der Komponentenentwicklung sinnvoll, wenn die Zulieferumfänge als auch die Gleichteile und carry over-Teile festgelegt werden. Zu diesem Zeitpunkt ist erstmals eine konkrete Aussage über den Serienreifegrad möglich(vgl. Abschnitt 2.2.1). Unter Umständen wird dabei erkannt, daß die Serienreife zum

Zeitpunkt des Markteintritts nicht erreicht sein wird. Eine Information über den Serienreifegrad wäre daher bereits vor der Komponentenentwicklung erforderlich, dies ist aber mit den beschriebenen Methoden nicht zu realisieren. Hier können höchstens Analogien mit zu einem früheren Zeitpunkt bekannten Parametern formuliert werden, auf der Basis von Erfahrungsdaten einer längerfristigen Anwendung der Serienreifegradmessung zur Bestimmung von Zeittreibern im Innovationsprozeß.

	Teilestands-verfolgung	*Differenzierte Beurteilung*	*Verdichtung zu zentraler Größe*	*Selbstbestimmung der Indikatoren*
Aufwand beim Aufbau des Systems	sehr gering	gering	hoch	sehr hoch
Aufwand bei der Anwendung des Systems	gering	gering	hoch	hoch
Berücksichtigung der Komplexität des Entwicklungsobjekts	●	●	●●●	●●
Eignung zur übergreifenden Projektsteuerung	●	●●	●●●	●●
Eignung zur Unterstützung der Kommunikation zwischen Simultaneous Engineering-Teams	●	●●	●●	●●●
Unterstützung der Koordination an der Schnittstelle zwischen Entwicklung und Produktion	●	●●	●●●	●●●

● teilweise ●● gut ●●● sehr gut

Tabelle 4-3: Beurteilung der verschiedenen Methoden der Serienreifegradmessung

Die Information über einen mangelhaften Serienreifegrad wird durch die beschriebenen Methoden jedoch früh genug generiert, um den Markteintritt noch entsprechend verschieben zu können. Führungskräfte, die diese Frühwarninformationen ignorieren, riskieren umfangreiche und kostspielige Rückrufaktionen. Bei einigen Fahrzeugprojekten zeigen sich daraufhin bereits Lerneffekte: der geplante Markteintritt wurde aufgrund der Aussagen der Serienreifegradmessung verschoben.

Ein weiteres Manko der vorgestellten Ansätze zur Serienreifegradmessung ist die mangelnde Berücksichtigung der Serienreife von Zulieferteilen. Diese werden durch die beschriebenen Ansätze bislang nur anhand der Freigabestände der eingelieferten Prototypen überprüft. Eine differenzierte Ermittlung des Serienreifegrads, wie bei den eigengefertigten Teile, erfolgt bislang nicht. Bei einer zunehmenden Reduktion der Entwicklungstiefe nimmt dabei die Aussagefähigkeit der Serienreifegradmessung ab und das Risiko von Verzögerungen beim Markteintritt wächst. Aus diesem Grund wurde bei der empirischen Analyse der Innovationsprozesse an der Schnittstelle zwischen Automobilhersteller und -zulieferer versucht, neben Gestaltungsempfehlungen für den Innovationsprozeß zwischen Automobilhersteller und -zulieferer auch Hinweise über die relevanten Größen für eine Serienreifegradmessung der Zulieferteile zu erhalten.

5 Empirische Analyse des Innovationsprozesses an der Schnittstelle zwischen Automobilhersteller und -zulieferer

Für die empirische Untersuchung wurde ein mehrstufiges Vorgehen gewählt (vgl. Abbildung 5-1):

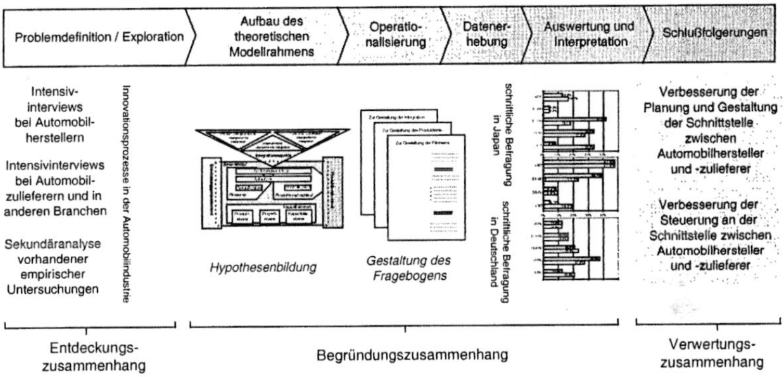

Abbildung 5-1: Forschungskonzeption der empirischen Analyse

Um einen Überblick über den allgemeinen Stand der Forschung zur Schnittstellenbehandlung im Innovationsprozeß zu erhalten, erfolgte zunächst eine Sekundäranalyse vorhandener empirischer Untersuchungen (vgl. Abschnitt 2.5). Da es zur Schnittstelle zwischen Entwicklung und Produktion generell und speziell zum Serienanlauf bislang nur wenige empirisch abgesicherte Erkenntnisse gibt, wurde eine explorative Analyse mittels 19 teilstandardisierter Intensivinterviews bei insgesamt 14 Unternehmen der Automobilindustrie und anderen Branchen in Deutschland und Japan durchgeführt, deren Ergebnis in Abschnitt 2.6 dargelegt wurde. Als besonderer Problembereich am Übergang von der Entwicklung in die Produktion erwies sich dabei die Schnittstelle zwischen Automobilhersteller und -zulieferer. Daher erfolgte in einem zweiten Schritt eine detaillierte Untersuchung dieser Schnittstelle durch eine schriftliche Befragung von Automobilzulieferern in Deutschland und Japan, deren forschungslogischer Ablauf in Abschnitt 5.1 vorgestellt wird. Die Ergebnisse dieser Befragung sind in den Abschnitten 5.2 und 5.3 beschrieben. Auf Basis der Erkenntnisse aus den Intensivinterviews und der schriftlichen Befragung werden die Ursachen für die Probleme zwischen Automobilherstellern und -zulieferern am Übergang von der Entwicklung in die Produktion ermittelt und Ansatzpunkte für eine Verbesserung der Planung und Steuerung des Innovationsprozesses an der Schnittstelle zwischen Automobilhersteller und -zulieferer aufgezeigt. Eine Zusammenfassung der Untersuchungsergebnisse findet sich in Abschnitt 5.4.

5.1 Forschungslogischer Ablauf der schriftlichen Befragung

Der allgemeine forschungslogische Ablauf des Begründungszusammenhangs empirischer Analysen folgt einem einheitlichen Schema, das sich wie folgt zusammenfassen läßt (vgl. ausführlich *Friedrichs* 1990, S. 51):

1. Formulierung eines theoretischen Modellrahmens aus widerspruchsfreien Hypothesen über die Zusammenhänge des zu erklärenden Sachverhalts und des Kontextes.
2. Operationalisierung dieser Hypothesen in meßbaren Variablen zur Überprüfung des Modellrahmens.
3. Auswahl der Untersuchungsmethode und des Untersuchungsfelds zur Generierung geeigneter Stichproben.
4. Festlegung der statistischen Prüfkriterien und Tests zur Überprüfung der einzelnen Hypothesen.

Anhand dieses Schemas wird die Gestaltung der empirischen Untersuchung im folgenden näher erläutert.

5.1.1 Theoretischer Modellrahmen der schriftlichen Befragung

Die Zielsetzung der empirischen Untersuchung ist die Gewinnung von neuen Erkenntnissen über die Ursache-Wirkungs-Zusammenhänge an der Schnittstelle zwischen Automobilhersteller und -zulieferer beim Übergang von der Entwicklung in die Produktion. Zum einen sollen hierdurch die kritischen Schnittstellen im Innovationsprozeß und die Auswirkungen einer mangelhaften Harmonisierung dieser Schnittstellen herausgearbeitet werden, zum anderen sollen Hinweise zur Verbesserung der Planung und Steuerung von Innovationsprozessen für komplexe Serienprodukte speziell an der Schnittstelle zwischen Hersteller und Zulieferer abgeleitet werden.

Nach den Ergebnissen der explorativen Untersuchung zeigen sich die Probleme im Innovationsprozeß beim Automobilzulieferer in den drei Dimensionen Kosten, Zeit und Qualität insbesondere im Serienanlauf:

- **Kosten**: Das Budget für die Kosten der Pilotserie wird häufig überschritten und die Herstellkosten zu Beginn des Produktionsstarts liegen weit über den geplanten Herstellkosten für die laufende Serie.
- **Zeit**: Die Dauer der Pilotserie und des Produktionshochlaufs sind oftmals deutlich länger als geplant, wodurch sich Verzögerungen im Serienanlauf des Automobilherstellers ergeben können.

- **Qualität**: Es sind sehr häufig umfangreiche Änderungen sowohl im Verlauf der Pilotserie als auch nach dem Produktionsstart notwendig, die wiederum Verzögerungen und zusätzliche Kosten verursachen.

Wie die Befragung im Rahmen der Exploration gezeigt hat, stellt die zeitliche Dimension das Hauptproblemfeld im Innovationsprozeß an der Schnittstelle zwischen Automobilhersteller und -zulieferer dar. Sofern es beim Zulieferer zu Verzögerungen kommt, so ist – vor allem in der Phase des Serienanlaufs – auch mit Verzögerungen beim Automobilhersteller zu rechnen, was wiederum zu Verzögerungen beim Markteintritt und somit zu Auswirkungen auf Umsatz und Ergebnis des Neuproduktprojekts führen kann.

Der Schwerpunkt der Analyse liegt daher auf der Phase des Serienanlaufs beim Automobilzulieferer. Die Ursachen für die Probleme in den Dimensionen Kosten, Zeit und Qualität werden im Rahmen der empirischen Analyse in drei Bereichen vermutet:

- **Kontextbereiche im Innovationsprozeß**: Im Verlauf des Innovationsprozesses sind zwei Kontextbereiche des Serienanlaufs zu unterscheiden: auf der einen Seite die dem Serienanlauf vorgelagerte Entwicklung des neuen Produkts und der zugehörigen Prozesse, auf der anderen Seite die spätere Produktion, zu der der Serienanlauf überleitet.
- **Integrationsfelder**: Als Integrationsfelder bei der Innovation komplexer Serienprodukte werden die produkt- und generationsübergreifende Integration, die funktions- und phasenübergreifende Integration im Serienanlauf des Automobilzulieferers sowie die unternehmensübergreifende Integration an der Schnittstelle zwischen Automobilhersteller und -zulieferer betrachtet (vgl. Abschnitt 2.3).
- **Situationsspezifische Kausalfaktoren**: Als situationsspezifische Kausalfaktoren für Verzögerungen lassen sich grundsätzlich Änderungen und eine mangelnde Verfügbarkeit nennen. Diese Kausalfaktoren finden sich auf drei Ebenen:
  - **Produktebene:** Auf Produktebene können Verzögerungen auftreten, weil das Produkt und seine einzelnen Bestandteile nicht den Anforderungen entsprechen oder nicht in ausreichender Menge zur Verfügung stehen.
  - **Prozeßebene:** Auf der Prozeßebene können Verzögerungen auftreten, weil die Prozesse nicht gemäß den Anforderungen ablaufen oder einzelne Prozesse zu lange Zeit in Anspruch nehmen und damit Engpässe und Verzögerungen im Gesamtsystem verursachen.
  - **Kapazitätsebene:** Auf der Ebene der für die Produktion erforderlichen Kapazitäten können Verzögerungen auftreten, weil die Kapazitäten nicht in ausreichendem Maß zur Verfügung stehen.

Die resultierende Struktur des theoretischen Modellrahmens ist der Abbildung 5-2 zu entnehmen.

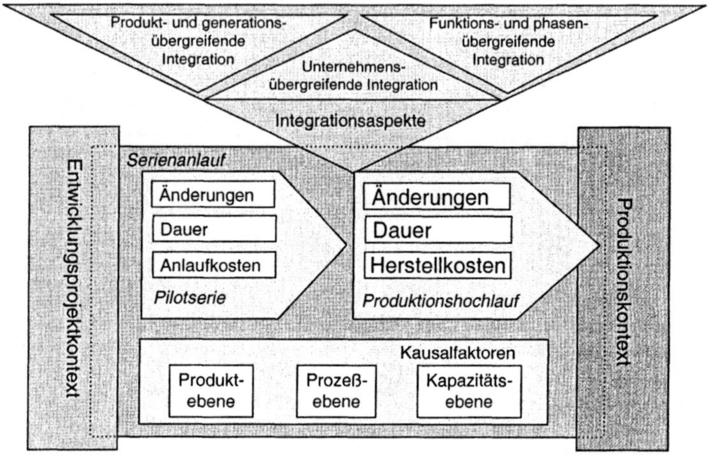

Abbildung 5-2: Struktur des theoretischen Modellrahmens

Auf eine explizite Voranstellung der einzelnen Hypothesen über die Zusammenhänge zwischen einzelnen Variablen aus den genannten Bereichen und den Variablen aus den Dimensionen Zeit, Qualität und Kosten in Pilotserie und Produktionshochlauf wird hier aus Platzgründen verzichtet. Die Hypothesen und die zugrundeliegenden Überlegungen für ihre Formulierung werden direkt im Zusammenhang mit den empirischen Befunden erläutert (vgl. Abschnitt 5.3).

Die Überprüfung des theoretischen Modellrahmens erfolgt in der deutschen und in der japanischen Stichprobe. Aufgrund der in anderen empirischen Untersuchungen ermittelten Unterschiede zwischen japanischen und deutschen Automobilherstellern (vgl. *Clark, Fujimoto* 1991) und aufgrund der Ergebnisse der Exploration ist anzunehmen, daß sich die japanischen Automobilzulieferer den kürzeren Produktionshochläufen bei den japanischen Automobilherstellern angepaßt haben:

Hypothese 1.1 Die Planwerte für die Dauer des Produktionshochlaufs sind bei japanischen Automobilzulieferern geringer als bei deutschen Automobilzulieferern.

Da bei den Interviews in der explorativen Befragung die Schnittstelle zwischen Automobilhersteller und -zulieferer in der japanischen Automobilindustrie nicht problematisiert wurde, liegt die Vermutung nahe, daß es im Serienanlauf bei den japanischen Automobilzulieferern auch zu entsprechend weniger Problemen kommt.

Hypothese 1.2 Die Anzahl der Änderungen, die Budgetüberschreitungen sowie die Verzögerungen in der Pilotserie und im Produktionshochlauf sind bei japanischen Automobilzulieferern geringer als bei deutschen Automobilzulieferern.

Des weiteren ist zu vermuten, daß die im Modellrahmen definierten Zusammenhänge unabhängig vom nationalen Kontext Gültigkeit besitzen.

Hypothese 1.3 Es bestehen keine Unterschiede in den Interdependenzen zwischen den Einflußfaktoren und den Zieldimensionen zwischen japanischen und deutschen Automobilzulieferern.

Demnach müssen unterschiedliche Ausprägungen der Zieldimensionen auf unterschiedliche Ausprägungen der Variablen in den drei Einflußbereichen zurückgeführt werden können.

Hypothese 1.4 Es bestehen Unterschiede in den Ausprägungen der Einflußfaktoren zwischen japanischen und deutschen Automobilzulieferern.

Durch den Vergleich der beiden Stichproben sollen zusätzliche Erkenntnisse gewonnen werden, um nicht nur die Ursachen für die Schnittstellenprobleme im Serienanlauf zu ergründen und Ansatzpunkte für die Serienreifegradmessung an der Schnittstelle zwischen Automobilhersteller und -zulieferer aufzuzeigen, sondern um auch die Vor- und Nachteile der verschiedenen Alternativen des Übergangs von der Entwicklung in die Produktion herauszuarbeiten.

Wie die genannten Größen operationalisiert und in der schriftlichen Befragung erfaßt wurden, wird im folgenden Abschnitt dargelegt.

5.1.2 Operationalisierung des Modellrahmens

Die **Zeitgrößen** für den Produktionshochlauf und die Pilotserie wurden als absolute Größen erfaßt, die **Kosten** der Pilotserie als relative Größe im Verhältnis zu den Entwicklungskosten, die **Stückherstellkosten** zu Beginn des Produktionshochlaufs ebenfalls als relative Größe im Vergleich zu den geplanten Stückherstellkosten bei Normalproduktivität. Der **Änderungsumfang** in den Pilotserien bzw. nach Produktionsstart wurde in Relation zur Gesamtzahl der Änderungen ermittelt. Als Änderungen wurden im Glossar zum Fragebogen „dokumentierte Änderungen am Produkt und an den dazugehörigen Prozessen nach Verabschiedung des Pflichtenhefts“ definiert.[1]

---

[1] Dies entspricht dem in der Praxis üblichen Begriff der technischen Änderung (vgl. zur Diskussion des Änderungsbegriffs *Reichwald, Conrat* 1994, S. 226 ff.).

Als Charakteristika des **Entwicklungsprojekts** werden die Entwicklungszeit sowie der Innovationsgrad des neuen Produkts und der dazugehörigen Prozesse betrachtet. Der Kontext der **Produktion** wird durch die Produktionskapazität, die Fertigungstiefe sowie die Gesamtzahl der Teile als Maßgröße für die Komplexität der Produktion wiedergegeben.

Zur Erfassung der **Integration an der Schnittstelle zwischen Automobilhersteller und Zulieferer** wurden u. a. der Zeitpunkt der Integration des Zulieferers in den Entwicklungsprozeß des Automobilherstellers, das Auswahlverfahren für den Zulieferer, der Zeitpunkt der Auftragserteilung sowie die Art der Zusammenarbeit im Verlauf der Entwicklung ermittelt (vgl. Fragebogen im Anhang A).

Die **phasen- und funktionsübergreifende Integration** am Übergang von der Entwicklung in die Produktion beim Zulieferer wurde durch die Anzahl der Prototypen in der Pilotserie, den Ort der Fertigung und Montage der Pilotserie, die Art des Übergangs in die Serienproduktion sowie die in die Erstellung der Pilotserie involvierten Funktionsbereiche abgebildet.

Die **produkt- und generationsübergreifende Integration** wurde durch den Anteil der neu konstruierten Teile als reziproker Maßstab für die Integration mit der vorhergehenden Produktgeneration sowie dem Anteil an Gleichteilen als Maßstab für die produktübergreifende Integration mit dem bestehenden Produktprogramm repräsentiert.

Die ursprüngliche Form des Fragebogens mußte aufgrund der Erkenntnisse aus den Pre-Tests überarbeitet werden. Die jeweiligen Leiter der Entwicklungsprojekte waren nicht in der Lage, die Fragen nach den realisierten Werten für die Kosten und die Dauer der Pilotserie sowie die Dauer des Produktionshochlaufs zu beantworten, da diese zum Teil nicht mehr in ihrem Verantwortungsbereich durchgeführt wurden bzw. die Werte nicht erfaßt und dokumentiert wurden. Die Planwerte waren den befragten Projektleitern aus der Projektplanung bekannt. Daher wurde anstatt der Angabe der Ist-Werte eine Abschätzung der Überschreitungen der Planwerte[2] gefordert. Die Angaben über die Höhe der Überschreitung wurden für die Analyse in geringfügige Überschreitungen (< 10 %) bzw. deutliche Überschreitung (> 10 %) gruppiert.

---

2 Prinzipiell müßten bei der Ermittlung sowohl Planüberschreitungen als auch -unterschreitungen erfaßt werden. Da der letztgenannte Fall nach den Ergebnissen der Exploration unwahrscheinlich ist, wurden zur Minimierung des Erfassungs- und Analyseaufwands nur Planüberschreitungen explizit erfaßt, Planunterschreitungen wurden als Einhaltung der Planwerte behandelt.

Die Ist-Werte für die Dauer der Pilotserie und des Produktionshochlaufs sowie für die Kosten der Pilotserie mußten somit näherungsweise ermittelt werden.[3] Die Aussagefähigkeit der Analyse wird hierdurch nur geringfügig eingeschränkt, da die verwendeten statistischen Prüfverfahren (vgl. Abschnitt 5.1.5) aufgrund der mangelnden Normalverteilung der Variablenwerte nicht mit den Absolutwerten, sondern mit Rangpositionen arbeiten. Eventuelle Extremwerte der absoluten Größen werden durch diese Verfahren sowieso relativiert (vgl. *Büning, Trenkler* 1978, S. 55 ff.).

5.1.3 Konzeption der schriftlichen Befragungen zur Datenerhebung

5.1.3.1 Auswahl des Untersuchungsfelds

Als Aussageeinheit[4] der Untersuchung wurden Entwicklungsprojekte und Serienanläufe bei Automobilserienzulieferern ausgewählt. Ein Unternehmen wurde für diese Untersuchung dann als Automobilserienzulieferer klassifiziert, wenn sein Produktionsprogramm Bauteile, Komponenten oder Systeme für Automobile umfaßt und das Produktionsvolumen teilweise oder vollständig an Automobilhersteller zur Erstausstattung von Fahrzeugen geliefert wird (vgl. *Fieten* 1991, S. 15). Durch dieses Auswahlraster können Detailvorgabe-Zulieferer, Black-box-Zulieferer sowie Systempartner in den Untersuchungseinheiten enthalten sein (vgl. Abbildung 2-9). Es ist jedoch zu vermuten, daß zwischen diesen Zuliefertypen Unterschiede im Innovationsprozeß bestehen. Daher wurden die Untersuchungseinheiten in Abhängigkeit des Gesamtteileumfangs sowie des Auswahlzeitpunkts in diese drei Gruppen geclustert und getrennt untersucht (vgl. Abschnitt 5.2.1).

Aus Gründen der Vereinfachung wird im folgenden der Begriff Automobilzulieferer mit dem hier definierten Begriff Automobil**serien**zulieferer synonym verwendet.

---

3 Bei einer geringfügigen Überschreitung (< 10 %) wurde mit einer durchschnittlichen Überschreitung von 5%, bei einer signifikanten Überschreitung (> 10 %) unter Annahme einer rechtsschiefen, eingipfligen Verteilung mit einer durchschnittlichen Überschreitung von 20 % gerechnet.

4 Als **Aussageeinheit** einer Untersuchung wird die Gruppe von Objekten bezeichnet, für die durch die Untersuchung generelle Aussagen generiert werden sollen. Im Gegensatz dazu umfaßt die **Erhebungseinheit** die Objekte, aus denen eine Stichprobe gezogen wird. Die **Untersuchungseinheit** umfaßt die Objekte, auf die sich eine Untersuchung bezieht (vgl. zur Begriffsabgrenzung *Friedrichs* 1990, S. 126 ff.). Im vorliegenden Fall bilden die angeschriebenen Automobilzulieferer die Erhebungseinheit. Die Untersuchungseinheit hingegen bilden die jeweils betrachteten Entwicklungsprojekte bei diesen Unternehmen.

Auswahl des Untersuchungsfelds in Deutschland

Um das Untersuchungsfeld aus finanziellen Gründen und aus Gründen der Vergleichbarkeit einzuschränken, wurden nur Automobilzulieferer mit mehr als 50 Mitarbeitern in die Analyse einbezogen, die zum Zeitpunkt der Untersuchung über die Hälfte des gesamten Unternehmensumsatzes im Bereich der Automobilindustrie erzielten. Für die Befragung in Deutschland stand durch die freundliche Unterstützung des *Verbands der Deutschen Automobilindustrie (VDA)* eine Liste von 210 Zulieferern gemäß den o. g. Kriterien mit Ansprechpartnern auf Geschäftsleitungsebene zur Verfügung.

Angeschrieben wurden jeweils die mit dem Ressort Entwicklung betrauten Mitglieder der Geschäftsleitung. Diese wurden gebeten, sich bei der Beantwortung des Fragebogens auf das zuletzt abgeschlossene Entwicklungsprojekt zu beziehen, bei dem der Zulieferer in eine Neuentwicklung bei einem Kunden involviert war, und den Fragebogen gegebenenfalls an den verantwortlichen Projektleiter weiterzuleiten.

Auswahl des Untersuchungsfelds in Japan

Für die schriftliche Befragung auf japanischer Seite wurden 82 Automobilzulieferer angeschrieben, die in der Sektion I der Börse in Tokio notiert werden. Durch die Auswahl der japanischen Erhebungseinheiten scheint die Vergleichbarkeit mit den deutschen Erhebungseinheiten nicht gegeben zu sein, da die börsennotierten japanischen Zulieferer im Schnitt einen höheren Umsatz und mehr Mitarbeiter aufweisen. Wie in Abschnitt 5.2 gezeigt wird, sind die Untersuchungseinheiten jedoch durchaus vergleichbar.

Auch bei der japanischen Erhebung wurden jeweils Ansprechpartner auf der Geschäftsführungsebene angeschrieben und um Bezug auf das zuletzt abgeschlossene Entwicklungsprojekt gebeten.

5.1.3.2 Ablauf der schriftlichen Befragung

Auf Basis des theoretischen Modellrahmens wurde ein Fragebogen entworfen, der in vier Sektionen unterteilt wurde (vgl. Anhang A). Dieser Fragebogen wurde zunächst im Rahmen von persönlichen Interviews bei zwei deutschen Automobilzulieferern validiert und aufgrund der Ergebnisse aus diesen Interviews im Hinblick auf die Verständlichkeit der verwendeten Begriffe sowie Umfang und Gestaltung der Fragen überarbeitet.

Ablauf der schriftlichen Befragung in Deutschland

Der Fragebogen wurde zusammen mit einer Fax-Rückantwort versandt. Die Unternehmen wurden gebeten, durch die Fax-Rückantwort ihre Teilnahme an der Untersuchung zu bestätigen bzw. – sofern sie nicht teilnehmen wollten – dies zu begründen. Den Unternehmen wurde die Zusendung der Ergebnisse als „Nutzen" ihrer Teilnahme angeboten und eine anonymisierte Auswertung der Fragebögen, auf denen selbst kein Unternehmensname eingetragen werden konnte, zugesichert. Der Fragebogen sollte innerhalb von 8 Wochen zurückgesandt werden.

Zwei Wochen vor dem Einsendeschluß wurden die Unternehmen, die sich bis dahin noch nicht per Fax-Rückantwort gemeldet und auch noch keinen Fragebogen eingesandt hatten, um eine kurze Mitteilung über ihr Interesse/Desinteresse an dieser Studie bzw. um Übersendung des ausgefüllten Fragebogens gebeten. 25 Unternehmen reagierten auf diese Nachfaßaktion, dadurch konnten 12 zusätzliche Fragebögen in die Untersuchung einbezogen werden. Insgesamt gingen 29 Fragebögen in den letzten 10 Tagen vor dem Einsendeschluß und 11 Fragebögen nach dem offiziellen Einsendeschluß ein.

In Deutschland meldeten sich 94 der angeschriebenen Unternehmen auf die Anfrage. Hiervon bekundeten 25 Unternehmen, daß sie keine Möglichkeit für eine Teilnahme an der Untersuchung sehen würden.

Begründung	Nennungen
zu hohe Anzahl an Fragebogenaktionen, daher prinzipiell keine Teilnahme an derartigen Befragungen	8
zeitliche Engpässe	5
Unternehmen für die Untersuchung nicht geeignet (nach eigener Einschätzung)	3
Unternehmen ist nur Unterlieferant	2
genügend eigene Erfahrungen mit Serienanläufen	1
Serienanlauf ohne Bedeutung	1
zu detaillierte Fragen, die eine Identifikation des Unternehmens ermöglichen	1
ohne Begründung	4

Tabelle 5-1: Begründungen für die Nichtteilnahme

Auch bei den Intensivinterviews wurde eine zunehmende Empirie-Verdrossenheit im Entwicklungsbereich bei den deutschen Unternehmen deutlich. Vor diesem Hintergrund ist die erzielte Rücklaufquote als zufriedenstellend zu bezeichnen und mag auch ein Indikator dafür sein, welche Bedeutung die Befragten dem behandelten Thema beimessen.

Einige Unternehmen leiteten den Fragebogen an mehrere Projektleiter weiter, um unterschiedliche Projekte mit unterschiedlichen Abläufen zu erfassen. Insgesamt konnten somit 74 Fragebögen aus 69 Unternehmen ausgewertet werden.

Die gesamte Rücklaufquote betrug somit 44,8 % aller angeschriebenen Unternehmen einschließlich der Absagen, insgesamt nahmen 32,9 % der angeschriebenen deutschen Unternehmen an der Untersuchung teil.

Ablauf der schriftlichen Befragung in Japan

Der Fragebogen wurde zunächst in Deutsch erstellt und dann mit freundlicher Unterstützung von Prof. *Takeyuki Tani* von der *Universität Kobe* in Japanisch übersetzt (vgl. Anhang B). Durch anschließende Diskussionen des Verfassers mit Herrn *Hiroshi Miya* von der *Gakushuin University*, Tokyo und Herrn *Norihisa Yoshimura* von der *Wakayama University*, Osaka, die beide den japanischen Fragebogen analysiert hatten, konnte die Validität der Übersetzung geprüft werden.

Auf eine Fax-Rückantwort wurde für die japanische Untersuchung aufgrund des geringeren Umfangs der Erhebung und aus Praktikabilitätsgründen verzichtet. Die jeweiligen Ansprechpartner in den Unternehmen wurden gebeten, den Fragebogen innerhalb von sechs Wochen an die Universität Kobe zurückzusenden. Insgesamt folgten 24 Unternehmen dieser Bitte, woraus sich eine Rücklaufquote von 29,3 % für die japanische Untersuchung ergibt.

Die Rücklaufquoten der Untersuchung in den beiden Ländern sind auch im Vergleich zu anderen empirischen Untersuchungen zufriedenstellend. Für den direkten Vergleich der beiden schriftlichen Befragungen sind jedoch einige Einschränkungen zu beachten, auf die im folgenden Abschnitt näher eingegangen wird.

5.1.4 Exkurs: Kritische Betrachtung zur Aussagefähigkeit des Vergleichs der schriftlichen Befragungen in Japan und Deutschland

Die hier gewählte Vorgehensweise der empirischen Untersuchung folgt den Grundgedanken einer analytisch-nomologisch orientierten Wissenschaft, indem zunächst auf Basis der Erkenntnisse aus einer explorativen Untersuchung ein hypothetischer Modellrahmen aufgestellt wird, dessen implizite Hypothesen durch die schriftliche Befragung einer Überprüfung unterzogen werden. Die Prinzipien einer analytisch-nomologisch orientierten Wissenschaft[5] lassen sich jedoch nur bedingt bei empirischen Untersuchungen in der Unternehmenspraxis einhalten. Insbesondere die Meßsituation läßt sich bei einem internationalen Vergleich durch kulturelle Unterschiede und sprachliche Barrieren nicht vollständig standardisieren. Außerdem ist bei schriftlichen Befragungen der Einfluß des Forschers zur Standardisierung der Meßsituation eingeschränkt, die Auswahl der Auskunftsperson (Antwort durch angeschriebene Person oder Beauftragung Dritter) und die Situation der Beantwortung (bspw. Dauer der Beantwortung) entziehen sich der Kontrolle des Forschers. Die Dynamik des Untersuchungsfelds schränkt auch die Überprüfbarkeit der Ergebnisse durch eine Wiederholung der Datenerhebung ein. Doch diese Restriktionen gelten für alle empirischen Untersuchungen in der Unternehmenspraxis und stellen die grundsätzliche Aussagefähigkeit schriftlicher Befragungen nicht gänzlich außer Frage (für eine weitergehende Diskussion vgl. z. B. *Kromrey* 1994, S. 28 ff.; *Friedrichs* 1990, S. 44 ff.).

Für den hier gewählten Untersuchungsansatz eines Vergleichs von schriftlichen Befragungen in zwei verschiedenen Ländern ist eine Reihe von Einschränkungen zu beachten, die zum einen in der generellen Problematik schriftlicher Befragungen und internationaler Vergleiche begründet liegen und zum anderen speziell durch die Ausgestaltung der hier beschriebenen Untersuchung bedingt sind. Zunächst wird auf die einzelnen Kritikpunkte, die sich generell an schriftliche Befragungen und internationale Vergleiche richten, eingegangen und deren Behandlung in der beschriebenen Untersuchung dargestellt:

- Adäquanz der schriftlichen Befragung für das Untersuchungsfeld und den Untersuchungszweck

  Prinzipiell ist zu berücksichtigen, daß eine schriftliche Befragung für eine exakte Überprüfung von Hypothesen und für statistische Angaben zur Reliabilität der Aussagen nur bedingt geeignet ist (vgl. *Friedrichs* 1990, S. 237). Speziell bei Untersuchungen im Bereich des Innovationsmanagements wird

---

5 Das **Prinzip der Wertneutralität** verlangt die Eliminierung der subjektiven Wertschätzungen, Urteile und Vorlieben des Forschers bzw. der mit der Datenerhebung betrauten Personen.

Das **Prinzip der Standardisierung** der Meßsituation verlangt die Bedingungen der Datenerhebung zu vereinheitlichen, damit die Resultate der einzelnen Beobachtungen miteinander vergleichbar sind.

Das **Prinzip der intersubjektiven Nachprüfbarkeit** besagt, daß die korrekte Durchführung der Untersuchung durch die Dokumentation überprüft und die Untersuchung ggf. wiederholt werden kann (vgl. zu den Prinzipien im Detail *Kromrey* 1994, S. 28).

von einigen Autoren angeführt, daß die Untersuchungsform der schriftlichen Befragung dem Untersuchungsumfeld eigentlich nicht gerecht wird (vgl. z. B. *Hauschildt* 1991, S. 465). Innovationsprojekte zeichnen sich durch die Einmaligkeit der Konstellation von Faktorausprägungen im Unternehmen aus. Schriftliche Befragungen können durch die notwendige Standardisierung, die häufige Verwendung von vorgegebenen Antwortalternativen und die fehlende Kommentierung der Antworten jedoch nur einen Bruchteil der Faktoren und ihrer Relationen abbilden. Die Problematik der beschränkten Abbildbarkeit der Realität findet sich jedoch prinzipiell bei allen Anwendungsgebieten der empirischen Sozialforschung und beschränkt sich auch nicht nur auf das Instrument der schriftlichen Befragung. Bei der Interpretation der Ergebnisse und für die weitere Anwendung der gewonnenen Erkenntnisse muß daher prinzipiell die beschränkte Aussagefähigkeit empirischer Untersuchungen im allgemeinen und schriftlicher Befragungen im speziellen beachtet werden.

Eine schriftliche Befragung sollte daher nie als einzige Methode der Datengewinnung verwendet werden. Vielmehr sollte eine Fragebogenaktion entweder als Einstieg für eine detailliertere Analyse in Form von Fallstudien angewandt oder durch eine vorhergehende explorative Analyse des Untersuchungsfelds, bspw. durch Intensivinterviews, abgesichert werden (vgl. *Hauschildt* 1991, S. 465). Letztere Alternative wurde im Fall der vorliegenden Untersuchung gewählt.

- Semantische Divergenz

  Bei der Frageformulierung zur schriftlichen Untersuchung ist das Begriffsverständnis des Befragten zu berücksichtigen, das stark vom Begriffsverständnis des Forschers abweichen kann. Zudem legt nicht jeder Befragte einem Begriff dieselbe Bedeutung zugrunde. Eine Rückfrage zum Verständnis – wie bspw. bei einem persönlichen Interview – kann bei einer schriftlichen Befragung nicht direkt erfolgen.

  In der hier beschriebenen Untersuchung wurde zum einen den Befragten anhand eines dem Fragebogen vorangestellten Glossars die Semantik der wesentlichen Begriffe erläutert, zum anderen wurde dem Befragten bei Unklarheiten der telefonische Kontakt zum Verfasser des Fragebogens nahegelegt. Diese Möglichkeit nutzten drei der befragten Personen. Generell wird diese Möglichkeit jedoch nur genutzt werden, wenn dem Befragten eine Begriffsverwendung tatsächlich unklar ist oder die potentielle Mehrdeutigkeit eines Begriffs bewußt wird.

- Atypische Struktur des Rücklaufs

  Die Struktur der tatsächlich realisierten Stichprobe der Untersuchungseinheit kann stark von der Erhebungseinheit bzw. der Grundgesamtheit abweichen.

Die Motivation, einen Fragebogen auszufüllen und zurückzusenden, wird vor allem dann vorliegen, wenn das behandelte Thema für den Befragten von persönlichem Interesse ist. Dies kann dadurch bedingt sein, daß der Fragebogen eine im Unternehmen aktuell vorliegende oder vor kurzem gelöste Problemstellung behandelt. Dadurch wird in der Untersuchungseinheit dem Thema eine höhere Bedeutung beigemessen als in der Erhebungs- bzw. in der Grundgesamtheit. Hierdurch können sich erhebliche Verzerrungen ergeben (vgl. *Friedrichs* 1990, S. 236 ff.).

Um diesem Problem zu begegnen, wurden die angeschriebenen Personen gebeten, mit der beiliegenden Fax-Rückantwort auch im Falle der Nichtbeantwortung des Fragebogens ein Feedback zu geben und Gründe für ihre Nichtteilnahme zu nennen. Diese Möglichkeit wurde in der vorliegenden Untersuchung immerhin von 25 Unternehmen genutzt. Trotzdem können über mehr als 50 % der in der Erhebungseinheit vertretenen Unternehmen keine Aussagen über deren Beweggründe für eine Nichtteilnahme gemacht werden.

- Problematik internationaler Vergleichbarkeit

  Die Problematik bei einem internationalen Vergleich empirisch erhobener Daten liegt in der zumindest teilweise international unterschiedlichen, auch bei national einheitlichen, Begriffsdefinitionen in Wissenschaft und Praxis begründet. Auf diesen Umstand wird insbesondere im *Frascati-Handbuch* hingewiesen (vgl. *OECD* 1994, S. 26). Hierdurch ergeben sich zusätzliche Quellen einer semantischen Divergenz.

Speziell bei der hier durchgeführten Untersuchung ergaben sich zusätzliche Problemfelder.

- Zum einen mußte der Fragebogen in Japanisch übersetzt werden. Hierdurch können sich zusätzliche Unterschiede in der Semantik einzelner Begriffe und kompletter Fragen ergeben.

  Durch die Analyse des übersetzten Fragebogens durch zwei weitere japanische Wissenschaftler und die anschließende Diskussion des Verfassers mit den beiden Wissenschaftlern wurde versucht, potentielle Mißverständnisse auszuräumen.

- Zum anderen waren die Erhebungseinheiten in Deutschland und Japan nicht gleich strukturiert.

  Die Unternehmen in der japanischen Erhebungseinheit haben durchschnittlich eine höhere Mitarbeiterzahl und einen höheren Umsatz als die in der deutschen Erhebungseinheit vertretenen Unternehmen. Es zeigten sich jedoch nur geringe Unterschiede zwischen den Untersuchungseinheiten (vgl. Abschnitt 5.2).

Die genannten Restriktionen sind bei der Interpretation der Ergebnisse der schriftlichen Befragung zu beachten. Durch die getroffenen Maßnahmen können die Ergebnisse jedoch prinzipiell als valide erachtet werden.

5.1.5 Auswahl statistischer Verfahren zur Datenanalyse

Zur Datenanalyse steht eine Vielzahl statistischer Verfahren zu Verfügung. Im folgenden werden die hier angewandten Verfahren näher erläutert.

Prinzipiell läßt sich die Statistik in eine deskriptive und eine analytische Statistik unterscheiden (vgl. *Bühl, Zöfel* 1996, S. 99). Mit Hilfe der deskriptiven Statistik werden Sachverhalte in ihren Ausprägungen und Häufigkeiten beschrieben. Im Rahmen der analytischen Statistik versucht man, die bei einer Untersuchung ermittelten Unterschiede und Zusammenhänge einzelner Sachverhalte in verschiedenen Fällen dahingehend zu überprüfen, ob sich diese zufällig ergeben haben oder nicht. Da die hier beschriebene empirische Untersuchung sowohl explorative als auch analytisch-nomologische Zielsetzungen verfolgte, kamen beide Arten der Statistik zur Anwendung.

Zur Unterstützung der Exploration des bislang in der Literatur noch kaum behandelten Serienanlaufs bei Automobilzulieferern wurden eine Reihe einfacher Methoden der deskriptiven Statistik wie Häufigkeitsermittlungen, Mittelwertberechnungen und Kreuztabellen verwendet (vgl. Abschnitt 5.2).

Zur Überprüfung der Hypothesen des Modellrahmens bieten sich eine Reihe statistischer Methoden an, die unter dem Begriff Signifikanztests zusammengefaßt werden. Mit Hilfe von Signifikanztests kann überprüft werden, ob Aussagen über eine Stichprobe aus einer unbekannten Grundgesamtheit, wie bspw. ein Zusammenhang zwischen zwei Variablen, auch für die Grundgesamtheit Gültigkeit besitzen. Hierzu wird zunächst die Hypothese aufgestellt, daß kein Zusammenhang zwischen den beiden Variablen besteht (sog. Nullhypothese). Mit Hilfe der Signifikanztests kann ermittelt werden, wie hoch die Wahrscheinlichkeit ist, daß diese Hypothese zutrifft (Irrtumswahrscheinlichkeit p). Sinkt diese Wahrscheinlichkeit unter ein zuvor festgelegtes Niveau (Signifikanzniveau)[6], dann wird die Nullhypothese verworfen und es wird von einem Zusammenhang zwischen den betrachteten Variablen ausgegangen.

Prinzipiell lassen sich dabei parametrische und nicht-parametrische Signifikanztests unterscheiden:

---

6 Üblich sind hierfür Werte zwischen 0,1 und 0,001, wobei häufig mehrere Signifikanzniveaus verwendet werden: bspw. 0,1 (signifikant), 0,01 (hoch signifikant), 0,001 (höchst signifikant).

- **Parametrische Signifikanztests** setzen eine Normalverteilung sowie eine Intervallskalierung der zu untersuchenden Variablen voraus.
- **Nicht-parametrische Signifikanztests** setzen lediglich Ordinalskalierung der betreffenden Variablen voraus, einige Tests eignen sich auch für nominalskalierte Variablen, die Verteilungsform der Variablen ist für diese Testart irrelevant.

Um festzulegen, welcher Signifikanztest auf die jeweilige Variablen bzw. Variablengruppe anzuwenden ist, muß zunächst das Skalenniveau der Variablen und deren Verteilungsform bestimmt werden (zur Auswahl von statistischen Testverfahren in Abhängigkeit des Skalenniveaus vgl. auch *Friedrichs* 1990, S. 99). Das Skalenniveau ergibt sich aus der Frage- bzw. Antwortgestaltung zur Erhebung der Variablen und der jeweiligen Codierung für die Auswertung. Zur Bestimmung der Verteilungsform der Variablen bietet sich der 1-Stichproben-Kolmogorov-Smirnov-Test an (vgl. *Bühl, Zöfel* 1996, S. 288). Ergibt dieser eine Irrtumswahrscheinlichkeit $p < 0{,}1$, so liegt mit einer Wahrscheinlichkeit von $w > 90\%$ keine Normalverteilung der betreffenden Variablen in der Grundgesamtheit vor. In diesem Fall sind nicht-parametrische Tests für diese Variable einzusetzen.

Im Rahmen der in Abschnitt 5.3 dargestellten Hypothesenüberprüfung kamen folgende Signifikanztests zur Anwendung:

- **Chi-Quadrat-Test**

Dieser Test wird auf Kreuztabellen angewendet und vergleicht die zu erwartenden Verteilung mit der tatsächlichen Verteilung der Häufigkeiten und kann sowohl auf normalverteilte als auch auf nicht-normalverteilte Variablen angewendet werden. Zur Ermittlung des Chi-Quadrat-Wertes wird die Summe der Fehlerquadrate durch die Werte der zu erwartenden Verteilung dividiert. Dieser Wert gibt die Irrtumswahrscheinlichkeit bei Verwerfung der Nullhypothese an. Bei der Anwendung des Chi-Quadrat-Tests ist jedoch zu beachten, daß die Aussagefähigkeit eingeschränkt ist, wenn mehr als 20 % der Felder der Kreuztabelle eine Häufigkeit < 5 aufweisen.[7]

- **Mann-Whitney-U-Test**

Dies ist der bekannteste Test zum nichtparametrischen (verteilungsfreien) Vergleich einer Variablen in zwei unabhängigen Stichproben (vgl. *Bühl, Zöfel* 1996, S. 270 ff.). Bei diesem Test werden nicht die Absolutwerte der zu testen-

---

7 Diese Anwendungsbedingung war im japanischen Sample zumeist nicht erfüllt. Bei einer Vierfelder-Kreuztabelle kann ersatzweise der exakte Test nach *Fischer* durchgeführt werden (vgl. *Büning, Trenkler* 1978, S. 246 ff.). Hier wurden jedoch keine zwei dichotomen Variablen miteinander verglichen.

den Variablen betrachtet, sondern die Rangposition des jeweiligen Werts in bezug auf alle Werte der Variablen. Dadurch wird nicht die unbekannte Verteilung der Variable dem Test zugrunde gelegt, sondern die stetige Verteilung der Rangpositionen (vgl. zur Diskussion der Verteilung von Rangpositionen *Büning, Trenkler* 1978, S. 65). Der Mann-Whitney-U-Test ermittelt die Wahrscheinlichkeit, ob die beiden untersuchten Stichproben aus der selben Grundgesamtheit stammen.

Dieser Test dient im folgenden hauptsächlich zur Beurteilung der Unterschiede zwischen der deutschen und der japanischen Untersuchungsstichprobe. Bei der Anwendung des Mann-Whitney-U-Tests können auch zwei Untergruppen einer Stichprobe, die in bezug auf eine dichotome Variable zwei unterschiedliche Werte aufweisen (Gruppierungsvariable), als unabhängige Stichproben betrachtet werden. Liegt die ermittelte Wahrscheinlichkeit unter dem Signifikanzniveau, so ist von einem Zusammenhang zwischen der Gruppierungsvariablen und der untersuchten Variablen auszugehen, da die beiden Gruppen signifikant nicht aus derselben Grundgesamtheit stammen. Bei nominalskalierten Gruppierungsvariablen mit mehr als zwei Werten ist ein paarweiser Vergleich der Untergruppen mit dem Mann-Whitney-U-Test möglich.

Sofern die zu testende Variable ein ordinales Skalenniveau mit einer begrenzten Anzahl an Kategorien aufweist, kommt es bei der Anwendung des Mann-Whitney-U-Tests allerdings zu einer hohen Anzahl gemeinsamer Rangplätze, wodurch das Ergebnis verfälscht werden kann. In diesem Fall ist der 2-Stichproben-Kolmogorov-Smirnov-Test anzuwenden, der die Irrtumswahrscheinlichkeit auf der Basis der Häufigkeitsdifferenzen zwischen den Stichproben ermittelt (vgl. *Bühl, Zöfel* 1996, S. 274).

- **Kruskal-Wallis-H-Test**

Dieser Test weist dieselbe Vorgehensweise auf wie der Mann-Whitney-U-Test (vgl. *Bühl, Zöfel* 1996, S. 280 ff.). Im Gegensatz zu diesem erstreckt sich die Testsituation beim Kruskal-Wallis-H-Test auf eine beliebige Anzahl an Stichproben. Der Kruskal-Wallis-H-Test ermittelt jedoch nur signifikante Unterschiede zwischen einzelnen Gruppen, eine eventuelle Rangfolge der Gruppen (bspw. bei ordinalem Skalenniveau der Gruppierungsvariable) berücksichtigt der Test nicht (vgl. *Büning, Trenkler* 1978, S. 208). In diesem Fall müssen entweder zusätzlich Verfahren der deskriptiven Statistik hinzugezogen werden oder es müssen die einzelnen Gruppen paarweise mit dem Mann-Whitney-U-Test überprüft werden.

- **Rangkorrelationskoeffizient nach *Spearman***

Die Berechnung des Rangkorrelationskoeffizienten nach *Spearman* ist eigentlich kein Signifikanztest, sondern gibt die Stärke eines Zusammenhangs zwischen zwei Variablen mit Ordinalskalierung oder nicht-normalverteilter Intervallskalierung in einer Stichprobe an (vgl. *Monka, Voß* 1996, S. 315). Der Rangkorrelationskoeffizient nach *Spearman* eignet sich auch für einen Test auf Unabhängigkeit, seine Aussagefähigkeit ist jedoch eingeschränkt (vgl. *Büning, Trenkler* 1978, S. 252 und S. 258).

- **Einfaktorielle ANOVA**

Dieser Test dient zum Vergleich der Mittelwerte normalverteilter Variablen in mehr als zwei unabhängigen Stichproben (vgl. *Bühl, Zöfel* 1996, S. 259 ff.). Auch hier kann eine Gruppierungsvariable zur Einteilung in Untergruppen verwendet werden, die dann als unabhängige Stichproben behandelt werden können.

Bei den folgenden Aussagen zur jeweiligen Irrtumswahrscheinlichkeit wird der zur Ermittlung verwendete Test mit angegeben. Eine Übersicht kann außerdem den einzelnen Hypothesenlisten entnommen werden. Im folgenden Abschnitt werden zunächst die Ergebnisse der schriftlichen Befragung deskriptiv dargestellt, anschließend erfolgt die Überprüfung der Hypothesen.

5.2 Deskriptiver Vergleich des Innovationsprozesses bei deutschen und japanischen Automobilzulieferern

Der deskriptive Vergleich zwischen der deutschen und der japanischen Stichprobe gliedert sich gemäß der Struktur des Fragebogens in einen Vergleich der Projektcharakteristika, der Integration beim Automobilhersteller, der Gestaltung der Pilotserie und der Gestaltung des Produktionshochlaufs.

5.2.1 Clusterung der Untersuchungseinheiten in Zuliefertypen

Sowohl für den deskriptiven Vergleich als auch für die Überprüfung der Hypothesen wurden die Unternehmen in drei verschiedene Zuliefertypen geclustert. Die Einteilung erfolgte in Abhängigkeit der Gesamtzahl an Teilen des Zulieferumfangs und des Einbezugs in den Entwicklungsprozeß beim Automobilhersteller (vgl. *Clark, Fujimoto* 1991, S. 140 ff.; *Seidenschwarz, Niemand* 1994, S. 262 ff. sowie Abbildung 2-9):

- **Black-box-Zulieferer**: Dieser Zulieferer wird bereits frühzeitig in den Entwicklungsprozeß des Automobilherstellers eingebunden. Er besitzt eine hohe Entwicklungskompetenz für ein bestimmtes Bauteil bzw. eine bestimmte Komponente, die der Automobilhersteller selbst nicht zur Verfügung stellen kann. Die Teileanzahl des Zulieferumfanges ist entsprechend relativ gering.
- **Systempartner**: Dieser Zuliefertypus wird ebenfalls frühzeitig in den Entwicklungsprozeß des Automobilherstellers eingebunden. Er ist für die Zulieferung eines kompletten Systems mit einer relativ hohen Anzahl an Teilen verantwortlich.

- **Detailvorgabe-Zulieferer**: Dieser Zuliefertypus wird relativ spät im Entwicklungsprozeß des Automobilherstellers eingebunden. Die von ihm zu verantwortenden Lieferumfänge bestehen zumeist aus einer geringen Anzahl an Teilen.

Die Tatsache, daß bei den untersuchten japanischen Automobilzulieferern kein Detailvorgabe-Zulieferer vertreten ist (vgl. Tabelle 5-2), kann durch die Auswahlart der japanischen Erhebungseinheiten erklärt werden. Wie oben bereits erläutert, sind hier nach Umsatz und Mitarbeiterzahl durchschnittlich größere Zulieferer vertreten.[8] Es ist zu vermuten, daß die größeren Unternehmen eher Systempartner bzw. Black-box-Zulieferer darstellen.

Anzahl	Deutsche Stichprobe	Japanische Stichprobe
Black-box-Zulieferer	40	12
Systempartner	14	11
Detailvorgabe-Zulieferer	18	0
nicht zuordenbar[9]	2	1

Tabelle 5-2: Clusterung der Untersuchungseinheiten

5.2.2 Vergleich der Projektcharakteristika bei den Zulieferern

Die eklatanten Unterschiede in den Produktentwicklungszeiten zwischen der japanischen und der europäischen Automobilindustrie, die eine Reihe von Autoren Ende der 80er Jahre und Anfang der 90er Jahre ermittelten (vgl. u. a. *Clark, Fujimoto* 1991, S. 73), scheinen zumindest in bezug auf die Automobilzulieferindustrie nicht mehr zu bestehen.[10] Die japanischen Automobilzulieferer benötigten im Durchschnitt 24,8 Monate vom Projektstart bis zum Produktionsstart, die deutschen im Durchschnitt 25,2 Monate (vgl. Abbildung 5-3).[11]

---

[8] Die Angaben über Mitarbeiterzahl und Umsatz wurden nicht explizit ermittelt. Da die Grundgesamtheit der Untersuchung in Japan hier durchschnittlich höhere Werte ausweist als die Gesamtheit der angeschriebenen deutschen Unternehmen wird auch auf Unterschiede in den Erhebungseinheiten geschlossen.

[9] Diese Unternehmen werden bei den Aussagen zur gesamten Stichprobe berücksichtigt, bei den Aussagen zu den einzelnen Clustern jedoch nicht einbezogen.

[10] Der Unterschied ist nicht signifikant mit $p = 0{,}8499$ nach dem Mann-Whitney-U-Test.

[11] Beide Stichproben zeigen eine Normalverteilung der Entwicklungszeit mit $p = 0{,}1268$ (Deutschland) bzw. $p = 0{,}2573$ (Japan) nach dem Kolmogorov-Smirnov-Test.

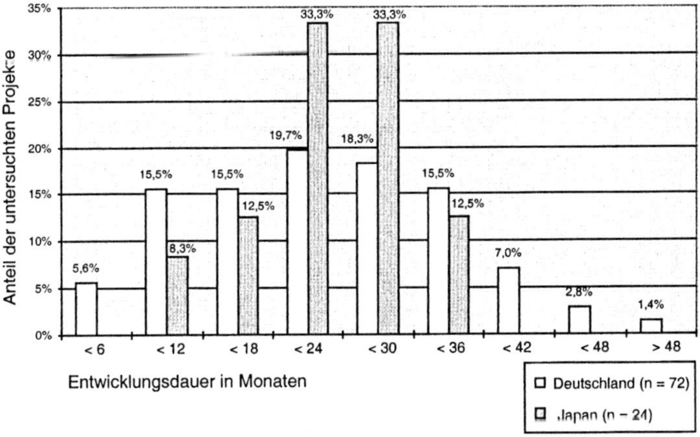

Abbildung 5-3: Entwicklungszeiten bei deutschen und japanischen Zulieferern

Dabei zeigt sich ein Unterschied in den durchschnittlichen Entwicklungszeiten zwischen den einzelnen Lieferantengruppen, der allerdings nicht signifikant ist.[12]

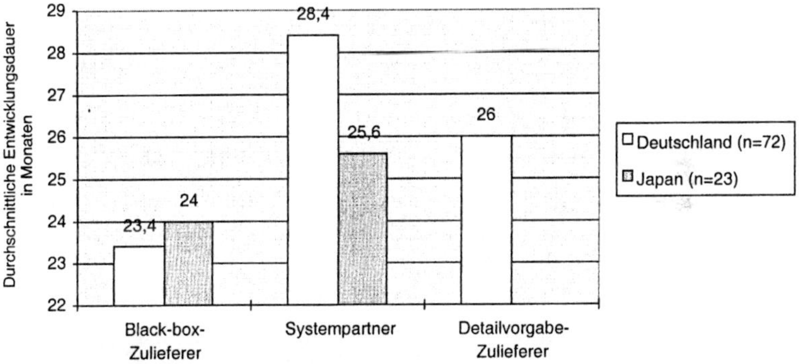

Abbildung 5-4: Durchschnittliche Entwicklungszeiten der Lieferantengruppen

12 Unterschied nicht signifikant für die beiden Stichproben, $p = 0{,}2933$ nach dem Kruskal-Wallis-H-Test für die deutsche, $p = 0{,}5309$ nach dem Mann-Whitney-U-Test für die japanische Stichprobe.

Im Zusammenhang mit der Entwicklungsdauer ist zu überprüfen, welchen Innovationsgrad die Entwicklungsprojekte besaßen, die jeweils Bezugsobjekt der Antworten waren. Zur Einschätzung des Innovationsgrads empfiehlt sich eine subjektive Einschätzung der beteiligten Mitarbeiter, die dadurch die Risiken und Schwierigkeiten einer Innovation aus Sicht des Unternehmens berücksichtigen. Eine Beurteilung anhand objektiver Kriterien vernachlässigt den spezifischen technologischen Ausgangspunkt des Unternehmens (vgl. *Weiss, Neyer* 1990, S. 72 f.). In Abhängigkeit der Innovationsgrade des Produkts und der Prozesse lassen sich verschiedene Typen von Entwicklungsprojekten definieren. In Anlehnung an *Wheelwright* und *Clark* wird der Analyse der Entwicklungsprojekte bei den Automobilzulieferern ein Klassifikationsschema zugrundegelegt, das zwischen Weiterentwicklungs-, Plattform- und Radikalen Innovationsprojekten differenziert (vgl. Abbildung 5-5 sowie *Wheelwright, Clark* 1993, S. 132).[13]

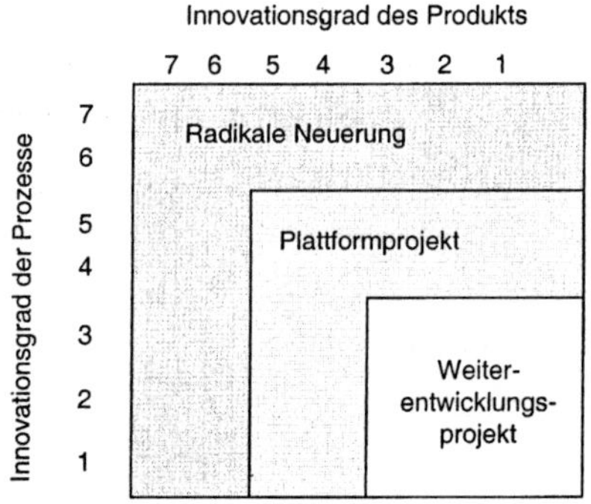

Abbildung 5-5: Klassifizierungsmodell der Projekttypen

- Als **Weiterentwicklungsprojekte** werden Entwicklungsprojekte bezeichnet, die nur inkrementale Änderungen an bestehenden Produktlinien und Produktionsprozessen zum Ziel haben.
- **Plattformprojekte** weisen im Vergleich einen deutlich höheren Innovationsgrad von Produkten und/oder Prozesen auf. Sie bauen zumeist auf einer bestehenden Produkt- und Prozeßfamilie auf, im Vergleich zur Vorgängergeneration findet sich jedoch eine deutliche Kostenreduktion, Qualitätsverbesserung oder Funktionserweiterung.

13 Eine ähnliche Differenzierung in Abhängigkeit des Innovationsgrads verwenden *Picot et al.* bei der Ableitung von Gestaltungsrichtlinien für Informations- und Kommunikationssystemen zur Harmonisierung in Entwicklung und Serienanlauf (vgl. *Picot et al.* 1988, S. 121).

- **Radikale Innovationen** haben einen sehr hohen Innovationsgrad von Produkten und/oder Prozessen und beinhalten wesentliche Änderungen im Produkt- und/oder im Prozeßbereich.

Die befragten Projektleiter sollten gemäß der Klassifikation in Abbildung 5-5 den Innovationsgrad des Neuprodukts sowie den Innovationsgrad der Produktionsprozesse für das Neuprodukt auf einer Skala von 1 (sehr gering) bis 7 (sehr hoch) einschätzen. Erwartungsgemäß zeigt sich bei den deutschen Zulieferern ein hochsignifikanter Zusammenhang zwischen den Einschätzungen (vgl. Tabelle 5-3),[14] während bei den japanischen Zulieferern der Zusammenhang entgegen den Erwartungen nicht signifikant ist (vgl. Tabelle 5-4).[15]

Innovations-grad	Produkt 7	6	5	4	3	2	1	abs.	Rel.
Prozeß 7	2	1	0	0	0	0	0	3	4,1 %
6	3	8	2	0	1	0	0	14	18,9 %
5	1	7	5	2	3	0	0	18	24,3 %
4	1	3	4	7	6	0	1	22	29,7 %
3	0	1	4	1	3	2	0	11	14,9 %
2	0	0	2	1	0	1	0	4	5,4 %
1	0	0	0	0	0	2	0	2	2,7 %
abs.	7	20	17	11	13	5	1	74	
rel.	9,5 %	27,0 %	23,0 %	14,9 %	17,6 %	6,8 %	1,4 %		100 %
Gesamt davon:[16]	30 radikale Innovationen 40,5 %		36 Plattform-projekte 48,6 %		8 Weiterentwicklungs-projekte 10,8 %				
Black-box-Z.	19		19		2				
Systempartn	6		8		-				
Detailvorg.z.	4		8		6				

Tabelle 5-3: Innovationsgrad von Neuprodukt und Produktionsprozessen bei deutschen Zulieferern

14 Höchst signifikant mit $\alpha = 0{,}00017$ nach dem Chi-Quadrat-Test

15 Zusammenhang nicht signifkant mit $\alpha = 0{,}129$. Es ist zu beachten, daß eine kleine Stichprobe die Nullhypothese „schützt" (vgl. *Monka, Voß* 1996, S. 697), bei allen Überprüfungen also zu erwarten ist, daß die Zusammenhänge in der japanischen Stichprobe bei gleicher Intensität weniger signifikant sind als in der deutschen Stichprobe.

16 Da nicht alle Zulieferer den Clustern zugeordnet werden konnten, stimmen die Summen der Projekttypen nicht überein.

Aus diesen Angaben kann aufgrund des geringen Stichprobenumfangs nicht geschlossen werden, daß japanische Zulieferer prinzipiell weniger innovativ sind. Jedoch die Tendenzaussage, daß japanische Unternehmen sich eher an bestehenden Plattformen orientieren und existierende Produkte weiter verbessern anstatt radikale Innovationen durchzuführen (vgl. *Smith, Reinertsen* 1991, S. 62 ff.), läßt sich durch diese Daten unterstützen.[17]

Der Innovationsschwerpunkt liegt sowohl bei den deutschen als auch bei den japanischen Automobilzulieferern auf der Produktseite: durchschnittlich 4,7 bei deutschen und 4,4 bei japanischen Unternehmen auf der Likert-Skala von 1 (sehr geringer Innovationsgrad) bis 7 (sehr hoher Innovationsgrad).[18] Auf der Prozeßseite implementieren die deutschen Zulieferer signifikant mehr Innovationen (Durchschnitt 4,4) als die japanischen Unternehmen (Durchschnitt 3,8).[19]

Innovations-grad	Produkt 7	6	5	4	3	2	1	abs.	rel.
Prozeß 7	0	0	0	0	0	0	0	0	0 %
6	2	0	1	1	0	0	0	4	16,7 %
5	0	0	3	0	2	0	0	5	20,8 %
4	1	0	3	1	1	0	0	6	25,0 %
3	0	0	4	1	0	0	0	5	20,8 %
2	0	0	0	1	0	0	0	1	4,2 %
1	0	0	0	0	1	1	1	3	12,5 %
abs.	3	0	11	4	4	1	1	24	
rel.	12,5 %	0,0 %	45,8 %	16,7 %	16,7 %	4,2 %	4,2 %		100 %

Gesamt davon:[16]	5 radikale Innovationen 20,8 %	16 Plattform-projekte 66,7 %	3 Weiterentwicklungs-projekte 12,5 %
Black-box-Z.	4	5	2
Systempartn	1	10	1

Tabelle 5-4: Innovationsgrad von Neuprodukt und Produktionsprozessen bei japanischen Zulieferern

[17] Signifikant mit p = 0,0116, Mann-Whitney-U-Test.

[18] Der Unterschied ist nicht signifikant mit p = 0,3940 nach dem Mann-Whitney-U-Test.

[19] Signifikant mit p = 0,0579, Mann-Whitney-U-Test.

Sowohl in der deutschen als auch in der japanischen Untersuchungsstichprobe zeigt sich eine deutlich geringere Entwicklungsdauer bei den Weiterentwicklungsprojekten (vgl. Abbildung 5-6). Aufgrund der geringen Anzahl dieser Projekte kann allerdings nicht von einem signifikanten Zusammenhang gesprochen werden.[20]

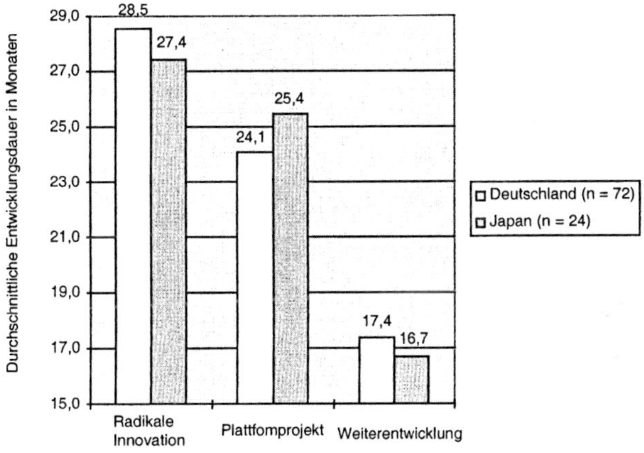

Abbildung 5-6: Zusammenhang von Innovationsgrad und Entwicklungsdauer

Bei der Teilestruktur der betreffenden Neuprodukte zeigen sich signifikante Unterscheide in bezug auf die Gesamtzahl der Teile im betrachteten Produkt zwischen der deutschen und der japanischen Untersuchungsstichprobe (vgl. Abbildung 5-7).[21] Dies ist unter anderem dadurch bedingt, daß keine Detailvorgabe-Zulieferer in der japanischen Stichprobe enthalten sind.

Der signifikante Unterschied zwischen den Clustern ergibt sich durch die Auswahl der Gesamteilezahl als Clusterkriterium. Interessanterweise zeigt sich, daß die japanischen Systemzulieferer in dieser Untersuchung durchschnittlich einen geringeren Gesamtteileumfang betreuen im Vergleich zu ihren deutschen Konkurrenten.

---

20 Nicht signifikant mit p = 0,178 (Einfaktorielle ANOVA) für die deutsche sowie p = 0,2473 für die japanische Stichprobe.

21 Es wurden die folgenden Irrtumswahrscheinlickeiten nach dem Mann-Whitney-U-Test für die Unterschiede zwischen den beiden Untersuchungseinheiten festgestellt:

Gesamtzahl der Teile:	hoch signifikant mit p = 0,0094,
Anteil der Neuteile:	nicht signifikant mit p = 0,6838,
Anteil der Gleichteile:	nicht signifikant mit p = 0,8687.

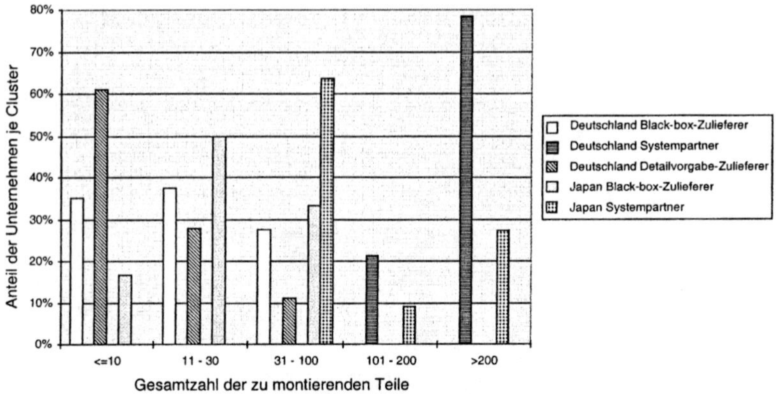

Abbildung 5-7: Vergleich der Gesamtzahl der Teile je Cluster

Die Black-box-Zulieferer haben in beiden Untersuchungsstichproben einen sehr hohen Anteil an Neuteilen (vgl. Abbildung 5-8).[22] Hingegen versuchen die Systempartner, durch geringe Neuteilanteile und hohe Gleichteilumfänge Synergien mit dem bestehenden Produktprogramm und der vorhergehenden Produktgeneration zu nutzen.

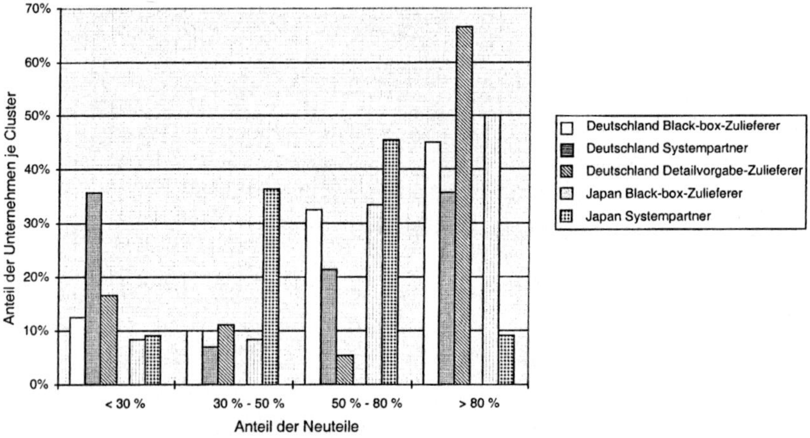

Abbildung 5-8: Vergleich des Neuteileanteils je Cluster

22 Der Unterschied ist insgesamt (deutsche und japanische Unternehmen zusammen) nicht signifikant mit p = 0,1754 nach dem Kruskal-Wallis-H-Test.

Erwartungsgemäß weisen die Detailvorgabe-Zulieferer den höchsten Neuteile- und den geringsten Gleichteileanteil auf, da hier die Einflußmöglichkeiten des Zulieferers zur Abstimmung mit dem bestehenden Produktprogramm am geringsten sind (vgl. Abbildung 5-8 und Abbildung 5-9).[23]

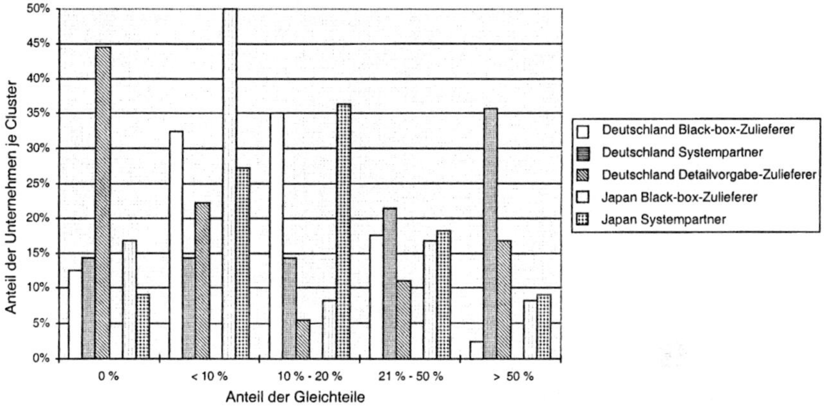

Abbildung 5-9: Vergleich des Gleichteileanteils je Cluster

Ein weiterer Kontextfaktor, der eine Aussage über die Vergleichbarkeit der beiden Untersuchungsstichproben ermöglicht, ist die geplante Produktionskapazität für die spätere Serienproduktion. Es zeigt sich sowohl bei den deutschen als auch bei den japanischen Zulieferern ein repräsentativer Querschnitt von Serienproduktionen mit verhältnismäßig kleinen Stückzahlen bis hin zum Massenhersteller mit mehr als 10.000 Stück/Tag. Für die gesamten Untersuchungseinheiten finden sich annähernd identische Mittelwerte der Produktionskapazitäten von 2.898 Stück/Tag bei deutschen Automobilzulieferern und 2.811 Stück/Tag bei japanischen Automobilzulieferern (vgl. Abbildung 5-10).[24]

23 Die Unterschiede sind signifikant mit p = 0,0494 für die Neuteile und p = 0,0138 für die Gleichteile (Kruskal-Wallis-H-Test).

24 Der Unterschied für die gesamten Untersuchungseinheiten ist nicht signifikant mit p = 0,4949 nach dem Mann-Whitney-U-Test.

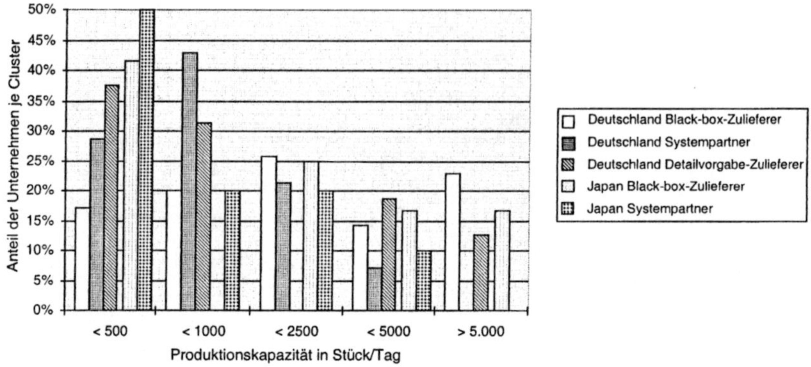

Abbildung 5-10: Produktionskapazität deutscher und japanischer Zulieferer

In bezug auf die Fertigungstiefe zeigen sich keine deutlichen Unterschiede zwischen deutschen und japanischen Automobilzulieferern (vgl. Abbildung 5-11).[25] Interessanterweise weisen die als Systempartner zusammengefaßten Unternehmen nach wie vor eine relativ hohe Fertigungstiefe auf. Dies ist zum einen durch die zunehmende Konzentration und Kapitalverflechtung in der Zulieferindustrie zu erklären, zum anderen fällt bei den Systempartnern nach wie vor ein hoher Teil der Brutto-Wertschöpfung im eigenen Unternehmen an (vgl. *Rommel et al.* 1995, S. 158 ff.).

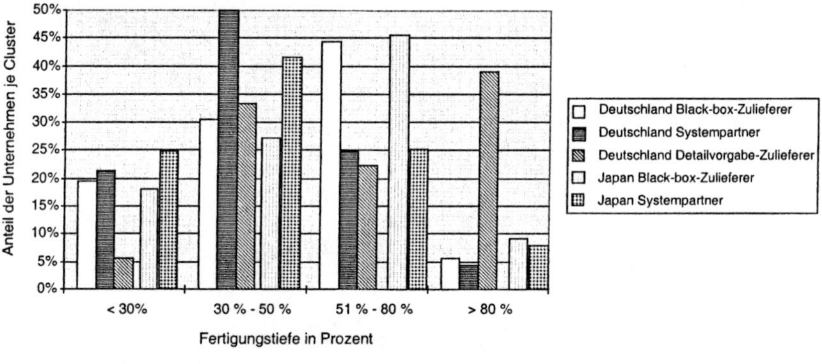

Abbildung 5-11: Fertigungstiefe deutscher und japanischer Zulieferer

25 Nicht signifikant mit p = 0,6838 nach dem Mann-Whitney-U-Test.

Gemäß den ermittelten Übereinstimmungen in den Ausprägungen und in der Verteilung der Projektcharakteristika in Japan und Deutschland kann von einer generellen Vergleichbarkeit der Untersuchungsstichproben ausgegangen werden.

5.2.3 Vergleich der Integration beim Automobilhersteller

Die in der japanischen Untersuchungsstichprobe vertretenen Automobilzulieferer liefern alle direkt an einen Automobilhersteller, während sechs der in der deutschen Untersuchungsstichprobe vertretenen Zulieferer andere Automobilzulieferer als direkte Kunden hatten. Die Kundenart hatte jedoch keinen signifikanten Einfluß auf eine der abhängigen Variablen, durch die geringe Anzahl läßt sich allerdings keine gesicherte Aussage treffen. Dieser Aspekt wurde daher im folgenden nicht weiter analysiert.

Die Angaben der in der japanischen Untersuchungsstichprobe vertretenen Unternehmen bestätigen die Ergebnisse früherer Untersuchungen über die Partnerschaft zwischen Automobilherstellern und -zulieferern in Japan (vgl. z. B. *Hemmert* 1993, S. 157 ff.). Diese Partnerschaft ist durch vielfältige personelle und finanzielle Verflechtungen gefestigt (vgl. *Hemmert* 1993, S. 129). In der hier beschriebenen Untersuchung stand bei 65 % der japanischen Zulieferer die Zusammenarbeit durch die langjährige Partnerschaft bereits vorab fest.

Über die Hälfte der deutschen Zulieferer wurde durch einen Konzeptwettbewerb auf Basis technischer Rahmendaten ausgewählt. Ein Konzeptwettbewerb auf Basis detaillierter Konstruktionsdaten bzw. eine Angebotsabgabe auf Basis einer bereits festgelegter Konstruktion erfolgte bei den befragten japanischen Unternehmen nicht (vgl. Abbildung 5-12).

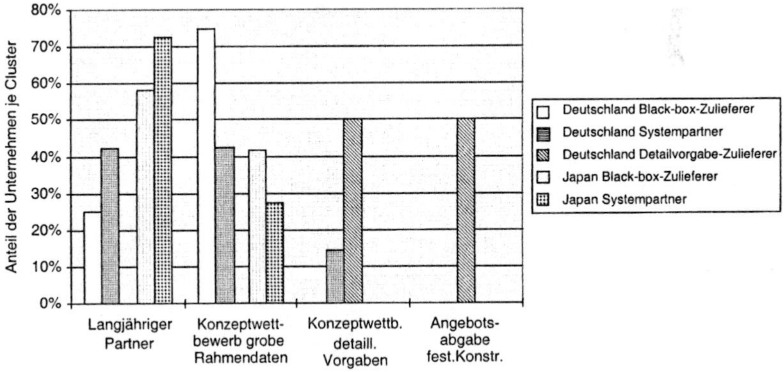

Abbildung 5-12: Auswahl des Zulieferers

Gemäß den Untersuchungsergebnissen werden auch die deutschen Automobilzulieferer mittlerweile sehr früh in den Entwicklungsprozeß des Automobilherstellers eingebunden.[26] Dies kann eventuell dadurch erklärt werden, daß die Automobilhersteller für die Produktkonzeption und die Initiierung eines Konzeptwettbewerbs bereits Informationen von den Zulieferern benötigen, da sie selbst das notwendige technologische Know-how nicht mehr vorhalten können (vgl. Abbildung 5-13).[27] Sowohl die deutschen als auch die japanischen Systempartner werden dabei früher eingebunden als die Black-box- und Detailvorgabe-Zulieferer. Dies ist auch eine Erklärung für die längeren Entwicklungszeiten bei den Systempartnern (vgl. Abbildung 5-3).

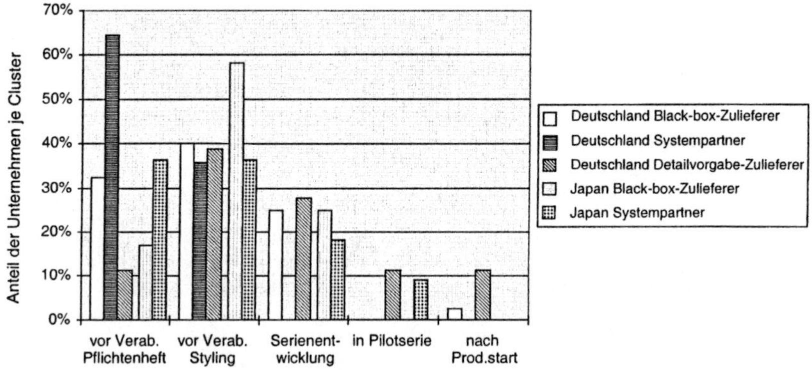

Abbildung 5-13: Zeitpunkt des Einbezugs in den Entwicklungsprozeß

Die konkrete Auftragserteilung erfolgte bei den japanischen Unternehmen allerdings trotz des späteren Einbezugs in den Entwicklungsprozeß deutlich früher: durchschnittlich 21,1 Monate vor dem geplanten Produktionsstart. Die deutschen Unternehmen erhalten im Durchschnitt erst 3,6 Monate später Planungssicherheit. Dieser signifikante Unterschied[28] ist vor allem in bezug auf die Bestellung von Anlagen und Werkzeugen mit langen Vorlaufzeiten von Bedeutung.

---

26 *Clark* und *Fujimoto* fanden bei ihrer Untersuchung hier noch große Unterschiede zwischen japanischen und europäischen Automobilherstellern heraus, konstatierten aber bereits einen Wandel in der europäischen Automobilindustrie (vgl *Clark, Fujimoto* 1991, S. 143 ff.).

27 Der Unterschied ist jedoch nicht signifikant mit p = 0,6496 nach dem Mann-Whitney-U-Test.

28 Signifikant mit p = 0,0654 nach dem Mann-Whitney-U-Test.

Aufgrund der unterschiedlichen Gestaltung der Fragebögen ist leider kein direkter Vergleich der laufenden Zusammenarbeit zwischen Automobilhersteller und -zulieferer möglich. Die deutschen Unternehmen sollten die verschiedenen Alternativen der Zusammenarbeit auf einer Skala von 1 (nie) bis 7 (permanent) bewerten. Die japanischen Unternehmen hatten die im betreffenden Projekt vorherrschende Art der Zusammenarbeit anzugeben (vgl. Abbildung 5-14).

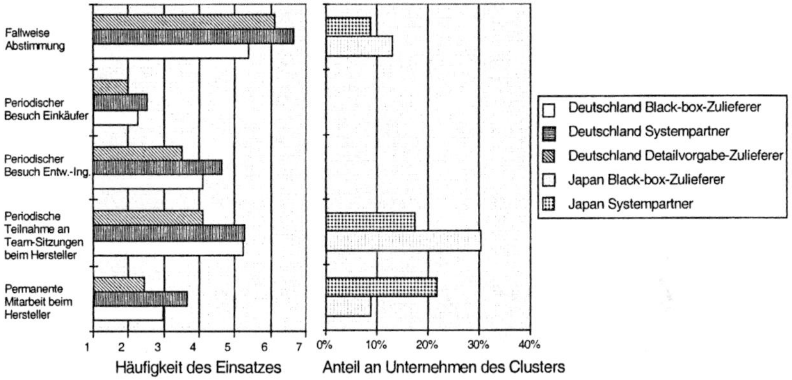

Abbildung 5-14: Zusammenarbeit im Entwicklungsprojekt

Die permanente Mitarbeit von Entwicklungsingenieuren des Zulieferers im Entwicklungsteam des Automobilherstellers, sogenannte „Residential Engineers" (*Rommel et al.* 1995, S. 193) sind vor allem bei Black-box-Zulieferern anzutreffen. Wie auch in den Interviews mit japanischen Automobilzulieferern bestätigt wurde, besichtigen Mitarbeiter des Automobilherstellers jedoch nur sehr selten im Gegenzug die Entwicklung des Zulieferers vor Ort (vgl. auch *Clark, Fujimoto* 1991, S. 145). Im Gegensatz hierzu ist der Besuch durch Entwicklungsingenieure mittlerweile ein fester Bestandteil vieler Zulieferprogramme in der deutschen Automobilindustrie (vgl. u. a. *Hasse* 1996, S. 15).

Um die Leistungsfähigkeit der Produktion des Lieferanten zu überprüfen, wurden von den Automobilherstellern unterschiedliche Methoden angewandt (vgl. Abbildung 5-15). Die signifikant geringere Anwendung der Probeläufe bei den japanischen Automobilzulieferern[29] ist vor dem Hintergrund der langjährigen Partnerschaften mit den Automobilherstellern zu sehen. Die produktionstechnische und logistische Kompetenz des Zulieferers wird hier sehr viel früher sichergestellt und nicht erst durch einen Probelauf kurz vor dem Produktionsstart, wenn die Handlungsspielräume weitestgehend eingeschränkt sind.

[29] Signifikant mit p = 0,0523 nach dem Mann-Whitney-U-Test.

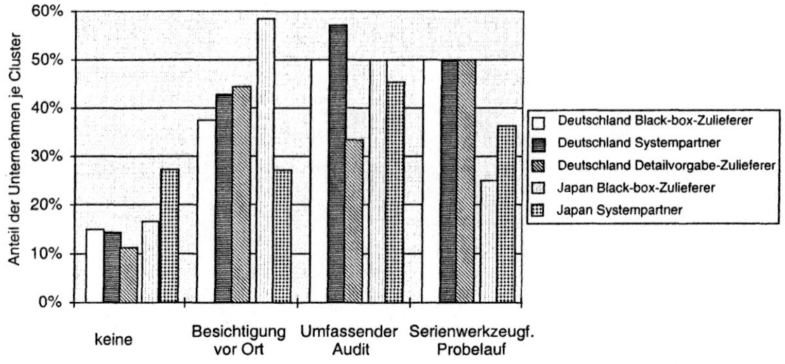

Abbildung 5-15: Kontrolle der Lieferfähigkeit durch den Automobilhersteller[30]

5.2.4 Vergleich der Pilotserie

Deutliche Unterschiede zeigen sich in der Anzahl der im Verlauf der Pilotserie gefertigten Prototypen. Während bei deutschen Automobilzulieferern im Durchschnitt 841 Prototypen vor dem Produktionsstart produziert wurden, stellten die japanischen Unternehmen durchschnittlich nur 103 Prototypen vor dem Produktionsstart her. Der Anteil, der hiervon zu Versuchszwecken an den Automobilhersteller geliefert wurde, ist mit durchschnittlich 56,2 % bei deutschen und 49,8 % bei japanischen Zulieferern annähernd gleich. Allerdings bestehen große Unterschiede zwischen den einzelnen Zuliefertypen (vgl. Abbildung 5-16).[31]

Eine Erklärung für den geringeren Umfang der Pilotserien bei japanischen Unternehmen liegt in dem grundsätzlichen Verständnis der japanischen Zulieferer über die Schnittstelle zwischen Produkt und Prozeß.

Nach den Erkenntnissen von *Rommel et al.* legen die japanischen Automobilzulieferer größten Wert auf die Prozeßfähigkeit des Entwicklungsobjekts (vgl. *Rommel et al.* 1995, S. 197). Diese wird jedoch nicht durch umfangreiche Pilotserien sichergestellt, sondern durch kurze Zyklen des Bauens, Prüfens und Änderns. Die Pilotserien bei japanischen Zulieferern haben daher keinen Seriencharakter, sie stellen vielmehr eine Art Prototyping mit Serienwerkzeugen dar.

30 Da teilweise die Lieferfähigkeit mehrfach durch unterschiedliche Methoden überprüft wurde, kann die Summe der Nennungen 100 % übersteigen.

31 Der Unterschied ist höchst signifikant mit p = 0,0000 Mann-Whitney-U-Test.

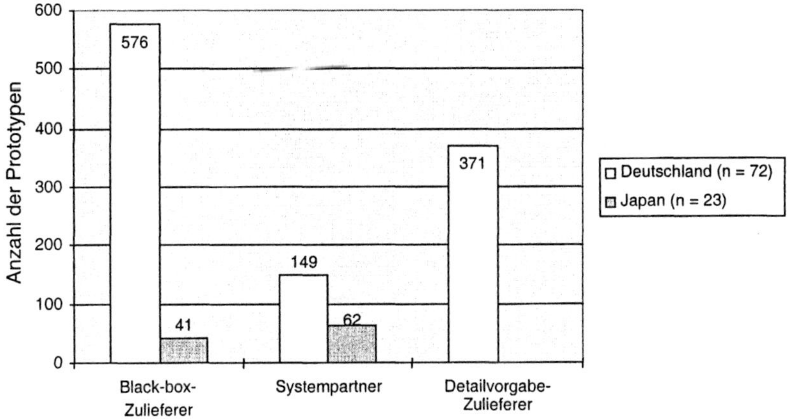

Abbildung 5-16: Anzahl der an den Kunden gelieferten Prototypen

In diesem Zusammenhang wurde auch die Frage nach dem Ort der Teilefertigung und -montage für die Pilotserie gestellt (vgl. Abbildung 5-17 und Abbildung 5-18).

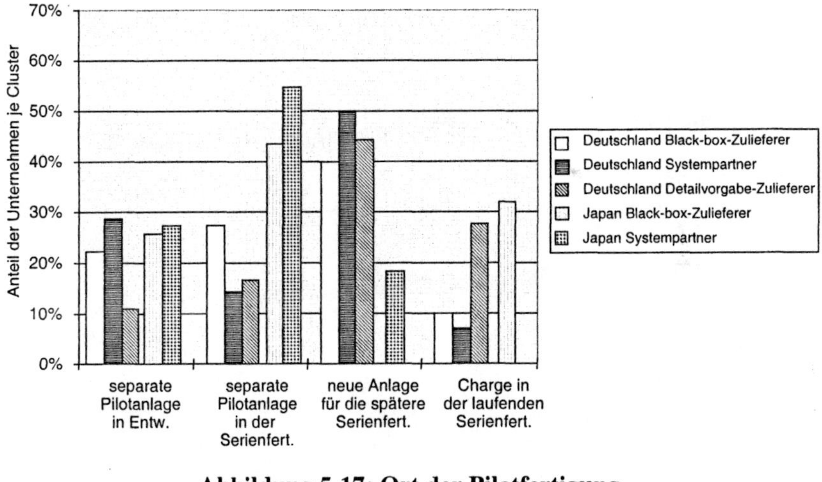

Abbildung 5-17: Ort der Pilotfertigung

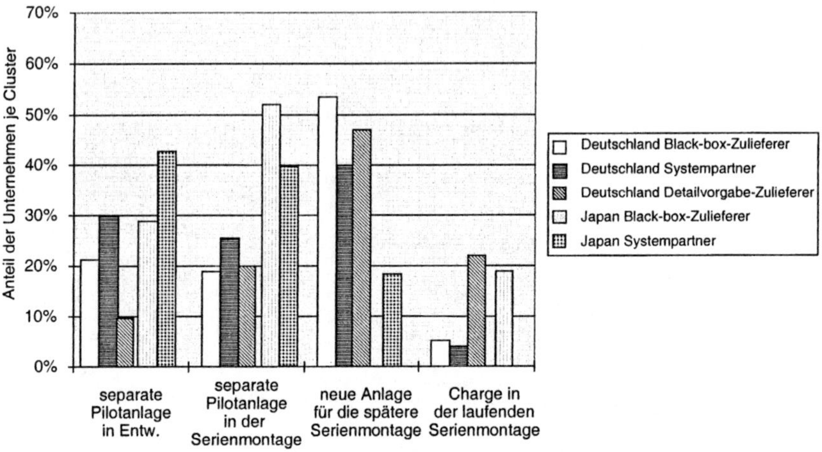

Abbildung 5-18: Ort der Pilotmontage

Hier zeigte sich entsprechend, daß in japanischen Unternehmen häufig separate Pilotanlagen mit den Serienwerkzeugen für die Teilefertigung und -montage verwendet werden, während in deutschen Unternehmen früher auf eine neue Serienanlagen übergegangen wird.

Auch die Ergebnisse zur Beteiligung der einzelnen Funktionsbereiche an der Pilotfertigung und -montage verdeutlichen den grundsätzlichen Unterschied im Verständnis des Serienanlaufs. Bei den deutschen Automobilzulieferern sind die Mitarbeiter der späteren Serienproduktion in weitaus höherem Maß an der Produktion der Pilotserie beteiligt als ihre japanischen Kollegen (vgl. Abbildung 5-19).[32]

32 Der Unterschied ist hoch signifikant mit $\alpha=0{,}0010$ nach dem Chi-Quadrat-Test.

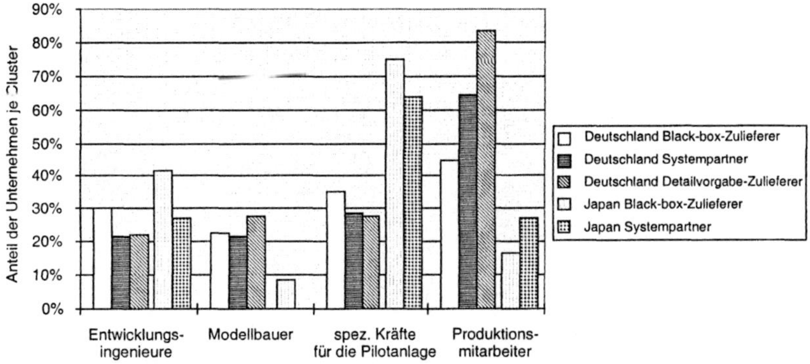

Abbildung 5-19: Beteiligung der Funktionsbereiche an der Pilotserie

Für die Durchführung der Pilotserie wurden bei den japanischen Unternehmen mit durchschnittlich 9,3 Wochen im Vergleich hoch signifikant weniger Zeit eingeplant.[33] Bei den deutschen Unternehmen wurden im Schnitt 13,8 Wochen für die Pilotserie veranschlagt. Die höheren Planwerte der deutschen Automobilzulieferern wurden zudem noch häufiger überschritten (vgl. Abbildung 5-20).[34]

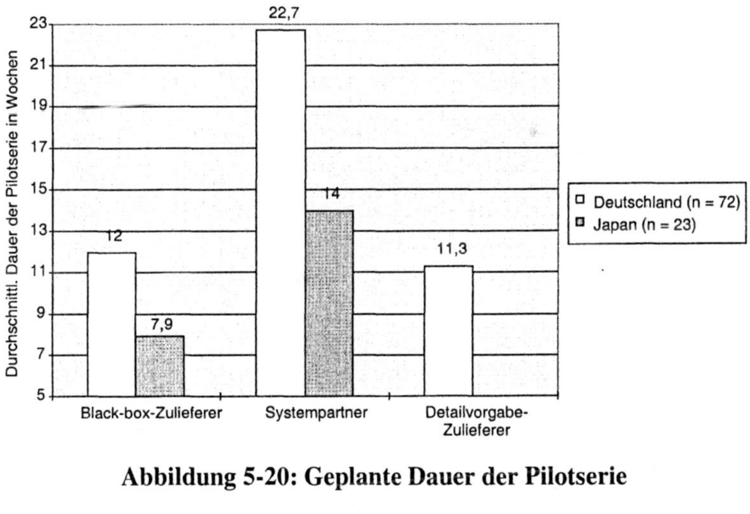

Abbildung 5-20: Geplante Dauer der Pilotserie

33 Höchst signifikant mit p=0,0001 nach dem Mann-Whitney-U-Test.

34 Nicht signifikant mit p=0,2385 gemäß Kolmogorov-Smirnov-Test.

Ein anderes Bild zeigt sich bei den Kosten der Pilotserie. Hier geben die japanischen Unternehmen in der Untersuchungsstichprobe einen deutlich höheren Anteil an den gesamten Entwicklungskosten an (vgl. Abbildung 5-21).[35] Dies ist durch die Verwendung separater Pilotserienanlagen und speziellem Personal für die Pilotserie bei japanischen Automobilzulieferern bedingt (vgl. Abbildung 5-18 sowie Abbildung 5-19). In bezug auf die Einhaltung der Budgetwerte ergeben sich keine signifikanten Unterschiede zwischen den beiden Untersuchungsstichproben.[36]

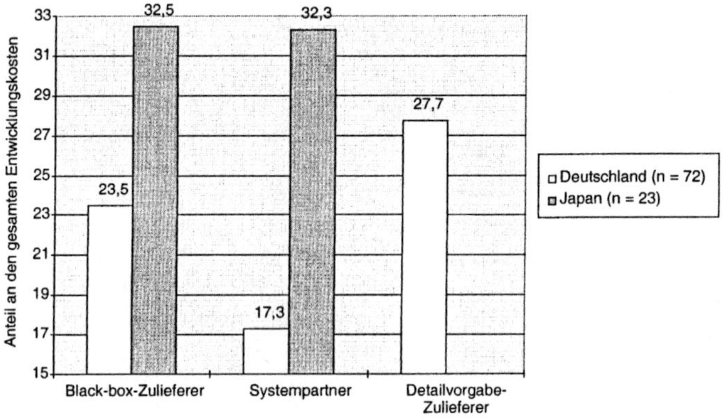

Abbildung 5-21: Entwicklungsbudgetanteile für die Pilotserie

5.2.5 Vergleich des Produktionshochlaufs

Erwartungsgemäß weisen die in der japanischen Untersuchungsstichprobe vertretenen Unternehmen höchst signifikant niedrigere Planwerte für die Dauer des Produktionshochlaufs auf (vgl. Abbildung 5-22).[37] Hypothese 2.1 über die Dauer des Produktionshochlaufs in der japanischen Automobilzulieferindustrie ist somit durch die vorliegenden Stichproben nicht widerlegt worden. Interessanterweise zeigt sich jedoch kein Unterschied der Dauer des Produktionshochlaufs zwischen den Zuliefertypen.

35 Der Unterschied ist hoch signifikant mit p = 0,0049 nach dem Mann-Whitney-U-Test.

36 Nicht signifikant mit p = 1 nach dem Kolmogorov-Smirnov-Test.

37 Höchst signifikant mit p = 0,000, ebenfalls nach dem Mann-Whitney-U-Test.

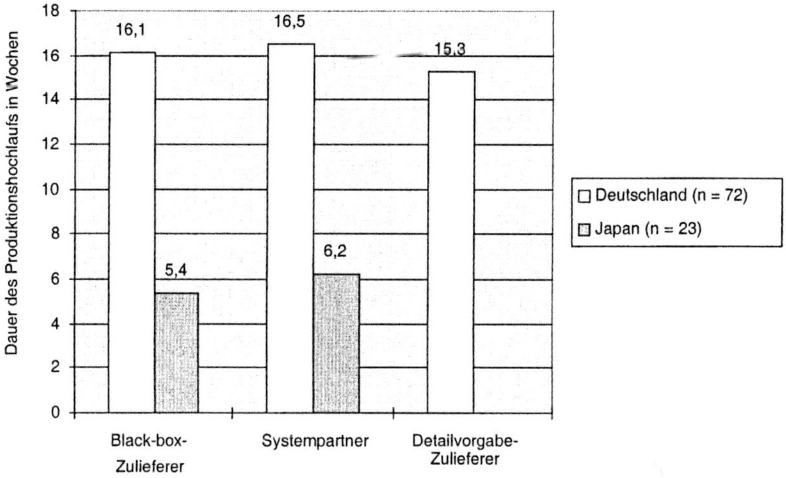

Abbildung 5-22: Geplante Dauer des Produktionshochlaufs

Diese Planwerte werden bei den japanischen Unternehmen ebenfalls häufig überschritten. In der japanischen Automobilindustrie bestehen somit – entgegen der ursprünglichen Vermutung aufgrund der explorativen Untersuchung – auch Probleme mit Zeitverzögerungen an der Schnittstelle zwischen Automobilhersteller und -zulieferer, wenn auch auf einem anderen Niveau (vgl. Abbildung 5-23).[38]

Die Systempartner weisen sowohl in Deutschland als auch in Japan die geringsten Überschreitungen der Planwerte des Produktionshochlaufs auf. Im Gegensatz dazu überschreiten die deutschen Black-box-Zulieferer hoch signifikant häufiger die geplante Dauer des Produktionshochlaufs als ihre japanischen Konkurrenten.[39] Mehr als zwei Drittel der deutschen Detailvorgabe-Zulieferer können ebenfalls die geplante Dauer nicht einhalten, fast 40 % überschreiten die geplante Dauer sogar deutlich. Von diesen beiden Zuliefertypen geht demnach das höchste Risiko für Verzögerungen im Produktionshochlauf der Automobilhersteller aus.

38 Der Unterschied ist immer noch höchst signifikant mit p = 0,0001 für die gesamten Unternehmen ohne Clusterung nach dem Mann-Whitney-U-Test.

39 Der Unterschied ist hoch signifikant mit p = 0,0064 nach dem Mann-Whitney-U-Test.

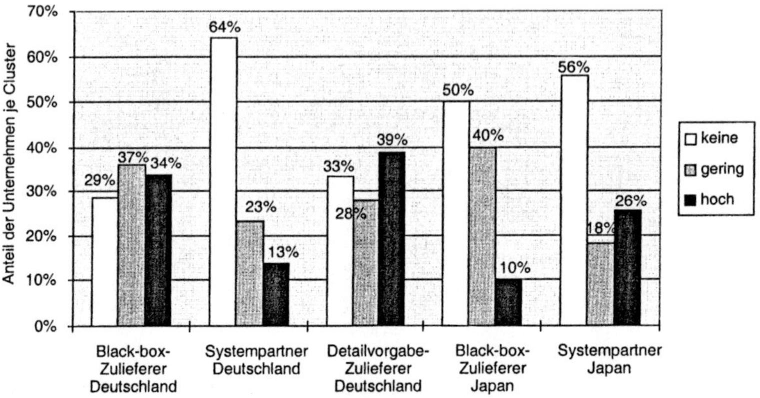

Abbildung 5-23: Überschreitung der geplanten Dauer des Produktionshochlaufs

Die langen Zeiträume des Produktionshochlaufs sowie die hohen Risiken der Überschreitung der geplanten Dauer der Produktionshochläufe haben dazu geführt, daß die deutschen Automobilzulieferer mit ihrer Produktion deutlich vor dem Automobilhersteller starten, während ihre japanische Konkurrenten nur einen sehr geringen Produktionsvorlauf aufweisen (vgl. Abbildung 5-24).

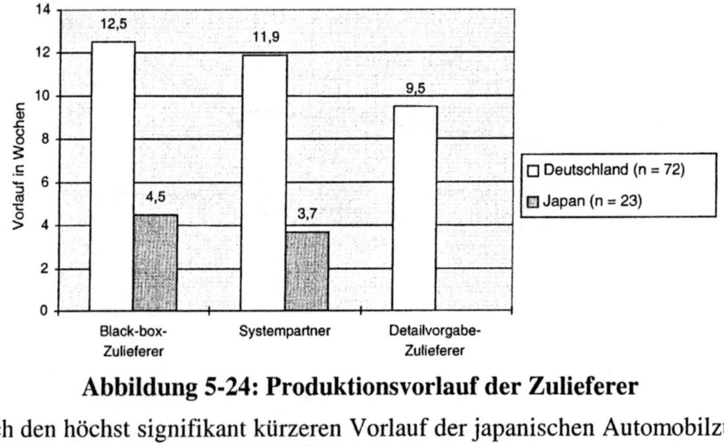

Abbildung 5-24: Produktionsvorlauf der Zulieferer

Durch den höchst signifikant kürzeren Vorlauf der japanischen Automobilzulieferer ist die gesamte Entwicklung schneller am Markt und kann dadurch kürzere Innovationszeiten realisieren (vgl. Abbildung 5-36).[40]

40 Der Unterschied ist höchst signifikant mit p = 0,0000 nach dem Mann-Whitney-U-Test.

Die Herstellkosten eines Produkts sind direkt zum Produktionsstart bedingt durch die Fertigungsmehrzeiten und die höhere Ausschußquote deutlich höher als im Stadium einer abgesicherten Produktion (vgl. *Hahn* 1989, S. 127).

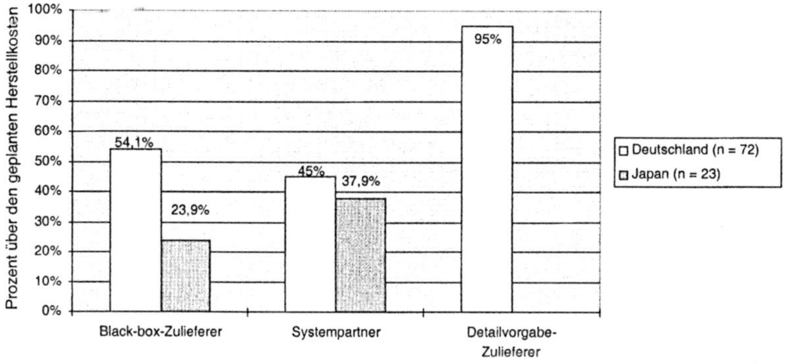

Abbildung 5-25: Herstellkostenüberschreitung beim Produktionsstart

Die befragten Entwicklungsleiter wurden gebeten, Angaben über die Höhe der Herstellkosten zu Beginn des Produktionsstarts im Verhältnis zu den geplanten Herstellkosten zu machen. Die deutschen Automobilzulieferer gaben an, daß diese zum Produktionsstart um 61,6 % höher lagen im Vergleich zu den geplanten Herstellkosten, die japanischen Automobilzulieferer gaben mit 31,0 % einen hoch signifikant niedrigeren Wert an.[41]

Die extrem hohe Überschreitung der geplanten Herstellkosten bei den Detailvorgabe-Zulieferern verdeutlicht die Problematik eines späten Einbezugs von Zulieferern in den Entwicklungsprozeß. Die Detailvorgabe-Zulieferer haben durch die zu diesem Zeitpunkt nur noch geringen Konstruktionsfreiräume keine Möglichkeit mehr, durch Maßnahmen im Verlauf der Entwicklung bereits zum Produktionsstart eine kostengünstige Produktion der betreffenden Komponenten und Bauteile sicherzustellen. Die geplanten Herstellkosten können daher erst nach längerer Zeit durch Erfahrungskurveneffekte sichergestellt werden.

In bezug auf die Änderungsumfänge im Verlauf des Serienanlaufs führen die japanischen Automobilzulieferer deutlich mehr Änderungen in der Pilotserie durch als deutsche Automobilzulieferer. Nach dem Produktionsstart fallen in den japanischen Unternehmen dafür deutlich weniger Änderungen an (vgl. Abbildung 5-26).[42]

---

41 Der Unterschied ist hoch signifikant mit p = 0,0080 nach dem Mann-Whitney-U-Test.

42 Der Unterschied in der Pilotserie ist signifikant mit p = 0,0200, der Unterschied der Änderungsumfänge nach dem Produktionsstart ist signifikant mit p = 0,0505, jeweils nach dem Mann-Whitney-U-Test.

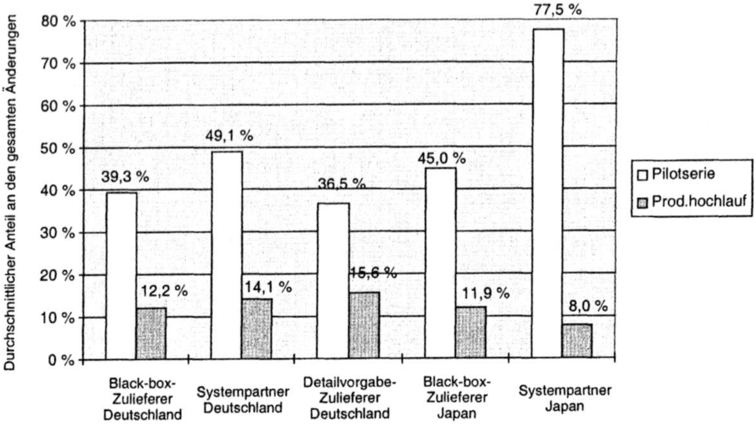

Abbildung 5-26: Änderungsumfänge im Serienanlauf

Dieses Ergebnis stimmt grundsätzlich mit den Aussagen von *Sullivan* überein (vgl. *Sullivan* 1986, S. 39 ff.). Es fällt auf, daß bei den Detailvorgabe-Zulieferern der höchste Änderungsumfang nach dem Produktionsstart anfällt.

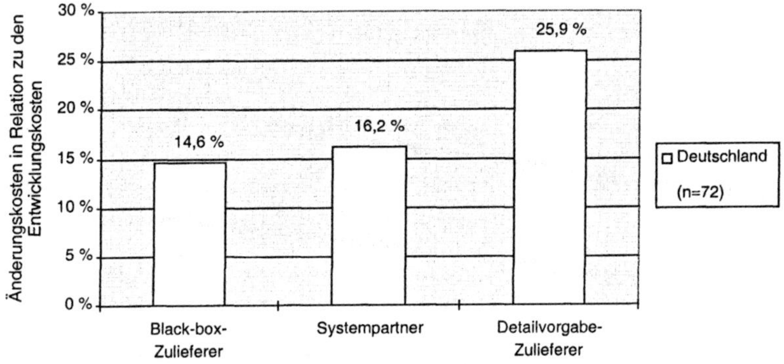

Abbildung 5-27: Änderungskosten bei deutschen Zulieferern[43]

Dieses Ergebnis verdeutlicht nochmals, daß hier aufgrund der späten Einbindung in die Entwicklung konstruktive und produktionstechnische

43 Aufgrund der unterschiedlichen Gestaltung der Fragebögen liegen leider keine Angaben über die Höhe der Änderungskosten der japanischen Zulieferer vor.

Probleme häufig erst nach dem Produktionsstart erkannt werden und dann hohe Änderungskosten verursachen (vgl. Abbildung 5-27).[44]

Die Analyse des Produktionshochlaufs beschäftigte sich auch mit der Frage, wie das neue Produkt in die laufende Produktion eingeschleust wurde und wie der Wechsel von einem eventuellen Vorgänger auf das neue Produkt erfolgte (vgl. Abbildung 5-28).

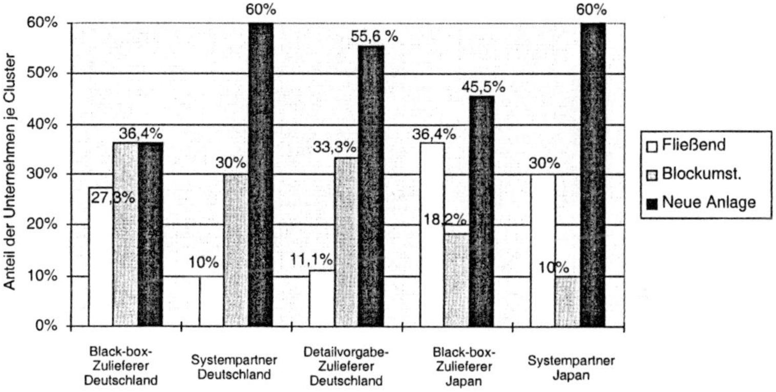

Abbildung 5-28: Wechsel vom Vorgänger- zum Nachfolgeprodukt in der Produktion

Es zeigt sich, daß die japanischen Zulieferer etwas häufiger einen fließenden Übergang vom Vorgänger- zum Nachfolgeprodukt anwenden.[45] Insbesondere bei den Systempartnern werden auffallend häufig neue Anlagen für das neue Produkt benötigt. Überraschend ist die Situation bei den Detailvorgabe-Zulieferern. Obwohl hier aufgrund des geringeren Innovationsgehalts eine nahe Verwandtschaft zu den bisherigen Produkten zu vermuten ist und damit eine Weiterverwendung der bestehenden Anlagen möglich sein sollte, machen die detaillierten Spezifikationen der Automobilhersteller anscheinend die Installation neuer Produktionsanlagen beim Zulieferer notwendig.

Welche Konsequenzen aus den Ergebnissen der deskriptiven Analyse zu ziehen sind, wird in Abschnitt 5.4 erörtert. Die Angaben zu den Projektcharakteristika, zu der Integration beim Automobilhersteller sowie zum Serienanlauf dienen

---

[44] Dabei ist jedoch zu beachten, daß die Detailvorgabe-Zulieferer aufgrund der detaillierten Spezifikationen auch insgesamt geringere Entwicklungskosten aufweisen, die Änderungskosten in Relation zu den Entwicklungskosten somit ceteris paribus von vornherein höher sind.

[45] Der Unterschied ist allerdings nicht signifikant mit p = 0,9676 für Black-box-Zulieferer und p = 0,07304 für Systempartner (Mann-Whitney-U-Test).

außerdem als Basis für die Überprüfung des hypothetischen Modellrahmens im folgenden Abschnitt.

5.3 Hypothesen des Modellrahmens und empirische Befunde

5.3.1 Zusammenhänge zwischen den Zielgrößen der Pilotserie und des Produktionshochlaufs

Eine mangelnde Harmonisierung der Schnittstellen im Innovationsprozeß zeigt sich in einer Nichteinhaltung der Zielgrößen des Serienanlaufs: Kosten, Zeit und Qualität in Pilotserie und Produktionshochlauf. Terminverzögerungen, Budgetüberschreitungen sowie Änderungen sind unter Umständen jedoch auch die Folge anderer Einflüsse.

So wäre zu vermuten, daß die einzelnen Planwerte für Kosten- und Zeitgrößen im Serienanlauf um so eher überschritten werden, je niedriger diese Planwerte sind. Dieser Hypothese liegt die Annahme zugrunde, daß bei hohen Planwerten zusätzliche Slacks in der Planung berücksichtigt wurden und sehr niedrige Planwerte von vornherein unrealistisch sind. Es findet sich jedoch weder in der deutschen noch in der japanischen Erhebung ein solcher Zusammenhang für eine der Zielgrößen.

	Deutschland		Japan	
Überschreitung der Planwerte in der Pilotserie	Anteil der untersuchten Projekte (n=70)	Überschreitung der geplanten Dauer des Produktionshochlaufs (Angaben in Prozent)	Anteil der untersuchten Projekte (n=22)	Überschreitung der geplanten Dauer des Produktionshochlaufs (Angaben in Prozent)
Keine Überschreitungen der geplanten Dauer und des Budgets für die Pilotserie	48,6%	keine: 56; < 10 %: 28; > 10 %: 16	54,2%	keine: 42; < 10 %: 42; > 10 %: 17
Geringfügige Überschreitungen der geplanten Dauer und des Budgets für die Pilotserie	18,9%	keine: 36; < 10 %: 50; > 10 %: 14	25,0%	keine: 20; < 10 %: 40; > 10 %: 40
Überschreitungen der geplanten Dauer und des Budgets für die Pilotserie, davon eine deutlich (>10%).	16,2%	keine: 42; < 10 %: 17; > 10 %: 42	20,8%	keine: 20; < 10 %: 40; > 10 %: 40
Deutliche Überschreitungen der geplanten Dauer und des Budgets für die Pilotserie	16,2%	keine: 17; < 10 %: 42; > 10 %: 42	0 %	

Tabelle 5-5: Zusammenhang zwischen der Überschreitung der Planwerte für die Pilotserie und der Planwerte für den Produktionshochlauf[46]

46 Signifikanz nach dem Chi-Quadrat-Test für Deutschland: Zusammenhang der Überschreitung der geplanten Dauer des Produktionshochlaufs mit den Überschreitungen

Speziell für die Steuerung des Serienanlaufs ist es von Bedeutung, inwiefern Zusammenhänge zwischen den einzelnen Phasen des Serienanlaufs bestehen, um auf Basis der Erkenntnisse aus der Pilotserie Aussagen über den Produktionshochlauf treffen zu können. Die Ergebnisse der Untersuchung weisen sowohl bei den deutschen als auch bei den japanischen Unternehmen Zusammenhänge zwischen der Planwertüberschreitung in der Pilotserie und der Überschreitung der geplanten Dauer des Produktionshochlaufs auf (vgl. Tabelle 5-5).

Wie die Ergebnisse zeigen, ist eine der Hauptursachen für die Überschreitung der geplanten Dauer des Produktionshochlaufs der Gesamtumfang der Änderungen an Produkten und/oder Prozessen nach dem Produktionsstart (vgl. Abbildung 5-29).

Wider Erwarten zeigt sich kein Zusammenhang zwischen dem Änderungsumfang im Verlauf der Pilotserie und dem Änderungsumfang nach dem Produktionsstart (vgl. Abbildung 5-26). Dies kann zum einen dadurch bedingt sein, daß die zu Änderungen führenden Mängel auf Produkt- und Prozeßebene im Verlauf der Pilotserie nicht entdeckt werden oder daß die Zeitspanne der Pilotserie zu kurz ist, um die entdeckten Mängel zu beheben.

Bei den Zulieferern in Deutschland ist ein hochsignifikanter Zusammenhang der Überschreitung der geplanten Herstellkosten zum Produktionsstart mit der Überschreitung der geplanten Dauer des Produktionshochlaufs festzustellen. Hier ist jedoch keine gegenseitige Kausalität gegeben, vielmehr verdeutlicht dieses Ergebnis, daß die Probleme, die eine Verzögerungen im Serienanlauf verursachen, auch wirtschaftliche Konsequenzen nach sich ziehen.

Eine Übersicht der Hypothesen zu den Interdependenzen der Zielgrößen im Serienanlauf und der im Verlauf der Untersuchung bestätigten Zusammenhänge findet sich in der nachfolgenden Tabelle 5-6.

---

der Zeitziele der Pilotserie nicht signifikant mit $\alpha = 0{,}2110$, Zusammenhang mit der Überschreitung des Budgets für den Produktionshochlauf signifikant mit $\alpha = 0{,}0890$.

Ergebnisse für Japan: Zusammenhang mit Zeitziel nicht signifkant mit $\alpha = 0{,}1976$, Zusammenhang mit Budgetüberschreitung ebenfalls nicht signifkant mit $\alpha = 0{,}1373$.

H 2	*Es bestehen Interdependenzen zwischen den Variablen in Pilotserie und Produktionshochlauf.*			
Nr.	*Unterhypothese*	Test	Deutschland	Japan
2.1	*Je niedriger die Kosten- und Zeitziele des Serienanlaufs sind, desto eher werden sie überschritten.*	Kruskal-Wallis H	kein Zusammenhang	kein Zusammenhang
2.2	*Je stärker die Kosten- und Zeitziele für die Pilotserie überschritten werden, desto eher wird die geplante Dauer des Produktionshochlaufs überschritten.*	Chi-Quadrat	Zusammenhang, für System-partner signifikant	Zusammenhang in beiden Fällen, nicht signifikant[47]
2.3	*Je höher der Änderungsumfang nach dem Produktionsstart ist, desto eher wird die geplante Dauer des Produktionshochlaufs überschritten.*	Kruskal-Wallis H	für alle Cluster signifikanter Zusammenhang	für alle Cluster signifikanter Zusammenhang
2.4	*Je höher der Änderungsumfang in der Pilotserie ist, desto niedriger ist der Änderungsumfang nach dem Produktionsstart*	Rangkorrelation nach Spearman	kein Zusammenhang	kein Zusammenhang
2.5	*Bei einer starken Überschreitung der geplanten Herstellkosten zu Beginn des Produktionshochlaufs wird auch die geplante Dauer des Produktionshochlaufs in starkem Maß überschritten.*	Kruskal-Wallis H	hoch signifikanter Zusammenhang für alle Zuliefertypen	kein Zusammenhang
2.6	*Je höher die geplanten Herstellkosten zu Beginn des Produktionshochlaufs überschritten werden, desto höher ist der Änderungsumfang nach dem Produktionsstart.*	Rangkorrelation nach Spearman	kein Zusammenhang	kein Zusammenhang

Tabelle 5-6: Hypothesenliste zu den Interdependenzen der Zielgrößen

[47] Da in diesem Fall mehr als 20 % aller Felder der Kreuztabelle eine Häufigkeit < 5 aufwiesen, erfolgte zusätzlich eine Umgruppierung zu einer Vierfeldmatrix für einen exakten Test nach *Fischer* (vgl. hierzu *Bühl, Zöfel* 1996, S. 227).

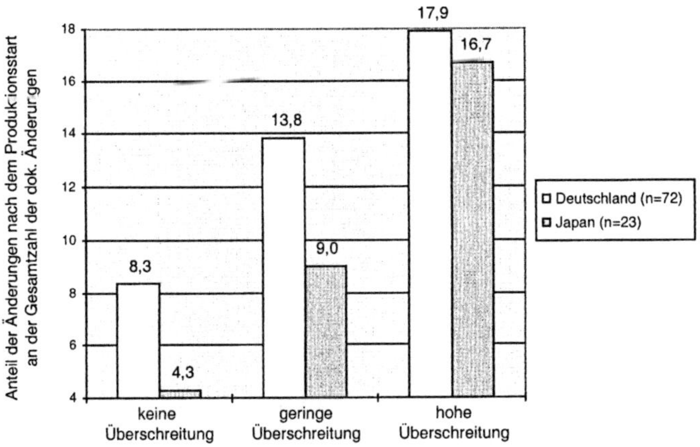

Abbildung 5-29: Zusammenhang zwischen Änderungsumfang und Überschreitung der geplanten Dauer des Produktionshochlaufs

5.3.2 Entwicklungsprojektspezifische Kontextfaktoren

Als Kontextfaktoren des Entwicklungsprojekts wurden der Innovationsgrad des Neuprodukts und der dazugehörigen Prozesse bzw. der Innovationstyp des Projekts (vgl. Abbildung 5-5) sowie die Entwicklungszeit ausgewählt. Nach einer empirischen Untersuchung von *Meyer* und *Utterback* besteht eine starke Korrelation zwischen der Entwicklungszeit insgesamt und dem Innovationsgrad einer Entwicklung (vgl. *Meyer, Utterback* 1995, S. 300).[48] Dem widersprechen Untersuchungsergebnisse des *MIT* bei einem Vergleich von japanischen, US-amerikanischen und europäischen Automobilherstellern, nach denen die Dauer eines Entwicklungsprojekts nicht vom Innovationsgrad oder dem Umfang des Projekts abhängig ist (vgl. *Womack et al.* 1990, S. 110 ff.).

In beiden Stichproben der hier beschreibenen Untersuchung zeigt sich unabhängig von den Clustern ein signifikanter Zusammenhang zwischen den Innovationsgraden von Produkten und Prozessen und der Entwicklungszeit (vgl. Abbildung 5-30). Interessanterweise hat der Innovationsgrad der Prozesse bei japanischen Unternehmen einen sehr viel geringeren Einfluß auf die Entwicklungsdauer.

---

48 Auf diesen Zusammenhang weisen auch andere Autoren hin, zumeist jedoch ohne empirischen Beleg (vgl. u. a *Wheelwright, Clark* 1993, S. 216).

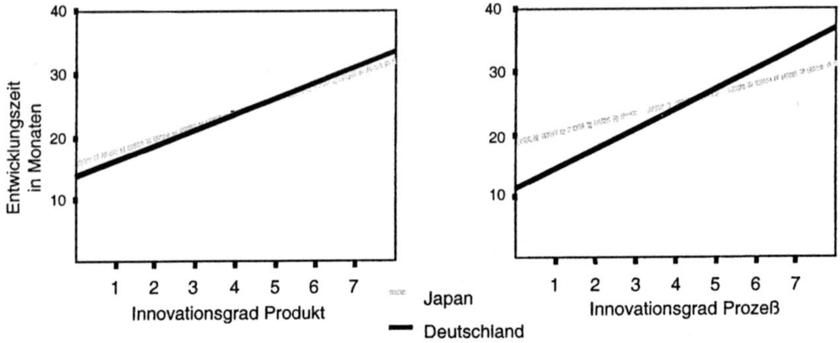

Abbildung 5-30: Zusammenhang zwischen Innovationsgrad und Entwicklungszeit

Die Auswirkungen, die diese Zusammenhänge auf die Kosten- und Zeitziele der Innovation haben, sind nicht eindeutig vorherzusehen. Bei einem höheren Innovationsgrad von Produkten und Prozessen ist aufgrund der geringeren Erfahrungen mit größeren Problemen bei der Integration im Serienanlauf zu rechnen. Andererseits liegt die Vermutung nahe, daß durch eine längere Entwicklungszeit auch mehr Zeit für die Erfüllung der technischen, funktionalen und wirtschaftlichen Anforderungen und die Vorbereitung der Produktion verbleibt und der Serienanlauf somit reibungsloser vonstatten geht.

Es zeigt sich, daß der Innovationstyp des Entwicklungsprojekts unabhängig vom Cluster einen signifikanten Einfluß auf die tatsächliche Dauer des Produktionshochlaufs hat.[49] Aufgrund der geringen Fallzahl in der japanischen Stichprobe ist der Zusammenhang nicht signifikant (vgl. Abbildung 5-31). Bei den Systempartnern findet sich ein signifikanter Zusammenhang zwischen dem Innovationstyp und der Überschreitung der geplanten Dauer des Produktionshochlaufs.[50] Auf die Herstellkostenüberschreitung zum Produktionsstart sowie auf die Änderungsumfänge nach dem Produktionsstart hat der Innovationstyp keine Auswirkungen.

---

49 Das Signifikanzniveau beträgt $p = 0{,}0720$ für die deutsche Stichprobe, $p = 0{,}1909$ für die japanische Stichprobe nach dem Kruskal-Wallis-H-Test.

50 Zusammenhang für deutsche Systempartner signifikant mit $p = 0{,}0835$, für japanische Systempartner nicht signifikant mit $p = 0{,}1790$ nach dem Kruskal-Wallis-H-Test.

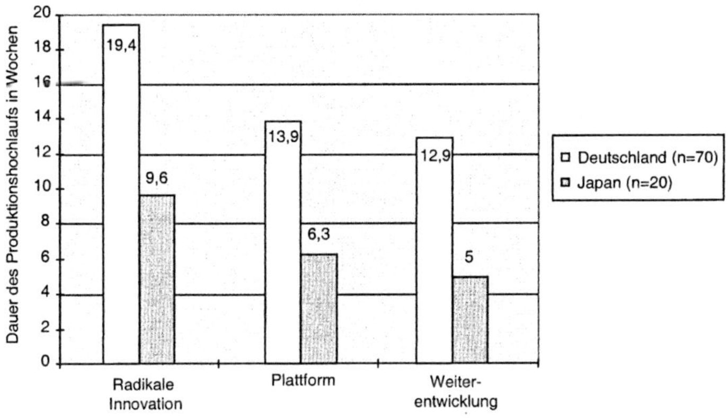

Abbildung 5-31: Zusammenhang zwischen Innovationstyp und Dauer des Produktionshochlaufs

Die Hypothese, daß bei einer längeren Entwicklungszeit der Übergang in die Produktion besser vorbereitet werden kann und dadurch kürzere Produktionshochläufe realisiert werden, konnte sich nicht behaupten. Im Gegensatz dazu zeigte sich ein signifikanter gegenteiliger Zusammenhang für die geplante Dauer des Produktionshochlaufs und der Pilotserie. Das legt die Vermutung nahe, daß der Serienanlauf als ein fester Prozentsatz der gesamten Entwicklungszeit geplant wird (vgl. Abbildung 5-32).[51] Die tatsächliche Dauer des Produktionshochlaufs zeigt allerdings keinen signifikanten Zusammenhang mit der Entwicklungszeit.

Auch die Vermutung, daß durch eine längere Entwicklungszeit mehr Änderungen vor dem Produktionsstart durchgeführt werden können und dadurch die Wahrscheinlichkeit einer Überschreitung der geplanten Dauer des Produktionshochlaufs sinkt, konnte durch die Ergebnisse der Untersuchung nicht grundsätzlich bestätigt werden. Lediglich bei den Black-box-Zulieferern wird bei einer längeren Entwicklungszeit die geplante Dauer des Produktionshochlaufs signifikant häufiger eingehalten.[52]

---

51 Der Korrelationskoeffizient nach Spearman für den Zusammenhang zwischen der Entwicklungszeit in Monaten und der tatsächlichen Dauer des Produktionshochlaufs in Wochen beträgt 0,2880 für die deutsche Stichprobe und 0,2294 insgesamt.

52 Zusammenhang ist signifikant mit p = 0,0918 für die deutschen und p = 0,0473 für die japanischen Black-box-Zulieferer.

H 3	*Die Charakteristika des Entwicklungsprojekts haben einen Einfluß auf die Änderungen sowie die Zeitziele im Serienanlauf und deren Einhaltung.*			
Nr.	*Unterhypothese*	Test	Deutschland	Japan
3.1	*Je niedriger der Innovationstyp eines Entwicklungsprojekts ist, desto kürzer ist die geplante Dauer des Produktionshochlaufs.*	Kruskal-Wallis H	kein Zusammenhang	kein Zusammenhang
3.2	*Je niedriger der Innovationstyp eines Entwicklungsprojekts ist, desto eher wird die geplante Dauer des Produktionshochlaufs eingehalten.*	Kruskal-Wallis H	Zusammenhang für Systempartner signifikant	Zusammenhang für Systempartner, nicht signifikant
3.3	*Je niedriger der Innovationstyp eines Ent-wicklungsprojekts ist, desto geringer ist die tatsächliche Dauer des Produktionshochlaufs.*	Kruskal-Wallis H	signifikanter Zusammenhang	Zusammenhang, nicht signifikant
3.4	*Je niedriger der Innovationstyp eines Entwicklungsprojekts ist, desto geringer ist der Änderungsumfang nach dem Produktionsstart.*	Kruskal-Wallis H	kein Zusammenhang	kein Zusammenhang
3.5	*Je niedriger der Innovationstyp eines Entwicklungsprojekts ist, desto geringer ist die Überschreitung der geplanten Herstellkosten nach dem Produktionsstart.*	Kruskal-Wallis H	kein Zusammenhang	kein Zusammenhang
3.6	*Je länger die Entwicklungszeit ist, desto kürzer ist die geplante Dauer des Produktionshochlaufs*	Rangkorrelation nach Spearman	umgekehrter Zusammenhang signifikant	umgekehrter Zusammenhang, nicht signifikant
3.7	*Je länger die Entwicklungszeit ist, desto eher wird die geplante Dauer des Produktionshochlaufs eingehalten.*	Kruskal-Wallis H	signifikanter Zusammenhang für Blackbox-Zulieferer	signifikanter Zusammenhang für Blackbox-Zulieferer
3.8	*Je länger die Entwicklungszeit ist, desto geringer ist die tatsächliche Dauer des Produktionshochlaufs.*	Rangkorrelation nach Spearman	kein Zusammenhang	kein Zusammenhang
3.9	*Je länger die Entwicklungszeit ist, desto geringer ist der Änderungsumfang nach dem Produktionsstart.*	Rangkorrelation nach Spearman	kein Zusammenhang	kein Zusammenhang

Tabelle 5-7: Hypothesenliste zu den Einflüssen der Charakteristika des Entwicklungsprojekts

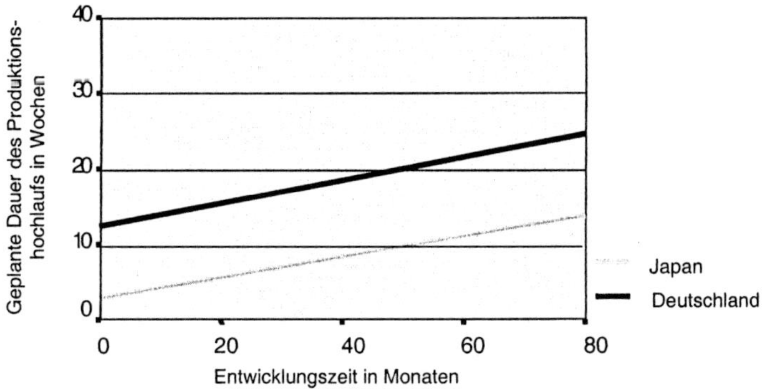

Abbildung 5-32: Zusammenhang zwischen Entwicklungszeit und geplanter Dauer des Produktionshochlaufs

Eine Übersicht über die Hypothesen zu den Auswirkungen der Kontextfaktoren des Entwicklungsprojekts auf die Zielgrößen des Produktionshochlaufs findet sich in der Tabelle 5-7. Im folgenden werden die Zusammenhänge zwischen den Zielgrößen der Innovation und den produktionsspezifischen Kontextfaktoren untersucht.

5.3.3 Produktionsspezifische Kontextfaktoren

Der Produktionshochlauf ist abgeschlossen, wenn die Normalproduktivität erreicht ist. Die Normalproduktivität wiederum steht in engem Zusammenhang mit der geplanten Kapazität einer Anlage. Es liegt die Vermutung nahe, daß die Produktionskapazität einen Einfluß auf die Dauer des Produktionshochlaufs hat. Dieser Zusammenhang ist für die Gesamtheit der deutschen Zulieferer gegeben,[53] wird aber bei der Bestimmung der Planwerte für die Dauer des Produktionshochlaufs anscheinend nicht berücksichtigt.

Die Komplexität der Teilefertigung und -montage äußert sich in der Gesamtzahl der zu montierenden Teile. Es wäre zu vermuten, daß die Komplexität der Produktion und somit die Gesamtzahl der Teile einen Einfluß auf die Zielgrößen der Innovation und deren Einhaltung besitzen. Außerdem ist anzunehmen, daß die Anzahl der Änderungen nach dem Produktionshochlauf mit höherer Teilezahl deutlich ansteigt, bedingt durch die Wechselwirkungen zwischen den einzelnen Teilen, die mit ansteigender Teilezahl überproportional zunehmen (vgl. *Smith, Reinertsen* 1991, S. 62). Tatsächlich findet sich jedoch für keinen der

---

53 Der Einfluß ist für die deutschen Automobilzulieferer signifikant mit $p = 0{,}098$ und einem Korrelationskoeffizienten nach *Spearman* von 0,2009.

Zuliefertypen ein Zusammenhang in dieser Hinsicht. Dieser Befund deckt sich mit den Ergebnissen von *Murmann*, der ebenfalls keinen Einfluß der Gesamtzahl an Teilen auf die Zeitziele in Entwicklung und Serienanlauf und deren Einhaltung feststellen konnte (vgl. *Murmann* 1994, S. 193 ff.).

Vergleichbar mit der Situation bei den Automobilherstellern ist auch bei den Zulieferern zu vermuten, daß die Unterlieferanten für Zeitverzögerungen im Serienanlauf verantwortlich zeichnen.[54] Je höher die Fertigungstiefe ist, die Teile somit im eigenen Haus entwickelt, gefertigt und montiert werden, desto schneller lassen sich Probleme erkennen und noch vor dem Produktionsstart beseitigen. Überraschenderweise wurde ein, für Systempartner und Detailvorgabe-Zulieferer signifikanter, umgekehrter Zusammenhang zwischen der Fertigungstiefe und der Überschreitung der geplanten Herstellkosten zu Beginn des Produktionshochlaufs festgestellt.[55]

Dieses auf den ersten Blick überraschende Ergebnis ist jedoch äußerst plausibel, denn bei einer Fremdvergabe von Entwicklungs- und Produktionsumfängen wird im allgemeinen das Risiko einer Herstellkostenüberschreitung zum Produktionsbeginn an den Lieferanten verlagert. Für die Änderungsumfänge und die Überschreitung der Dauer des Produktionshochlaufs konnten jedoch keine vergleichbaren Zusammenhänge mit der Fertigungstiefe gefunden werden.

Eine Übersicht über die Hypothesen zu den produktionsspezifischen Kontextfaktoren und deren Auswirkungen kann der Tabelle 5-8 entnommen werden.

---

54 Die Fertigungstiefe bei den Zulieferunternehmen hat in den letzten fünfzehn Jahren ebenfalls permanent abgenommen. Dieser Trend wird nach einer Expertenbefragung weiter anhalten (vgl. *Wildemann* 1993, S. 36).

55 Der Kruskal-Wallis-H-Test erbrachte folgende Wahrscheinlichkeiten:

Systempartner Deutschland:	$p = 0{,}01654$
Systempartner Japan:	$p = 0{,}0508$
Detailvorgabe-Zulieferer Deutschland:	$p = 0{,}0216$

H 4	*Die produktionsspezifischen Kontextfaktoren haben einen Einfluß auf den Änderungsumfang sowie die Zeitziele im Serienanlauf und deren Einhaltung.*			
Nr.	*Unterhypothese*	Test	Deutschland	Japan
4.1	*Je höher die Produktionskapazität ist, desto länger ist die Dauer des Produktionshochlaufs.*	Rangkorrelation nach Spearman	signifikanter Zusammenhang	kein Zusammenhang
4.2	*Je höher die Gesamtzahl an Teilen im betreffenden Produkt ist, desto länger ist die Dauer des Produktionshochlaufs.*	Kruskal-Wallis H	kein Zusammenhang	kein Zusammenhang
4.3	*Je höher die Gesamtzahl an Teilen ist, desto eher wird die geplante Dauer des Produktionshochlaufs überschritten.*	Kruskal-Wallis H	kein Zusammenhang	kein Zusammenhang
4.4	*Je höher die Gesamtzahl an Teilen ist, desto eher werden die geplanten Herstellkosten zu Beginn des Produktionshochlaufs überschritten.*	Kruskal-Wallis H	kein Zusammenhang	kein Zusammenhang
4.5	*Je höher die Gesamtzahl an Teilen ist, desto höher ist der Änderungsumfang nach dem Produktionsstart.*	Kruskal-Wallis H	kein Zusammenhang	kein Zusammenhang
4.6	*Je höher die Fertigungstiefe für das betreffende Produkt ist, desto kürzer ist die Dauer des Produktionshochlaufs.*	Kruskal-Wallis H	kein Zusammenhang	kein Zusammenhang
4.7	*Je höher die Fertigungstiefe für das betreffende Produkt ist, desto eher wird die geplante Dauer des Produktionshochlaufs eingehalten.*	Kruskal-Wallis H	kein Zusammenhang	kein Zusammenhang
4.8	*Je höher die Fertigungstiefe für das betreffende Produkt ist, desto geringer ist die Überschreitung der geplanten Herstellkosten zu Beginn des Produktionshochlaufs.*	Kruskal-Wallis H	signifikanter umgekehrter Zusammenhang für Systempartner und Detailvorgabe-Zulieferer	signifikanter umgekehrter Zusammenhang für Systempartner

Tabelle 5-8: Hypothesenliste zum Einfluß der Produktionscharakteristika

5.3.4 Unternehmensübergreifende Koordination an der Schnittstelle zum Automobilhersteller

Die befragten Automobilzulieferer wurden im Fragebogen darum gebeten, die drei aus ihrer Sicht größten Probleme im Innovationsprozeß darzulegen. Die meisten Nennungen betrafen dabei die Schnittstelle zum Automobilhersteller (vgl. Tabelle A-1 im Anhang C).

Die Ergebnisse der Untersuchung zeigen, daß die Probleme im Produktionshochlauf beim Automobilzulieferer sehr eng mit der Gestaltung der Schnittstelle zum Automobilhersteller korrelieren. Überraschenderweise zeigte jedoch nicht der Zeitpunkt des Einbezugs in den Entwicklungsprozeß des Automobilherstellers einen Zusammenhang mit der Überschreitung der geplanten Dauer des Produktionshochlaufs oder mit dem Änderungsumfang nach dem Produktionsstart.

Vielmehr ist es für die Einhaltung der geplanten Dauer des Produktionshochlaufs – unabhängig vom Cluster – von signifikant hoher Bedeutung, zu welchem Zeitpunkt der endgültige Auftrag an den Zulieferer erteilt wurde (vgl. Abbildung 5-33).[56]

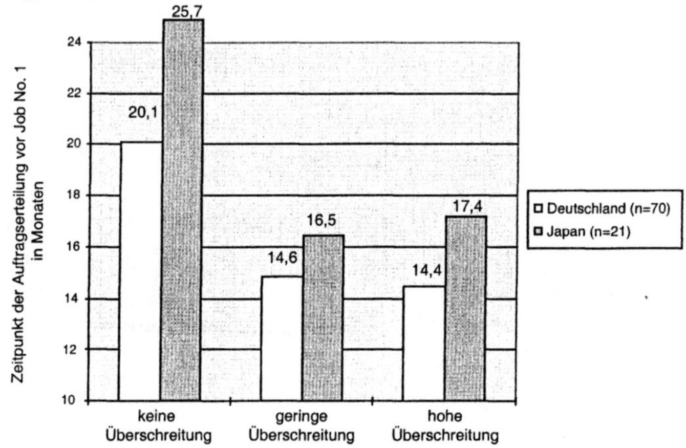

Abbildung 5-33: Zusammenhang zwischen Auftragserteilung und Überschreitung der geplanten Dauer des Produktionshochlaufs

Es ist zu vermuten, daß durch eine intensivere Kommunikation bereits im Vorfeld eine bessere Abstimmung erzielt wird und daß die intensive Zusammenarbeit auch zur Einhaltung der vereinbarten Termine motiviert. Bei einer intensi-

56 Zusammenhang für die deutschen Zulieferer signifikant mit p = 0,0322, für die japanischen Unternehmen hoch signifikant mit p = 0,0059 nach dem Kruskal-Wallis-H-Test.

ven Zusammenarbeit können außerdem Änderungen frühzeitig erkannt, kommuniziert und durchgeführt werden. Die Ergebnisse der Untersuchung weisen jedoch lediglich für die Black-box-Zulieferer einen signifikanten Zusammenhang zwischen den einzelnen, in Abbildung 5-14 dargelegten Formen der Zusammenarbeit und dem Änderungsumfang nach dem Produktionsstart auf.[57] Bei den Systempartnern und den Detailvorgabe-Zulieferern kam es auch bei einer permanenten Mitarbeit von Entwicklungsingenieuren des Automobilzulieferer im Entwicklungsbereich des Automobilherstellers zu umfangreichen Änderungen nach dem Produktionsstart und zu erheblichen Verzögerungen im Produktionshochlauf.

Die deutschen Detailvorgabe-Zulieferer, bei denen die Automobilhersteller bereits vor dem eigentlichen Produktionsstart einen Probelauf verlangt haben, überschritten die geplante Dauer des Produktionshochlaufs signifikant häufiger.[58] Dies überrascht zunächst, sollte der Probelauf doch eine Abstimmung an den kritischen Schnittstellen bereits vor der Serienproduktion sicherstellen und somit eine höhere Termintreue gewährleisten. Allerdings ist bei den Zulieferern, die einen Probelauf absolvierten, auch der Änderungsumfang nach dem Produktionsstart deutlich höher. Es ist davon auszugehen, daß der Probelauf insbesondere bei kritischen Zulieferumfängen verlangt wurde, eine Einhaltung der geplanten Dauer des Produktionshochlaufs somit von vorneherein nicht zu erwarten war.

Bei allen befragten Automobilzulieferern sind die Änderungen, die in den späten Phasen des Entwicklungsprozesses durch den Automobilhersteller angestoßen werden, ein besonderes Problemfeld (vgl. Tabelle A-1 im Anhang C). Eine grundsätzliche Eliminierung dieser Änderungen wird jedoch gar nicht angestrebt. Ein Interviewpartner in der Exploration schilderte die Lage sehr drastisch: „Die mit den Serienteilen erzielten Deckungsbeiträge reichen kaum für die Amortisation der Produktions- und Entwicklungsfixkosten aus. Ein positives Ergebnis wird lediglich durch Nachverhandlungen bei Änderungen erzielt." So zeigt sich in beiden Stichproben ein entsprechender Zusammenhang zwischen der Übernahme der Änderungskosten durch den Automobilhersteller und dem Änderungsumfang nach dem Produktionsstart, dieser ist allerdings nur bei den deutschen Systempartnern signifikant.[59]

---

57 Der Zusammenhang ist für die deutschen Black-box-Zulieferer signifikant mit $p = 0{,}0816$ nach dem Kruskal-Wallis-H-Test. Bei den japanischen Black-box-Zulieferern war der Zusammenhang nicht signifikant mit $p = 0{,}1962$.

58 Der Zusammenhang ist signifikant mit $p = 0{,}0544$ nach dem Mann-Whitney-U-Test.

59 Der Zusammenhang ist signifikant mit $p = 0{,}0932$ für die deutschen Systempartner, nicht signifikant mit $p = 0{,}1702$ für die japanischen Systempartner.

Eine Zusammenfassung der Untersuchungsergebnisse zur Überprüfung der Hypothesen über die unternehmenübergreifende Harmonisierung der Schnittstellen findet sich in Tabelle 5-9.

H 5	*Der Harmonisierungsgrad an der Schnittstelle zum Automobilhersteller hat einen Einfluß auf die Änderungen sowie die Kosten- und Zeitziele im Serienanlauf und deren Einhaltung.*			
Nr.	*Unterhypothese*	Test	Deutschland	Japan
5.1	*Je früher der Zulieferer in den Entwicklungsprozeß des Automobilherstellers eingebunden wird, desto eher wird die geplante Dauer des Produktionshochlaufs eingehalten.*	Kruskal-Wallis H	kein Zusammenhang	kein Zusammenhang
5.2	*Je früher der Zulieferer in den Entwicklungsprozeß des Automobilherstellers eingebunden wird, desto geringer ist der Änderungsumfang nach dem Produktionsstart.*	Kruskal-Wallis H	kein Zusammenhang	kein Zusammenhang
5.3	*Je früher der Automobilhersteller den Auftrag erteilt, desto eher wird die geplante Dauer des Produktionshochlaufs eingehalten.*	Kruskal-Wallis H	signifikanter Zusammenhang	signifikanter Zusammenhang
5.4	*Die Einhaltung der geplanten Dauer des Produktionshochlaufs hängt von der Art und Intensität der Zusammenarbeit zwischen Automobilhersteller und -zulieferer ab*	Kruskal-Wallis H/ Mann-Whitney U	kein Zusammenhang	kein Zusammenhang
5.5	*Der Änderungsumfang nach dem Produktionsstart hängt von der Art und Intensität der Zusammenarbeit zwischen Automobilhersteller und -zulieferer ab*	Kruskal-Wallis H	signifikanter Zusammenhang für Blackbox-Zulieferer	kein Zusammenhang
5.6	*Wenn die Lieferfähigkeit durch eine Produktionsprobelauf überprüft wird, dann wird die geplante Dauer des Produktionshochlaufs eher eingehalten.*	2-Stichproben Kolmogorov-Smirnov	gegenteiliger Zusammenhang signifikant für Detailvorgabe-Zulieferer	kein Zusammenhang
5.7	*Je umfangreicher der Automobilhersteller die Änderungskosten des Zulieferers übernimmt, desto höher ist der Änderungsumfang nach dem Produktionsstart.*	Kruskal-Wallis H	Zusammenhang für Systempartner signifikant	kein Zusammenhang

Tabelle 5-9: Hypothesenliste zum Einfluß der unternehmensübergreifenden Harmonisierung

5.3.5 Phasen- und funktionsübergreifende Koordinationsaspekte im Serienanlauf

Eine Maßgröße für die phasenübergreifende Koordination ist die Anzahl der Prototypen, die vor dem Produktionsstart produziert werden, um Aussagen über das spätere Serienprodukt und die dazugehörigen Produktionsprozesse treffen zu können. Prinzipiell ist davon auszugehen, daß bei einer höheren Anzahl an Prototypen in den Pilotserien mehr Produkttests durchgeführt und umfangreiche Erfahrungen mit den Produktionsprozessen gesammelt werden können und somit insgesamt mit einer kürzeren Dauer des Produktionshochlaufs bzw. mit der Einhaltung der geplanten Dauer zu rechnen ist.

Ein Zusammenhang zwischen der Anzahl der Prototypen und der Einhaltung der geplanten Dauer des Produktionshochlaufs wird von den Untersuchungsergebnissen jedoch nur für die Detailvorgabe-Zulieferer bestätigt.[60] Bei den deutschen Black-box-Zulieferern reduzierte eine höhere Anzahl an Prototypen signifikant den Änderungsumfang nach dem Produktionsstart.[61]

Eine hohe Bedeutung für die phasen- und funktionsübergreifende Koordination im Serienanlauf haben Ort und Gestaltung der Pilotserie. Es ist zu vermuten, daß der Ort der Pilotserie einen Einfluß auf die Ausprägung der Zieldimensionen besitzt. Die Pilotserie kann, wie bereits in Kap. 2 erläutert, sowohl auf einer separaten Pilotanlage als auch bereits auf der späteren Produktionsanlage produziert werden. Dabei ist zu unterscheiden, ob die spätere Produktion auf einer neuen Anlage stattfindet oder ob bestehende Anlagen für die Produktion des neuen Produkts verwendet werden. Dabei können ggf. unterschiedliche Vorgehensweisen für die Anlagen der Teilefertigung und für die Montageanlagen gewählt werden. In Abhängigkeit dieser Gestaltungsalternativen werden hier vier unterschiedliche Integrationstypen für den Serienanlauf definiert (vgl. Abbildung 5-34).

Je höher der Integrationstyp des Serienanlaufs ist, desto näher ist einerseits die Pilotserie an der Serienproduktion, desto stärker wird andererseits die laufende Produktion bestehender Produkte durch die Produktion der Pilotserie beeinträchtigt. Dies kann zu Abstimmungsproblemen und Zeitverzögerungen in der Pilotserie führen. Andererseits ist bei einem höheren Integrationstypus eine größere „Seriennähe“ zu vermuten und daher mit geringeren Problemen im Produktionshochlauf zu rechnen.

---

60 Der Zusammenhang ist signifikant mit $p = 0{,}0382$ nach dem Kruskal-Wallis-H-Test.

61 Diese Interdependenz ist mit $p = 0{,}067$ signifikant und korreliert mit einem Spearman-Koeffizienten von -0,2998.

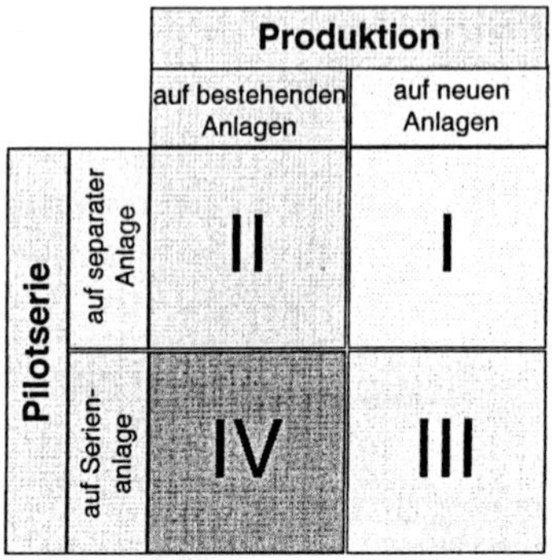

Abbildung 5-34: Integrationstypen im Serienanlauf

Die Ergebnisse der Untersuchung weisen für alle Zuliefertypen einen hohen Einfluß des Integrationstyps auf die Dauer des Produktionshochlaufs aus, wobei der Integrationstyp der Montage einen höheren Einfluß hat als der Integrationstyp der Fertigung (vgl. Abbildung 5-35).

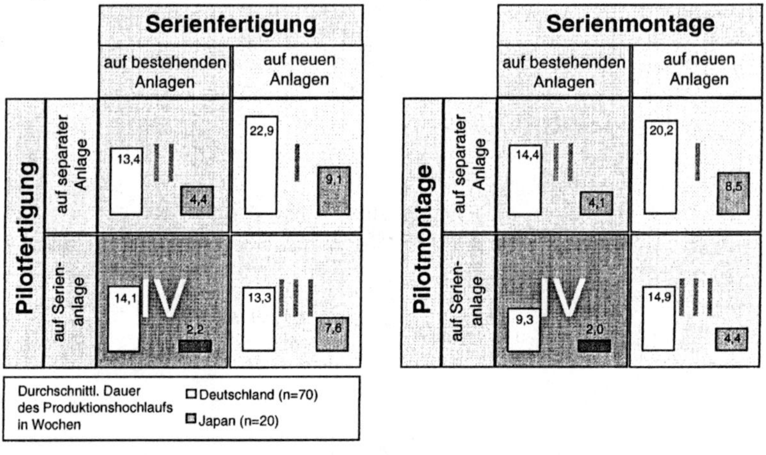

Abbildung 5-35: Zusammenhang zwischen Integrationstyp und der Dauer des Produktionshochlaufs

Außerdem zeigt sich bei den Detailvorgabe-Zulieferern ein signifikanter Zusammenhang: Je höher der Integrationstyp des Serienanlaufs und je näher die Bedingungen der späteren Serienproduktion sind, desto geringer ist der Änderungsumfang nach dem Produktionsstart.[62]

62 Der Zusammenhang ist signifikant mit $p = 0{,}0155$ nach dem Kruskal-Wallis-H-Test.

H 6	*Der Grad der phasen- und funktionsübergreifenden Harmonisierung im Serienanlauf hat einen Einfluß auf die Änderungen sowie die Höhe der Kosten- und Zeitziele im Serienanlauf und deren Einhaltung.*			
Nr.	*Unterhypothese*	Test	Deutschland	Japan
6.1	*Je mehr Prototypen vor dem Produktionsstart produziert werden, desto eher wird die geplante Dauer des Produktionshochlaufs eingehalten.*	Kruskal-Wallis H	signifikanter Zusammenhang für Detailvorgabe-Zulieferer	kein Zusammenhang
6.2	*Je mehr Prototypen vor dem Produktionsstart produziert werden, desto kürzer ist die Dauer des Produktionshochlaufs.*	Rangkorrelation nach Spearman	kein Zusammenhang	kein Zusammenhang
6.3	*Je mehr Prototypen vor dem Produktionsstart produziert werden, desto geringer ist der Änderungsumfang nach dem Produktionsstart.*	Rangkorrelation nach Spearman	signifikanter Zusammenhang für Black-box-Zulieferer	kein Zusammenhang
6.4	*Die Dauer der Pilotserie hängt vom Integrationstyp im Serienanlauf ab.*	Kruskal-Wallis H	kein Zusammenhang	kein Zusammenhang
6.5	*Die Dauer des Produktionshochlaufs hängt vom Integrationstyp im Serienanlauf ab.*	Kruskal-Wallis H	Zusammenhang, für Black-box-Zulieferer signifikant	Zusammenhang, nicht signifikant
6.6	*Der Änderungsumfang nach dem Produktionsstart hängt vom Integrationstyp im Serienanlauf ab.*	Kruskal-Wallis H	signifikanter Zusammenhang für Detailvorgabe-Zulieferer	kein Zusammenhang
6.7	*Je intensiver die funktionsübergreifende Zusammenarbeit ist, desto kürzer ist die Dauer des Produktionshochlaufs.*	Kruskal-Wallis H	kein Zusammenhang	kein Zusammenhang
6.8	*Je intensiver die funktionsübergreifende Zusammenarbeit ist, desto niedriger ist der Änderungsumfang nach dem Produktionsstart.*	Kruskal-Wallis H	kein Zusammenhang	kein Zusammenhang
6.9	*Wenn die Mitarbeiter der Serienproduktion in die Produktion der Pilotserie involviert sind, dann wird die geplante Dauer des Produktionshochlaufs eher eingehalten.*	2-Stichproben Kolmogorov-Smirnov	kein Zusammenhang	kein Zusammenhang

Tabelle 5-10: Hypothesenliste zum Einfluß der phasen- und funktionsübergreifenden Harmonisierung

Die Intensität der funktionsübergreifenden Zusammenarbeit, gemessen an der Anzahl der verschiedenen involvierten Funktionsbereiche, hat gemäß den Protagonisten des Simultaneous Engineering einen wesentlichen Einfluß auf die Schnittstelle zwischen Entwicklung und Produktion: die Serienproduktion kann besser vorbereitet und eventuell notwendige Anpassungen können noch vor dem Produktionsstart durchgeführt werden (vgl. Abschnitt 2.4.2). Wie jedoch die Ergebnisse der Untersuchung zeigen, hat die Intensität der Zusammenarbeit speziell im Serienanlauf keinen kürzeren Produktionshochlauf oder einen geringeren Änderungsumfang nach dem Produktionsstart zur Folge. Auch speziell die Beteiligung von Mitarbeitern der späteren Serienproduktion führte weder bei den deutschen noch bei den japanischen Automobilzulieferern zu einer häufigeren Einhaltung der geplanten Dauer des Produktionshochlaufs. Die durch die bisherigen empirischen Untersuchungen nicht beantwortete Frage nach den Verbesserungen an der Schnittstelle zwischen Entwicklung und Produktion durch die Anwendung von Simultaneous Engineering kann auch hier nicht letztendlich geklärt werden, die Ergebnisse dieser Untersuchung zeigen jedoch eindeutig keine Verbesserungen des Serienanlaufs durch die funktionsübergreifende Zusammenarbeit und die Integration der Produktionsmitarbeiter.

5.3.6 Produkt- und generationsübergreifende Integrationsaspekte

Eine Maßgröße für die **produktübergreifende Integration** ist der Anteil an Gleichteilen mit anderen Produkten des bestehenden Produktionsprogramms. Als Maßgröße für die **generationsübergreifende Integration** wurde die Anzahl der neu konstruierten Teile verwendet. Dem Neuteileanteil wird häufig eine Auswirkung auf den Innovationsprozeß unterstellt: „New products which are radically different from the company´s existing product lines are likely to be more difficult to prepare for production, whereas products requiring smaller changes should be more easily accommodated" (*Thurmond, Kunak* 1988, S. 234). Diese Maßgröße ist umgekehrt proportional zum Grad der generationsübergreifenden Integration, da bei einem höheren Neuteileanteil weniger Bauteile vom Vorgänger übernommen werden.

Es ist zu vermuten, daß bei einem höheren Anteil an Neuteilen mit mehr Problemen im Serienanlauf und somit mit Planwertüberschreitungen und Änderungen zu rechnen ist, während bei einem höheren Anteil an Gleichteilen geringere Probleme und somit geringere Auswirkungen in den Dimensionen Zeit, Qualität und Kosten auftreten. Interessanterweise zeigen sich jedoch nur wenige Zusammenhänge zwischen dem Anteil an Gleichteilen und Neuteilen und den Zielgrößen der Innovation:

So wird bei Black-box- und Detailvorgabe-Zulieferern die geplante Dauer des Produktionshochlaufs und die geplanten Herstellkosten umso stärker überschritten, je mehr Neuteile im betreffenden Produkt enthalten sind.[63] Eine mögliche Erklärung hierfür ist, daß die Neuteile von diesen beiden Zuliefertypen – im Gegensatz zu den Systempartnern – zumeist selbst produziert werden. Über diese Teile exisitieren noch keine Erfahrungswerte und das Risiko einer Herstellkostenüberschreitung wird nicht von Unterlieferanten übernommen.

Die Gleichteile wiederum haben bei den Systempartnern einen signifikanten Einfluß auf die Einhaltung der geplanten Dauer des Produktionshochlaufs.[64] Dies läßt sich dadurch erklären, daß bei der Verwendung von Gleichteilen nicht nur economies-of-scale mit anderen Produkten des bestehenden Produktionsprogramms genutzt werden können, sondern auch Lerneffekte bei der Zusammenarbeit mit den Sublieferanten schneller genutzt und so bspw. Logistikprozesse schneller stabilisiert werden.

Diese Ergebnisse decken sich mit den Befunden von *Murmann,* der bei einem höheren Anteil an Gleichteilen eine verbesserte Termintreue im Innovationsprozeß ermittelt, hingegen für den Anteil an Neuteilen keine Auswirkungen auf die Zeitziele und deren Einhaltung feststellt (vgl. *Murmann* 1994, S. 119 f. und 122 sowie 193 ff.). Eine Zusammenfassung der Hypothesen zur produkt- und generationsübergreifenden Integration findet sich in Tabelle 5-11.

63 Der Kruskal-Wallis-H-Test ergab folgende Signifikanzniveaus:

	Verzögerung	Herstellkostenüberschreitung	
Deutsche Black-box-Zulieferer		p = 0,0846	p = 0,0424
Japanische Black-box-Zulieferer		p = 0,0952	p = 0,1134
Detailvorgabe-Zulieferer	p = 0,0755	p = 0,0379	

64 Der Zusammenhang ist signifikant mit p = 0,0196 für die deutschen und nicht signifikant mit p = 0,1982 für die japanischen Systempartner

H 7	*Der Grad der produkt- und generationsübergreifenden Integration hat einen Einfluß auf die Änderungen sowie auf die Kosten- und Zeitziele im Serienanlauf und deren Einhaltung.*			
Nr.	*Unterhypothese*	Test	Deutschland	Japan
7.1	*Je höher der Anteil an neu zu konstruierenden Teilen ist, desto länger ist die Dauer des Produktionshochlaufs.*	Kruskal-Wallis H	kein Zusammenhang	kein Zusammenhang
7.2	*Je höher der Anteil an neu zu konstruierenden Teilen ist, desto eher wird die geplante Dauer des Produktionshochlaufs überschritten.*	Kruskal-Wallis H	signifikanter Zusammenhang für Blackbox- und Detailvorgabe-Zulieferer	signifikanter Zusammenhang für Blackbox-Zulieferer
7.3	*Je höher der Anteil an neu zu konstruierenden Teilen ist, desto eher werden die geplanten Herstellkosten überschritten.*	Kruskal-Wallis H	signifikanter Zusammenhang für Blackbox- und Detailvorgabe-Zulieferer	Zusammenhang für Blackbox-Zulieferer, nicht signifikant
7.4	*Je höher der Anteil an neu zu konstruierenden Teilen ist, desto höher ist der Änderungsumfang nach dem Produktionsstart.*	Kruskal-Wallis H	kein Zusammenhang	kein Zusammenhang
7.5	*Je höher der Anteil an Gleichteilen im betreffenden Neuprodukt ist, desto kürzer ist die Dauer des Produktionshochlaufs.*	Kruskal-Wallis H	kein Zusammenhang	kein Zusammenhang
7.6	*Je höher der Anteil an Gleichteilen im betreffenden Neuprodukt ist, desto eher wird die geplante Dauer des Produktionshochlaufs eingehalten.*	Kruskal-Wallis H	signifikanter Zusammenhang für Systempartner	Zusammenhang für Systempartner, nicht signifikant
7.7	*Je höher der Anteil an Gleichteilen im betreffenden Neuprodukt ist, desto eher werden die geplanten Herstellkosten überschritten..*	Kruskal-Wallis H	kein Zusammenhang	kein Zusammenhang
7.8	*Je höher der Anteil an Gleichteilen im betreffenden Neuprodukt ist, desto geringer ist der Änderungsumfang nach dem Produktionsstart.*	Kruskal-Wallis H	kein Zusammenhang	kein Zusammenhang

Tabelle 5-11: Hypothesenliste zum Einfluß der produkt- und generationsübergreifenden Integration

5.3.7 Situationsspezifische Kausalfaktoren

Mit Hilfe der oben dargestellten Hypothesen läßt sich ein grundsätzliches Muster der Zusammenhänge im Innovationsprozeß an der Schnittstelle zwischen Automobilherstellern und -zulieferern erstellen. Durch die zusätzliche Analyse der Kausalfaktoren soll ermittelt werden, inwiefern einzelne Ereignisse für die Überschreitung der geplanten Dauer des Serienanlaufs verantwortlich sind und ob es Gemeinsamkeiten zwischen den Ereignissen gibt. Aus der Analyse der Kausalfaktoren lassen sich somit die typischen Zeittreiber in den späten Phasen des Innovationsprozesses ermitteln, die wiederum Ansatzpunkte zur Steuerung des Innovationsprozesses an der Schnittstelle zwischen Automobilhersteller und Automobilzulieferer darstellen. Die Ergebnisse dieser Analyse werden zusammen mit den Schlußfolgerungen zur Gestaltung der Schnittstelle zu den einzelnen Zuliefertypen in den Abschnitten 5.4.2- 5.4.4 erläutert.

5.4 Zusammenfassung der Ergebnisse der empirischen Untersuchung

Die empirische Analyse ergab eine Vielzahl an neuen Erkenntnissen über die Schnittstelle zwischen Automobilzulieferer und Automobilhersteller. Im folgenden werden die wesentlichen Ergebnisse des Vergleichs zwischen deutschen und japanischen Automobilzulieferern nochmals zusammengefaßt. Anschließend werden aus den Ergebnissen der empirischen Untersuchung Schlußfolgerungen für die Gestaltung der Schnittstelle zwischen dem Automobilhersteller und den verschiedenen Zuliefertypen gezogen.

5.4.1 Erkenntnisse aus dem Vergleich zwischen deutschen und japanischen Automobilzulieferern

Die deutlich geringere Dauer des Produktionshochlaufs in der japanischen Automobilindustrie ist unter anderem auf die langjährige Partnerschaft zwischen Automobilzulieferern und Automobilherstellern zurückzuführen. Die Vorteile der japanischen Automobilindustrie im Innovationsprozeß haben jedoch noch weitere Ursachen. Während die deutschen Automobilhersteller sowohl im Produkt- als auch im Prozeßbereich innovierend tätig sind, konzentrieren sich die japanischen Automobilhersteller auf den vom Kunden wahrgenommenen Innovationsgrad des Produkts und versuchen, diesen durch bestehende Prozesse zu realisieren. Dies gilt sowohl für die Innovation im eigenen Haus als auch für die Vorgabe der Zulieferumfänge, die ebenfalls einen deutlich geringeren Prozeßinnovationsgrad aufweisen.

Der frühe Einbezug der Zulieferer in den Entwicklungsprozeß des Automobilherstellers, der von *Clark* und *Fujimoto* als ein Wettbewerbsvorteil der japanischen Automobilindustrie identifiziert wurde (vgl. *Clark, Fujimoto* 1991, S. 140 ff.), findet mittlerweile auch in der deutschen Automobilindustrie statt. Allerdings werden die deutschen Automobilzulieferer zunächst in einen Konzeptwettbewerb eingebunden, während die japanischen Zulieferer bereits früher den konkreten Auftrag erhalten. Der unterschiedliche Zeitpunkt der Auftragserteilung hat dabei erhebliche Auswirkungen auf den gesamten Innovationsprozeß, da die Automobilzulieferer erst bei Vorliegen des konkreten Auftrags eventuell notwendige neue Werkzeuge und Fertigungsvorrichtungen bestellen. Die japanischen Automobilzulieferer erhalten dadurch wesentlich mehr Zeit, um neue Anlagen und Werkzeuge einzurichten und zu erproben (vgl. Abbildung 5-36). Diese Untersuchungsergebnisse decken sich mit den Aussagen der befragten Entwicklungsprojektleiter bei den deutschen Automobilzulieferern, die vor allem eine zu späte Auftragserteilung durch den Automobilhersteller und eine zu kurze Frist für die Bereitstellung der notwendigen Anlagen und Werkzeuge beklagen (vgl. Tabelle A-1 im Anhang).

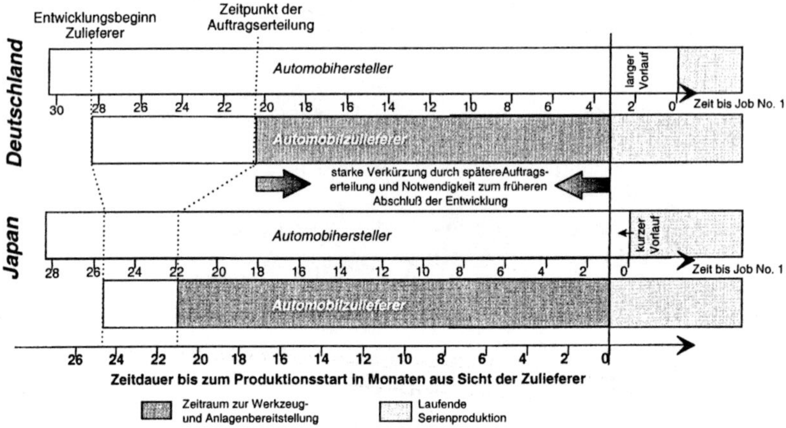

Abbildung 5-36: Verkürzung des Zeitraums zur Werkzeug- und Anlagenbereitstellung

Durch den kürzeren Vorlauf der japanischen Automobilzulieferer ist der Produktionsstart näher am Job No. 1 des Automobilherstellers. Eventuell notwendige Änderungen an den Zulieferteilen von Seiten des Automobilherstellers kurz vor dem Job No. 1 verursachen durch die spätere Serienproduktion beim Automobilzulieferer geringere Änderungskosten, da noch nicht bereits produzierte Mengen überarbeitet bzw. verschrottet werden müssen. Der gesamte Serienanlauf wird dadurch flexibler gegenüber Änderungen.

Als ein weiterer, wesentlicher Unterschied zwischen deutschen und japanischen Automobilzulieferern wurde das grundsätzliche Verständnis über die Schnittstelle zwischen Produkt und Prozeß in der Pilotserie identifiziert. Während die deutschen Automobilzulieferer versuchen, durch hohe Stückzahlen an Prototypen in der Pilotserie die Produktionsprozesse abzusichern, wenden japanische Automobilzulieferer kurze Zyklen des Bauens, Prüfens und Änderns in der Pilotserie an. Hierzu wird bei den japanischen Automobilzulieferern die Pilotserie auf speziellen Pilotanlagen von speziellen Kräften, zumeist gut ausgebildeten Ingenieuren, aufgebaut. Dadurch können die japanischen Unternehmen eine kürzere Pilotserie realisieren und die Prozeßfähigkeit des Entwicklungsobjekts schneller sicherstellen. Diese Vorteile werden allerdings durch einen erheblich höheren Anteil der Pilotserienkosten an den gesamten Entwicklungskosten erkauft (vgl. Abbildung 5-21).

Die eingangs formulierten Hypothesen zum Unterschied zwischen deutschen und japanischen Automobilzulieferern konnten somit nur teilweise bestätigt werden: Die japanischen Automobilzulieferer weisen deutlich niedrigere Plan- und Ist-Werte für die Dauer des Produktionshochlaufs aus (*Hypothese 1.1*). Es lassen sich jedoch keine signifikanten Unterschiede in bezug auf den Änderungsumfang in Pilotserie und Produktionshochlauf oder die Verzögerungen im Serienanlauf feststellen (*Hypothese 1.2*). Die Zusammenhänge des theoretischen Modellrahmens, die sich in der deutschen Stichprobe als signifikant erwiesen, konnten – bis auf wenige Ausnahmen – auch in der japanischen Stichprobe nachgewiesen werden (*Hypothese 1.3*). Allerdings waren die Zusammenhänge hier aufgrund des deutlich geringeren Stichprobenumfangs häufig nicht signifikant. Die Unterschiede in den Ausprägungen der Einflußfaktoren (*Hypothese 1.4*) wurden oben bereits dargestellt.

Welche Rückschlüsse aus diesem Vergleich sowie aus den Analyseergebnissen der deutschen Stichprobe für die Gestaltung der Schnittstelle zwischen Automobilhersteller und -zulieferer in der deutschen Automobilindustrie gezogen werden können, wird in den folgenden Abschnitten erläutert.

5.4.2 Schlußfolgerungen für die Schnittstelle zu Black-box-Zulieferern

Die Black-box-Zulieferer weisen nach den Ergebnissen der empirischen Analyse am häufigsten Verzögerungen im Produktionshochlauf auf und benötigen daher zur Vermeidung von Verzögerungen beim Markteintritt des Automobilherstellers besondere Beachtung.

Da die Black-box-Zulieferer für Zulieferumfänge mit einem hohen Innovationsgrad verantwortlich sind, für die der Automobilhersteller häufig kein Know-how besitzt, und außerdem zumeist durch Konzeptwettbewerbe auf der Basis grober Rahmendaten ausgewählt werden, besitzt der Automobilhersteller bei diesem Zuliefertypus nur geringe Einflußmöglichkeiten auf den Innovationsprozeß. Sowohl der Produkt- als auch der Prozeßinnovationsgrad entziehen sich dem Einfluß des Automobilherstellers aufgrund der zumeist nur groben Spezifikationen, die diesem Zulieferer vorgegeben werden (vgl. Abbildung 5-37).

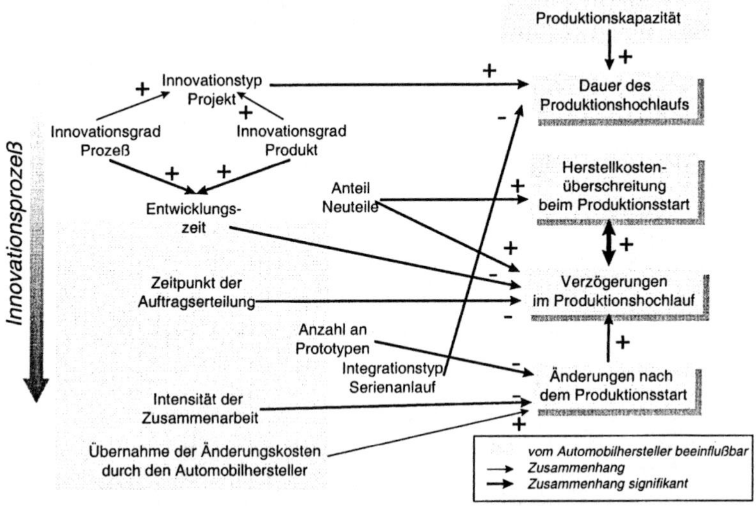

Abbildung 5-37: Zusammenhänge und Einflußmöglichkeiten im Innovationsprozeß von Black-box-Zulieferern

Der Automobilhersteller kann durch das frühzeitige Einbeziehen des Black-box-Zulieferers in die Entwicklung eines neuen Fahrzeugs den Zeitraum für die Produktentwicklung beim Black-box-Zulieferers verlängern und somit die Wahrscheinlichkeit für kritische Verzögerungen im Serienanlauf senken.

Bedingt durch den hohen Innovationsgrad des Zulieferumfangs ist es nach den Ergebnissen der Untersuchung bei diesem Zuliefertyp außerdem sinnvoll, durch eine intensive Zusammenarbeit im Verlauf der Produkt- und Prozeßentwicklung sowie durch die Anforderung einer hohen Anzahl an Prototypen die Integrationsfähigkeit in das Fahrzeug zu testen und dadurch frühzeitig eventuell notwendige Änderungen anzustoßen. Hierdurch läßt sich der Änderungsumfang nach dem Produktionsstart signifikant verringern, was wiederum zu einer geringeren Wahrscheinlichkeit von Verzögerungen im Produktionshochlauf führt. Desweiteren ist generell eine restriktive Handhabung des Änderungswesens durch den Automobilhersteller notwendig.

Die größte Einflußmöglichkeit des Automobilherstellers auf die Reduzierung von Verzögerungen im Produktionshochlauf besteht bei diesem Zuliefertyp durch eine frühestmögliche Auftragserteilung, damit der Black-box-Zulieferer rechtzeitig neue Werkzeuge und Anlagen erstellen und installieren kann. Die hohe Bedeutung einer frühzeitigen Auftragserteilung für diesen Zuliefertyp wird auch durch die Analyse der Kausalfaktoren für Verzögerungen im Produktionshochlauf bei Black-box-Zulieferern verdeutlicht. Die mangelnde Verfügbarkeit von Werkzeugen ist beim Black-box-Zulieferer die häufigste Ursache für Verzögerungen im Produktionshochlauf (vgl. Abbildung 5-38).

Zur Steuerung an der Schnittstelle zum Black-box-Zulieferer, respektive zur Serienreifegradmessung der von ihm bezogenen Bauteile und Komponenten, sollten gemäß den Ergebnissen der Kausalfaktorenanalyse folgende Punkte insbesondere verfolgt werden (vgl. Abbildung 5-38):

- **Erreichung der Kostenziele**: Die Black-box-Zulieferer führen in den späten Phasen des Innovationsprozesses häufig noch Änderungen zur Erreichung der Kostenziele durch. Um Verzögerungen zu vermeiden, sollte frühzeitig darauf geachtet werden, daß der Zulieferer seine Kostenziele erreicht und ggf. methodische Unterstützung angeboten werden.
- **Serienreifegrad verbundener Komponenten**: Bei Änderungswünschen des Automobilherstellers zu einem späten Zeitpunkt im Entwicklungsprozeß ist bei den Black-box-Zulieferern die Wahrscheinlichkeit einer Verzögerung des Produktionshochlaufs sehr groß. Es muß daher darauf geachtet werden, daß nicht durch späte Änderungen an verbundenen Bauteilen und Komponenten Folgeänderungen beim Black-box-Zulieferer ausgelöst werden.
- **Prozeßstabilität**: Durch den hohen Innovationsgrad der Zulieferumfänge des Black-box-Zulieferers sind sehr häufig neue Werkzeuge notwendig, mit denen noch keine Erfahrungen bestehen. Die Prozeßstabilität ist bei diesem Zuliefertyp daher ein kritischer Faktor.
- **Verfügbarkeit von Werkzeugen**: Wie bereits oben angeführt, kommt es bei den deutschen Automobilzulieferern durch die späte Auftragserteilung und die daraus resultierende späte Werkzeugbestellung häufig zu zeitlichen Engpässen bei der Werkzeugbereitstellung. Diesem Aspekt ist daher bei der Serienreifegradmessung an der Schnittstelle zum Black-box-Zulieferer besondere Aufmerksamkeit beizumessen.

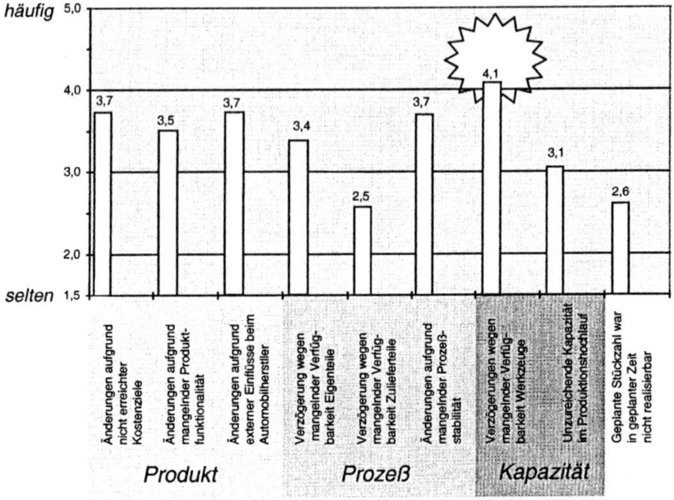

Abbildung 5-38: Kausalfaktoren für Verzögerungen im Produktions-hochlauf bei Black-box-Zulieferern

5.4.3 Schlußfolgerungen für die Schnittstelle zu Systempartnern

Bei diesem Zuliefertyp ist nach den Ergebnissen der empirischen Analyse die Wahrscheinlichkeit einer Verzögerung im Produktionshochlauf am geringsten. Aufgrund der hohen Teileumfänge, für die der Systempartner verantwortlich ist, wird dieser Zuliefertyp bereits sehr früh in die Produkt- und Prozeßentwicklung des Automobilherstellers einbezogen. Da mit diesem Zuliefertyp zumeist bereits eine lange Partnerschaft besteht, besitzt der Automobilhersteller eine größere Einflußmöglichkeit auf den Innovationsprozeß des Systempartners und kann dadurch auch den Innovationsgrad von Produkt und Prozeß beeinflussen. Die Produktionskapazität hingegen entzieht sich dem Einfluß des Automobilherstellers, da sich der Systemlieferant eigenständig um die Sublieferantenstruktur und deren Produktionskapazitäten kümmert.

Aufgrund des hohen Teileumfangs benötigt der Systempartner durchschnittlich sehr lang für seine Pilotserien. Trotzdem kann er dem Automobilhersteller nur einen geringen Umfang an Prototypen zur Verfügung stellen, da er zur Abstimmung des komplexen Teileumfangs zahlreiche Änderungen in der Pilotserie durchführen muß (vgl. Abbildung 5-26).

Um bestehende Lieferbeziehungen mit Sublieferanten nutzen zu können, strebt der Systempartner einen hohen Anteil an Gleichteilen in seinem Lieferumfang an. Aufgrund der Erfahrungen, die mit den bestehenden Lieferanten und den Gleichteilen aus anderen Produkten seines Produktionsprogramms bestehen, wird die Wahrscheinlichkeit einer Verzögerung im Produktionshochlauf des Systempartners weiter reduziert.

Trotz des hohen Umfangs an Gleichteilen benötigt der Systempartner für die Montage des komplexen Systemelements häufig eine neue Anlage. Um diese rechtzeitig in Betrieb nehmen zu können, ist die frühzeitige Auftragserteilung durch den Automobilhersteller für die Vermeidung von Verzögerungen im Produktionshochlauf unabdingbar. Die Notwendigkeit einer neuen Anlage wird durch den Innovationsgrad des Produkts und der Prozesse beeinflußt. Hierdurch kann der Automobilhersteller bedingt auch den Integrationstyp des Serienanlaufs beeinflussen (vgl. Abbildung 5-34), der wiederum die Dauer des Produktionshochlaufs terminiert. Ob allerdings die Pilotserie auf der Serienanlage oder einer Pilotanlage gefahren wird, unterliegt der Entscheidung des Systempartners.

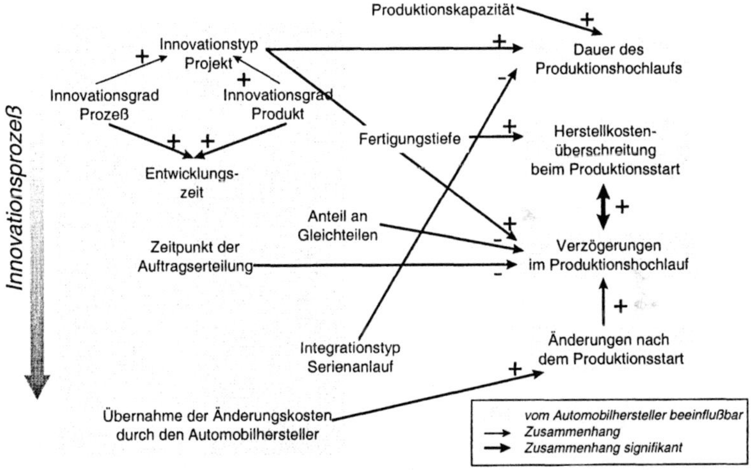

Abbildung 5-39: Zusammenhänge und Einflußmöglichkeiten im Innovationsprozeß von Systempartnern

Bei der Ermittlung des Serienreifegrads von Zulieferteilen eines Systempartners sollte der Schwerpunkt der Betrachtung auf die folgenden Punkte gelegt werden (vgl. Abbildung 5-40):

- **Produktfunktionalität**: Aufgrund des hohen Änderungsumfangs in der Pilotserie und der geringen Anzahl an serienwerkzeugfallenden Prototypen kommt es bei den Systempartnern im Produktionshochlauf sehr häufig zu Verzögerungen durch eine mangelnde Produktfunktionalität.
- **Prozeßstabilität**: Aus denselben Gründen ist die Prozeßstabilität häufig die Ursache für Verzögerungen im Produktionshochlauf des Systempartners.
- **Teileverfügbarkeit bei den Sublieferanten**: Durch die große Anzahl an Sublieferanten löst eine mangelnde Verfügbarkeit von Zulieferteilen häufig Verzögerungen im Produktionshochlauf aus. Bei diesem Zuliefertyp wäre es daher sinnvoll, wenn dieser für seine Systemumfänge ebenfalls eine Serienreifegradmessung durchführen würde.

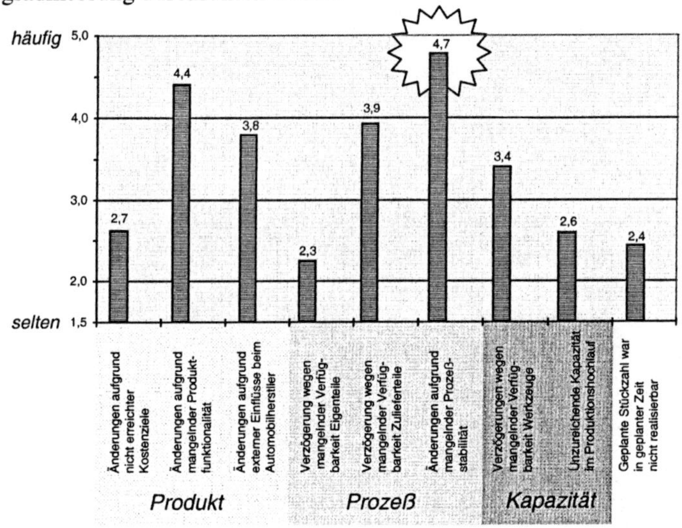

Abbildung 5-40: Kausalfaktoren für Verzögerungen im Produktionshochlauf bei Systempartnern

5.4.4 Schlußfolgerungen für die Schnittstelle zu Detailvorgabe-Zulieferern

Bei den Detailvorgabe-Zulieferern besteht im Vergleich zu den anderen Zuliefertypen die größte Wahrscheinlichkeit für erhebliche Verzögerungen im Produktionshochlauf. Dieser Zuliefertyp bedarf daher ebenfalls besonderer Beachtung, um eine Verzögerung des Markteintritts zu verhindern. Bei den Detailvorgabe-Zulieferern besitzt der Automobilhersteller im Vergleich zu den vorgenannten Zuliefertypen allerdings auch die größten Einflußmöglichkeiten auf den Innovationsprozeß.

Die Detailvorgabe-Zulieferer werden häufig durch einen Konzeptwettbewerb auf der Basis detaillierter Vorgaben bzw. durch eine Angebotsabgabe für eine bereits feststehende Konstruktion ausgewählt und zu einem relativ späten Zeitpunkt in den Entwicklungsprozeß des Automobilherstellers eingebunden. Durch die detaillierten Spezifikationen, die diesem Zulieferer vorgegeben werden, hat der Automobilhersteller einen hohen Einfluß auf den Innovationsgrad von Produkt und Prozeß. Der Innovationsgehalt des Zulieferumfangs von Detailvorgabe-Zulieferern ist grundsätzlich gering im Vergleich zu den Black-box-Zulieferern und Systempartnern. Trotzdem implizieren die Vorgaben der Automobilhersteller häufig neue Anlagen für die Serienproduktion, die zu erheblichen Problemen im Serienanlauf führen.

Aufgrund des späten Einbezugs in den Entwicklungsprozeß und aufgrund der hohen Spezifizierung der Vorgaben benötigt der Detailvorgabe-Zulieferer einen großen Anteil der Entwicklungskosten für die Pilotserie. Durch die geringen Einflußmöglichkeiten bei der Gestaltung des Zulieferumfangs überschreitet der Detailvorgabe-Zulieferer die geplanten Herstellkosten zum Produktionsstart um fast 100 % und weist im Vergleich die höchsten Änderungsumfänge und Änderungskosten nach dem Produktionsstart aus.

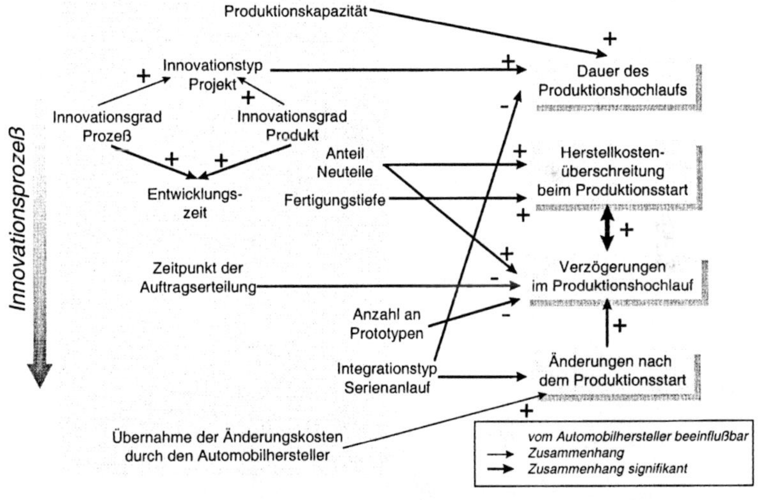

Abbildung 5-41: Zusammenhänge und Einflußmöglichkeiten im Innovationsprozeß von Detailvorgabe-Zulieferern

Um Verzögerungen im Produktionshochlauf des Zulieferers und Auswirkungen auf den eigenen Markteintritt zu vermeiden, sollte der Automobilhersteller den Anteil an Neuteilen für den Detailvorgabe-Zulieferer so gering wie möglich halten und die Notwendigkeit neuer Anlagen für die Fertigungs- und Montageprozesse möglichst vermeiden (vgl. Abbildung 5-41). Hierdurch wird auch der Integrationstyp des Serienanlaufs beim Detailvorgabe-Zulieferer vorteilhaft beeinflußt. Durch die Verwendung bisheriger Anlagen und durch eine Pilotserie auf den späteren Serienanlagen kann die Dauer des Produktionshochlaufs beim Detailvorgabe-Zulieferer signifikant gesenkt werden. Eventuell notwendige Änderungen werden durch einen höheren Integrationsgrad des Serienanlaufs bei diesem Zuliefertyp ebenfalls früher erkannt, was zu einer Reduktion des Änderungsumfangs nach dem Produktionsstart führt. Hierdurch verringert sich auch die Wahrscheinlichkeit einer Verzögerung im Produktionshochlauf.

Sofern trotzdem neue Werkzeuge und Anlagen notwendig sind, sollte dem Detailvorgabe-Zulieferer durch eine rasche Auftragserteilung die rechtzeitige Beschaffung ermöglicht werden, um Verzögerungen im Produktionshochlauf zu vermeiden. Gemäß den Ergebnissen der empirischen Untersuchung kann durch eine umfangreiche Produktion an Prototypen in der Pilotserie die Wahrscheinlichkeit einer Verzögerung im Produktionshochlauf ebenfalls reduziert werden.

Gemäß den Ergebnissen der Kausalfaktorenanalyse stellen die Änderungen, die in den späten Phasen des Innovationsprozesses durch den Automobilhersteller iniziiert werden, die häufigste Ursache für Verzögerungen im Produktionshochlauf der Detailvorgabe-Zulieferer dar (vgl. Abbildung 5-42).

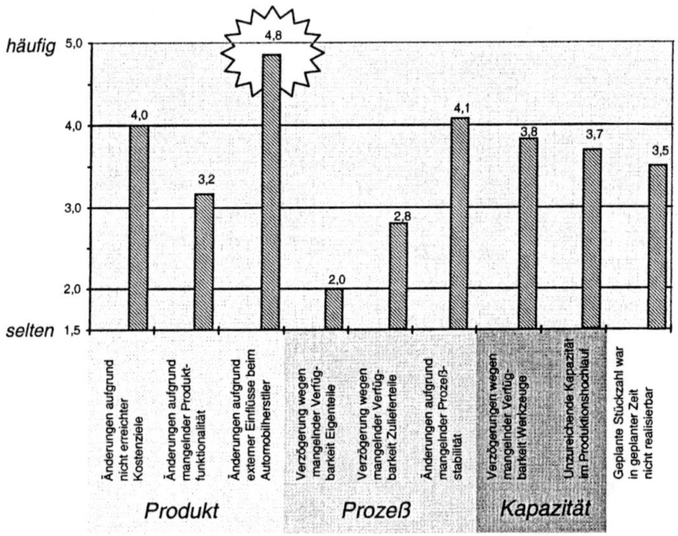

Abbildung 5-42: Kausalfaktoren für Verzögerungen im Produktionshochlauf von Detailvorgabe-Zulieferern

Bei der Ermittlung der Serienreife der Bauteile, die von Detailvorgabe-Zulieferern bezogen werden, sollte – neben der Vermeidung von Änderungen, die durch den Automobilhersteller ausgelöst werden – das Hauptaugenmerk auf folgende Punkte gerichtet werden (vgl. Abbildung 5-42):

- **Erreichung der Kostenziele**: Aufgrund der hohen Überschreitung der geplanten Herstellkosten zu Beginn des Produktionshochlaufs kommt es bei den Detailvorgabe-Zulieferern häufig zu Änderungen mit der Zielsetzung einer Kostenreduktion, die allerdings oftmals zu Verzögerungen im Serienanlauf führen. Es ist daher im Interesse des Automobilherstellers, die Detailvorgabe-Zulieferer bei der Erreichung ihrer Kostenziele bereits vor dem Produktionsstart zu unterstützen.
- **Prozeßstabilität**: Aufgrund der Verwendung neuer Anlagen und Werkzeuge kommt es bei den Detailvorgabe-Zulieferern im Produktionshochlauf häufig zu Problemen mit der Prozeßstabilität, die eine Verzögerung des Produktionshochlaufs nach sich ziehen.
- **Verfügbarkeit von Werkzeugen und Anlagen**: Aufgrund des späten Einbezugs des Detailvorgabe-Zulieferers und der späten Auftragserteilung sind neue Werkzeuge und Anlagen im Produktionshochlauf häufig noch nicht in ausreichendem Maß verfügbar.

Zusätzliche Hinweise zur verbesserten Gestaltung der Schnittstelle zwischen Automobilhersteller und Automobilzulieferer können den Äußerungen der befragten Entwicklungsprojektleiter in der Tabelle A-1 im Anhang C entnommen werden.

6 Zusammenfassung

Die deutsche Automobilindustrie hat aus den Ergebnissen der Harvard- und MIT-Studien zu Beginn der 90er Jahre gelernt (vgl. *Clark, Fujimoto* 1991; *Womack et al.* 1990). Im Rahmen der hier beschriebenen explorativen Interviewreihe und der schriftlichen Befragung zeigte es sich, daß viele der damals konstatierten Unterschiede zwischen europäischen und japanischen Unternehmen der Automobilindustrie heute nicht mehr existieren. So konnten auch die Entwicklungszeiten den einstigen japanischen Vorbildern weitestgehend angenähert werden.

Beim Übergang von der Entwicklung in die Produktion zeigen sich jedoch nach wie vor gravierende Mängel in der Koordination zwischen den an der Entwicklung beteiligten und den an der späteren Serienproduktion beteiligten Organisationseinheiten. Dies schlägt sich nicht zuletzt in einer erheblich längeren Dauer des Produktionshochlaufs nieder (vgl. Abbildung 1-1). Als Ursache für die Probleme am Übergang von der Entwicklung in die Serienproduktion wurden zwei wesentliche Punkte identifiziert:

- Zum einen wurde ein Mangel im bestehenden Controlling-Instrumentarium zur Projektsteuerung erkannt, das bei der Innovation komplexer Serienprodukte unter den geänderten Bedingungen einer parallelen Bearbeitung der Entwicklungsaufgaben im Sinne von Simultaneous Engineering sowie einer Reduktion der Entwicklungstiefe keine adäquate Unterstützung bietet.
- Zum anderen wurde die Schnittstelle zum Automobilzulieferer, die im Zuge der Reduktion der Fertigungs- und Entwicklungstiefe bei den Automobilherstellern zunehmend an Bedeutung gewinnt, als vorrangiger Problembereich in den späten Phasen des Innovationsprozesses beim Automobilhersteller identifiziert.

Nachdem die betriebswirtschaftliche Forschung zum ersten Problempunkt bislang kaum adäquate Lösungsansätze aufweist, konnten in der Unternehmenspraxis verschiedene Ansätze einer ergebnisorientierten Steuerung der Innovation komplexer Serienprodukte identifiziert werden, die als Serienreifegradmessung bezeichnet werden. Die Serienreifegradmessung stellt dabei kein vollständig neues Steuerungsinstrumentarium dar, sondern bildet vielmehr einen Integrationsrahmen für die im Unternehmen bereits vorhandenen Informationen über die Zielerreichung im Innovationsprozeß. Durch die integrative Betrachtung der Dimensionen Produkt, Prozeß und Kapazität unterstützt die Serienreifegradmessung die Koordination zwischen Entwicklung und Produktion. Die verschiedenen Ausgestaltungen der Serienreifegradmessung in der Unternehmenspraxis wurden kategorisiert und in ihrer prinzipiellen Funktionsweise erläutert. Die erläuterten Ansätze zeigten dabei einen Mangel bei der Steuerung an der unternehmensübergreifenden Schnittstelle zum Automobilzulieferer.

Die umfangreiche empirische Analyse des Innovationsprozesses bei den Automobilzulieferern hatte somit die Zielsetzung:

- die Zusammenhänge zwischen der Gestaltung der Innovationsprozesses beim Automobilzulieferer, der Gestaltung der Schnittstelle zum Automobilhersteller und den Verzögerungen und Änderungsumfängen im Serienanlauf zu ermitteln und
- die Zeittreiber im Serienanlauf des Automobilzulieferers zu identifizieren.

Die empirische Analyse verglich hierzu die Innovationsprozesse bei deutschen und japanischen Automobilzulieferern, um aus dem Vergleich mit den – gemäß den Ergebnissen anderer empirischer Analysen und der eigenen explorativen Befragung – im Hinblick auf Änderungen und Verzögerungen besser gestalteten Schnittstellen zwischen japanischen Automobilherstellern und -zulieferern zusätzliche Verbesserungshinweise für die Schnittstellengestaltung zu erhalten.

Auch wenn die Verhältnisse in den Hersteller-Lieferanten-Beziehungen der japanischen Automobilindustrie nicht einfach auf die deutschen Unternehmen übertragen werden können (und sollten), konnten konkrete Hinweise zur Verbesserung der Planung des Innovationsprozesses insbesondere im Hinblick auf die unternehmensübergreifenden Schnittstellen in Entwicklung und Serienanlauf abgeleitet und Ansatzpunkte für eine effektive Steuerung des Innovationsprozesses an der unternehmensübergreifenden Schnittstelle aufgezeigt werden. Die Ergebnisse der empirischen Analyse verdeutlichen außerdem die Notwendigkeit einer differenzierten Behandlung der einzelnen Zuliefertypen.

Die Problemstellungen und Lösungsansätze dieser Arbeit konzentrieren sich auf den Anwendungsbereich der Automobilindustrie. Die hier gewonnenen Erkenntnisse sind prinzipiell auch auf andere Industriezweige mit komplexen Serienprodukten übertragbar, denn die genannten Problemstellungen bei der Innovation komplexer Produkte finden sich auch in anderen Branchen:

- Der Innovationswettbewerb nimmt an Intensität noch zu und zwingt permanent zur Einführung neuer Produkte, um die bestehenden Marktanteile weiterhin zu behalten (vgl. *Bullinger* 1990).
- Trotz (oder wegen) der Einführung von Simultaneous Engineering treten Verzögerungen im Serienanlauf auf und ist der Änderungsumfang nach dem Produktionsstart unverändert hoch (vgl. u.a. *Komorek* 1992; *Handfield* 1994).
- Die Koordination an der Schnittstelle zwischen Entwicklung und Produktion besitzt erhebliche Mängel, die jedoch erst im Serienanlauf offensichtlich werden (vgl. *Glaser, Rubenstein* 1985; *Kahn* 1996; *Souder, Padmanabhan* 1989).

Literatur

Abernathy, W.J., Baloff, N. (1972), Interfunctional planning for new product introduction, in: Sloan Management Review, 14 (1972) Winter, S. 25 - 44

Abita, J.L. (1985), Technology: Development to Production, in: IEEE Transactions on Engineering Management, 32 (1985) 3, S. 129 - 131

Abt, N., Dick, S., Jefferson, T., Solomon, L. (1995), Ramp-up Analysis for Semiconductor Manufacturers, Technology Transfer Paper 94122642A-XFR, Austin 1995

Adler, P.S. (1992), Managing DFM: learning to coordinate product and process design, in: *Susman* (Hrsg., 1992), S. 140 - 156

Ahn, H. (1997), Optimierung von Produktentwicklungsprozessen, Entscheidungsunterstützung bei der Umsetzung des Simultaneous Engineering, Wiesbaden 1997

Akao, Y. (1992), QFD: Quality Function Deployment; wie die Japaner Kundenwünsche in Qualität umsetzen, Landsberg 1992

Albert, I., Högsdal, B. (1987), Trendanalyse: Projektüberwachung mit Hilfe von Meilenstein- und Kostentrendanalyse, Köln 1987

Arthur D. Little (Hrsg., 1994), Product and Technology Management, Best of the Best Colloquia Series, Cambridge 1994

Backhaus, K., Erichson, B., Plinke, W., Schuchard-Ficher, C., Weiber, R. (1994), Multivariate Analysemethoden, 7. Aufl., Berlin, Heidelberg, New York u. a. 1994

Backhaus, K., Gruner, K. (1997), Die Beschleunigung von Produktlebenszyklen, in: ZfB, 67 (1997) Sonderheft 1, S. 157 - 187

Back-Hock, A. (1988), Lebenszyklusorientiertes Produktcontrolling, Berlin, Heidelberg, New York u.a. 1988

Baur, W. (1967), Neue Wege der betrieblichen Planung, Berlin, Heidelberg 1967

Becker, J. (1990), Entwurfs- und konstruktionsbegleitende Kalkulationen, in: krp, 34 (1990) 6, S. 552 - 562

Bellmann, K., Friedrich, D. (1994), Concurrent Engineering, in: WiSt, 23 (1994) 4, S. 198 - 200

Benes, G., Nau, M. (1994), Überwachung von Produktentwicklungen im Rahmen der Produktplanung, VDI-Fortschritts-Bericht Reihe 1, Konstruktionstechnik/ Maschinenelemente, Nr. 238, Düsseldorf 1994

Bleicher, K., Meyer, E. (1976), Führung in der Unternehmung, Formen und Modelle, Reinbek 1976

Boothroyd, G., Dewhurst, P. (1989), Product Design for Assembly, Wakefield, Rhode Island 1989

Booz, Allen & Hamilton (Hrsg., 1991), Integriertes Technologie- und Innovationsmanagement, Berlin 1991

Boznak, R.G., Decker, A.K. (1993), Competitive Product Development: A Quality Approach to Succeeding in the 90's and Beyond, Milwaukee 1993

Braunsperger, M. (1993), Qualitätssicherung im Entwicklungsablauf - Konzept einer präventiven Qualitätssicherung für die Automobilindustrie, München, Wien 1993

Brentani, U. de (1991), Success Factors in Developing New Business Services, in: European Journal of Marketing, 25 (1991) 2, S. 33 - 59

Brockhoff, K. (1977), Bewertung und Kontrolle von Forschung und Entwicklung, in: *Moll, Warnecke* (Hrsg., 1976), 3. Ergänzungslieferung, Gruppe 4700, S. 1 - 36

Brockhoff, K. (1991), Forschungs- und Entwicklungscontrolling zur Steigerung der Forschungs- und Entwicklungseffektivität, in: Controlling, 3 (1991) 2, S. 60 - 66

Brockhoff, K. (1994), Forschung und Entwicklung: Planung und Kontrolle, 4. Aufl., München, Wien 1994

Brockhoff, K., Picot, A., Urban, C. (Hrsg., 1988), Zeitmanagement in Forschung und Entwicklung, zfbf- Sonderheft Nr. 23, Düsseldorf, Frankfurt 1988

Brockhoff, K., Urban, C. (1988), Die Beeinflussung der Entwicklungsdauer, in: *Brockhoff, Picot, Urban* (Hrsg., 1988), S. 1 - 42

Bronner, A. (1993), Entwicklungs- und konstruktionsbegleitende Kalkulation, in: krp, 37 (1993) 6, S. 364 - 373

Bühl, A., Zöfel, P. (1996), SPSS für Windows Version 6.1, Praxisorientierte Einführung in die moderne Datenanalyse, 3. Aufl., Bonn 1996

Bullinger, H.-J. (Hrsg., 1990), IAO-Studie F&E heute - Industrielle Forschung und Entwicklung in der Bundesrepublik Deutschland, München 1990

Bullinger, H.-J. (Hrsg., 1991), 3. F & E-Management-Forum, 5. und 6. November 1991, Tagungsband, München 1991

Bullinger, H.-J., Frech, J., Wasserloos, G. (1992), Forschungs- und Entwicklungsmanagement in der deutschen Industrie, in: *Scheer* (Hrsg., 1992), S. 13 - 64

Bullinger, H.-J., Warschat, J. (Hrsg., 1995), Concurrent simultaneous engineering systems - the way to successful product development, London 1995

Bullinger, H.-J., Wasserloos, G. (1990a), Produktentwicklung braucht ein Just-in-Time-Management, in: Office Management, 38 (1990) 1-2, S. 22 - 29

Bullinger, H.-J., Wasserloos, G. (1990b), Reduzierung der Produktentwicklungszeiten durch Simultaneous Engineering, in: CIM-Management, 6 (1990) 6, S. 4 - 12

Bungard, W., Hofmann, K. (1995), Innovationsmanagement in der Automobilindustrie, Mitarbeiterorientierte Gestaltung von Modellwechseln, Weinheim 1995

Büning, H., Trenkler, G. (1978), Nichtparametrische statistische Methoden, Berlin, New York 1978

Bürgel, H.D. (1989a), Controlling von Forschung und Entwicklung - Erkenntnisse und Erfahrungen aus der Praxis, München 1989

Bürgel, H.D. (1989b), Projektcontrolling, in: Controlling, 1 (1989) 1, S. 4 - 9

Bürgel, H.D. (1993), Forschungs- und Entwicklungs-Controlling: Hemmschuh oder notwendiges Steuerungsinstrument?, in: *Bürgel, Gassert, Horváth* (Hrsg., 1993), S. 99 - 119

Bürgel, H.D., Binder, M. (1997), Projektcontrolling im Rahmen der Produktentwicklung, in: *Horváth et al.* (Hrsg., 1997), S. 12 - 20

Bürgel, H.D., Eisele, W., Bayer, R.. (1996), Projektmanagement zur Optimierung der Schnittstelle Entwicklung/Serienanlauf am Beispiel des LKW-Montagewerks Wörth der Mercedes-Benz AG, Vortrag auf dem 50. Deutschen Betriebswirtschafter-Tag in Berlin am 8. Oktober 1996

Bürgel, H.D., Gassert, H., Horváth, P. (Hrsg., 1993), Erfolgsorientiertes Forschungs- und Entwicklungsmanagement für den Mittelstand, Stuttgart 1993

Bürgel, H.D., Gentner, A. (1992), Phasenübergreifende Integration zur Steuerung der Entwicklungs- und Anlaufphasen bei Serienprodukten - Prozeßmanagement und Überleitungsphasen als wirkungsvolle Integrationsmechanismen, in: *Hanssen, Kern* (1992), S. 69 - 91

Bürgel, H.D., Haller, C., Binder, M. (1996), F&E-Management, München 1996

Burghardt, M. (1995), Projektmanagement, Leitfaden für die Planung, Überwachung und Steuerung von Entwicklungsprojekten, 3. Aufl., Berlin, München 1995

Burns, T. (1961), Research, development and production: Problems of conflict and cooperation, in: IEEE Transactions on Engineering Management, 8 (1961) 1, S. 15 - 23

Claasen, U., Hilbert, H. (1994), Durch Target Costing und Target Investment zur kompromißlosen Kundenorientierung bei Volkswagen, in: *Horváth* (Hrsg., 1994), S. 145 - 159

Clark, K., Chew, W.B., Fujimoto, T. (1992), Manufacturing for Design, Beyond the Production/ R&D Dichotomy, in: *Susman* (Hrsg., 1992), S. 178 - 204

Clark, K., Fujimoto, T. (1991), Product development performance: strategy, organization, and management in the world auto industry, Boston 1991

Clark, K., Hayes, R.H., Lorenz, C. (Hrsg., 1985), The Uneasy Alliance: Managing the Productivity-Technology Dilemma, Boston 1985

Clausing, D. (1994), Total Quality Development, A Step-by-Step Guide to World-Class Concurrent Engineering, New York 1994

Coenenberg, A. G., Raffel, A. (1988), Integrierte Kosten -und Leistungsanalyse für das Controlling von Forschungs- und Entwicklungsprojekten, in: krp, 32 (1988) 5, S. 199 - 207

Commes, M.-T., Lienert, R. (1983), Controlling im F&E-Bereich, in: zfo, 52 (1983) 7, S. 347 - 354

Cooper, R. G. (1979a), Identifying Industrial New Product Success: Project NewProd, in: Industrial Marketing Management, 8 (1979) 8, S. 124 - 135

Cooper, R.G. (1979b), The dimensions of industrial new product success and failure, in: Journal of Marketing, 43 (1979) 3, S. 93 - 103

Cooper, R.G., Kleinschmidt, E. (1988), Ressource Allocation in the New Product Process, in: Industrial Marketing Management, 17 (1988) 3, S. 249 - 262

Cooper, R.G., Kleinschmidt, E. (1991), New Product Processes at Leading Industrial Firms, in: Industrial Marketing Management, 20 (1991) 2, S. 137 - 147

Corsten, H. (1993), Simultaneous Engineering als Managementkonzept für Anlauf- und Änderungsprozesse, Diskussionsbeitrag der Wirtschaftswissenschaftlichen Fakultät Ingolstadt Nr. 27, Ingolstadt 1993

Corsten, H., Reiß, M. (1992), Integrationsbedarfe im Produktentstehungsprozeß, in: *Hanssen, Kern* (Hrsg., 1992), S. 31 - 51

Coughlan, P. D. (1992), Engineering Change and Manufacturing Engineering Deployment in New Product Development, in: *Susman* (Hrsg. 1992), S. 157 - 177

Crawford, C.M. (1992), The Hidden Costs of Accelerated Product Development, in: JPIM, 9 (1992) 3, S. 188 - 199

Danert, G., Horváth, P. (Hrsg., 1987), Forschungs- und Entwicklungs-Management, 7. Stuttgarter Unternehmergespräch am 5. November 1987, Stuttgart 1987

Dierdonck, R. van (1990), The manufacturing/ design interface, in: R&D Management, 20 (1990) 3, S. 203 - 209

Dietrich, E., Schulze, A. (1995) Statistische Verfahren zur Maschinen- und Prozessqualifikation, München, Wien 1995

DIN 69 901 (1987), Projektwirtschaft, Projektmanagement, Begriffe, Berlin 1987

Domsch, M., Gerpott, T.J. (1988), Akzeptanz von Zeitkontrollen in der industriellen Forschung und Entwicklung, in: *Brockhoff, Picot, Urban* (Hrsg., 1988), S. 86 - 111

Domsch, M., Sabisch, H., Siebers, S. (Hrsg., 1993), F&E-Management, Stuttgart 1993

Ehrlenspiel, K. (1985), Kostengünstiges Konstruieren, Berlin 1985

Ehrlenspiel, K. (1992), Produktkosten-Controlling und Simultaneous Engineering, in: *Horváth, P.* (Hrsg., 1992), S. 289 - 308

Ettlie, J. E., Trygg, L.D. (1995), Design-Manufacturing Practice in the US and Sweden, in: IEEE Transactions on Engineering Management, 42 (1995) 1, S. 74 - 80

Eversheim, W. (1989), Simultaneous Engineering - eine organisatorische Chance!, in: *VDI* (Hrsg., 1989), S. 1 - 26

*Eversheim, W. (*Hrsg.*), Bochtler, W., Laufenberg, L.* (1995), Simultaneous Engineering - Erfahrungen aus der Industrie für die Industrie, Berlin, Heidelberg, New York u.a. 1995

Eversheim, W. (Hrsg., 1990), Inbetriebnahme komplexer Maschinen und Anlagen, Strategien und Praxisbeispiele zur Rationalisierung in der Einzel- und Kleinserienproduktion, Düsseldorf 1990

Eversheim, W. (Hrsg., 1996), Prozeßorientierte Unternehmensorganisation, Konzepte und Methoden zur Gestaltung „schlanker" Organisationen, 2. Aufl., Berlin, Heidelberg, New York u.a. 1996

Eversheim, W., Bochtler, W., Humburger, R., Lenhart, M. (1995a), Die Arbeitsplanung im geänderten produktionstechnischen Umfeld, Teil 1: Integration von Arbeitsplanung und Konstruktion, in: VDI-Z, 137 (1995) 3/4, S. 88 - 91

Eversheim, W., Bochtler, W., Humburger, R., Lenhart, M. (1995b), Die Arbeitsplanung im geänderten produktionstechnischen Umfeld, Teil 2: Integration von Arbeitsplanung und Fertigung, in: VDI-Z, 137 (1995) 5, S. 54 - 57

Eversheim, W., Laufenberg, L., Marczinski, G. (1993), Integrierte Produktentwicklung mit einem zeitparallelen Ansatz, in: CIM-Management, 9 (1993) 2, S. 4 - 9

Eversheim, W., Schmidt, R., Saretz, B. (1994), Systematische Ableitung von Produktmerkmalen aus Marktbedürfnissen, in: io Management Zeitschrift, 63 (1994) 1, S. 66 - 70

FhG (Hrsg., 1993), Rapid Prototpying: Unternehmensbefragung im Auftrag der *Fraunhofer-Gesellschaft*, Aachen und Stuttgart 1993

Fischer, J., Koch, R., Schmidt-Faber, B., Hauschulte, K.-B. (1993), Gemeinkosten vermeiden durch entwicklungsbegleitende Prozeßkostenkalkulation – Ein Ansatz zur konstruktionssynchronen Prognose von Produktlebenszykluskosten, in: *Horváth* (Hrsg., 1993), S. 259 - 274

Fischer, W., Weber, M. (1996), Projektmanagement zur effizienten Unterstützung von Produktentwicklungen, in: VDI-Z, 138 (1996) 11/12, S. 58 - 62

Flik, M., Kampf, H., Kern, J., Thumm, A. (1993), Lean Development bei einem europäischen Automobilzulieferer, Schriftenreihe zur *Behr*-Technologie, Stuttgart 1993

Ford (Hrsg., 1989), Concept to Customer, Mitarbeiterinformation, Köln 1989

Forschner, M., Groth, A., Herter, R. (1995), Wirtschaftlichkeit von EDM - Wie Informationssysteme Simultaneous Engineering unterstützen, in Controlling, 7 (1995) 5, S. 278 - 287

Frank, G. (1994), Externe Vorteile, in: Automobil-Produktion, 9 (1994) Sonderheft Automobil-Entwicklung, S. 50 - 54

Franz, K.-P., Kajüter, P. (Hrsg., 1997), Kostenmanagement: Wettbewerbsvorteile durch systematische Kostensteuerung, Stuttgart 1997.

Friedrichs, J. (1990), Methoden empirischer Sozialforschung, 14. Aufl., Opladen 1990

Gaiser, B. (1993), Schnittstellencontrolling in der Produktentwicklung, München 1993

Gaiser, B., Horváth, P., Mattern, K., Servatius, H.G. (1989), Wirkungsvolles F&E-Controlling stärkt die Innovationskraft, in: HBM, 11 (1989) 3, S. 32 - 40

Gehler, R. (1983), Wirtschaftlichkeitsverbesserung automatischer Montageanlagen in der Anlaufphase, in: Zeitschrift für wirtschaftliche Fertigung, 78 (1983) 5, S. 301- 304

Geigenberger, G. (1992), Von der historischen Polarität zur Projektarbeit im Team, Vortrag am 25. November 1992 bei der Tagung Fortschritte in der Automobilentwicklung in Böblingen

Gemünden, H.G. (1993), Zeit - Strategischer Erfolgsfaktor in Innovationsprozessen, in: *Domsch, Sabisch, Siebers* (Hrsg., 1993), S. 67 - 117

Gentner, A. (1994), Entwurf eines Kennzahlensystems zur Effektivitäts- und Effizienzsteigerung von Entwicklungsprojekten, München 1994

Gerpott, H. (1990), Simultaneous Engineering, in: Die Betriebswirtschaft, 50 (1990) 3, S. 399 - 400

Gerpott, H. (1991), F&E und Produktion, Theoretische und empirische Analysen zu Schnittstellenproblemen im Innovationsprozeß unter Berücksichtigung personalwirtschaftlicher Aspekte, München 1991

Gerpott, T., Winzer, P. (1996), Simultaneous Engineering: Kritische Analyse eines Planungs- und Organisationsansatzes zur Erfolgsverbesserung industrieller Produktinnovationen, in: Zeitschrift für Planung, 7 (1996) 7, S. 131 - 150

Gerpott, T.J., Wittkemper, G. (1991), Verkürzung von Produktentwicklungszeiten: Vorgehensweise und Ansatzpunkte zur Erreichung technologischer Sprintfähigkeit, in: *Booz, Allen & Hamilton* (Hrsg., 1991), S. 120 - 141

Gerwin, D. (1993), Integrating Manufacturing into the Strategic Phases of New Product Development, in: California Management Review, 25 (1993) Summer, S. 123 - 136

Ginn, M. E., Rubenstein, A. H. (1986), The R&D / Production Interface: A Case Study of New Product Commercialization, in: JPIM, 3 (1986) 3, S. 158 - 170

Glaser, M. A., Rubenstein, A. H. (1985), Barriers to innovation - the R and D/ Production Interface; some early findings, in: Progress in Organic Coatings, 13 (1985) 3-4, S. 237 - 252

Gleich, R. (1994), Kostenforechecking, in: Controlling, 6 (1994) 1, S. 48 - 50

Gleich, R., Scholl, K. (1994), Kostengünstig Konstruieren, State-of-the-Art der Kalkulationsmethoden, Forschungsbericht Nr. 42, Lehrstuhl für Allgemeine Betriebswirtschaftslehre und Controlling der Universität Stuttgart, Stuttgart 1994

Gleich, R., Seidenschwarz, W. (Hrsg., 1997), Die Kunst des Controlling, Prof. Dr. *Péter Horváth* zum 60. Geburtstag, München 1997

Graham, R. J. (1985), Project Management, New York 1985

Graves, S. B., Carmichael, W.P., Daetz, D., Wilson, E. (1991), Improving the Product Development Process, in: *Hewlett-Packard* Journal, o. Jg. (1991) June, S. 71 - 76

Gustmann, K.-H., Rettschlag, G., Wolff, H. P. (1989), Produktionsanlauf neuer Erzeugnisse und Anlagen, Berlin 1989

Hahn, D. (1989), Produktionsprozeßplanung, -steuerung und -kontrolle - Grundkonzept und Besonderheiten bei spezifischen Produktionstypen, in: *Hahn, Laßmann* (Hrsg, 1989), S. 7 - 237

Hahn, D. (1996), PuK, Planung und Kontrolle, Planungs- und Kontrollsysteme, Planungs- und Kontrollrechnung, Controllingkonzepte, 5. Aufl., Wiesbaden 1996

Hahn, D. (1997), Controlling in Deutschland - State of the Art, in: *Gleich, Seidenschwarz* (Hrsg., 1997), S. 15 - 46

Hahn, D., Laßmann, G. (1990), Produktionswirtschaft - Controlling industrieller Produktion, Band 1, 2. Aufl., Heidelberg 1990

Hahn, D., Laßmann, G. (Hrsg., 1989), Produktionswirtschaft - Controlling industrieller Produktion, Band 2, Heidelberg 1989

Handfield, R. B. (1994), Effects of concurrent engineering on make-to-order products, in: IEEE Transactions on Engineering Management, 41 (1994) 4, S. 384 - 393

Hanssen, R. (1992), Das Problem aus Sicht der Praxis, in: *Hanssen, Kern* (Hrsg., 1992, S. 2 - 19

Hanssen, R., Kern, W. (Hrsg., 1992), Integrationsmanagement für neue Produkte, zfbf-Sonderheft Nr. 30, Düsseldorf, Frankfurt 1992

Hanssen, R., Remmel, M. (1996), Strategische und operative Führung im Daimler-Benz-Konzern - Philosophie und Instrumentarien, in: *Hahn* (Hrsg., 1996), S. 883 - 935

Hasse, J. (1996), Der Kunde prägt den Qualitätsgedanken, in: Automobil-Produktion, 9 (1996) Sonderheft Qualität, S. 14-15

Hauschildt, J. (1991), Zur Messung des Innovationserfolgs, in: ZfB, 61 (1991) 4, S. 451 - 476

Hauschildt, J. (1993a), Innovationsmanagement, München 1993

Hauschildt, J. (1993b), Innovationsmanagement - Determinanten des Innovationserfolgs, in: *Hauschildt, Grün* (Hrsg., 1993), S. 295 - 326

Hauschildt, J., Grün, O. (Hrsg., 1993), Ergebnisse empirischer betriebswirtschaftlicher Forschung, Festschrift für *Eberhard Witte*, Stuttgart 1993

Hauschildt, J., Schmidt-Tiedemann, J. (1993), Neue Produkte erfordern neue Strukturen, in: HBM, 15 (1993) 4, S. 13 - 21

Hauser, J.R., Clausing, D. (1988), Wenn die Stimme des Kunden bis in die Produktion vordringen soll, in: HBM, 10 (1988) 4, S. 57 - 70

Hemmert, M. (1993), Vertikale Kooperation zwischen japanischen Industrieunternehmen, Wiesbaden 1993

Herten, H.-J., (1988), Internationales Projektmanagement: Gestaltung der grenzüberschreitenden Projektkooperation im Großanlagenbau sowie in der Luft- und Raumfahrt, Köln 1988

Heßen, H.-P., Wesseler, S. (1994), Marktorientierte Zielkostensteuerung bei der AUDI AG, in: Controlling, 6 (1994) 3, S. 148 - 154

Hessenberger, M. (1996), Instrumentarium zur Reifegradmessung im Rahmen der Neuproduktintegration, Vortragsunterlagen der öffentlichen Sitzung des Arbeitskreises „Integrationsmanagement für neue Produkte" der *Schmalenbach-Gesellschaft* am 8. Oktober 1996 in Berlin

Hessenberger, M., Späth, C. (1998), Der Serienreifegrad im Fokus der Entwicklung, in: *Horváth, Fleig* (Hrsg., 1998), n.o.S.

Hieber, W.L. (1991), Lern- und Erfahrungskurveneffekte und ihre Bestimmung in der flexibel automatisierten Produktion, München 1991

Hilbert, H. (1995), Target Budgeting in Forschung und Entwicklung bei VOLKSWAGEN, in: Controlling, 7 (1995) 6, S. 354 - 364

Horváth, P. (1991), Schnittstellenüberwindung durch das Controlling, in: *Horváth* (Hrsg., 1991), S. 1 - 23

Horváth, P. (1994), State-of-the-Art des F&E-Controlling, Forschungsbericht Nr. 40, Lehrstuhl für Allgemeine Betriebswirtschaftslehre und Controlling der Universität Stuttgart, Stuttgart 1994

Horváth, P. (1996), Controlling, 6. Aufl., München 1996

Horváth, P. (Hrsg., 1991), Synergien durch Schnittstellencontrolling, Stuttgart 1991

Horváth, P. (Hrsg., 1992), Effektives und schlankes Controlling, Stuttgart 1992

Horváth, P. (Hrsg., 1993), Marktnähe und Kosteneffizienz schaffen, Stuttgart 1993

Horváth, P. (Hrsg., 1994), Kunden und Prozesse im Fokus, Stuttgart 1994

Horváth, P. (Hrsg., 1995), Controllingprozesse optimieren, Stuttgart 1995

Horváth, P., Dittmar, J., Gleich, R., Scholl, K., Voggenreiter, D., Wangenheim, S. v. (Hrsg., 1997), Jahrbuch Controlling 1997, Düsseldorf 1997

Horváth, P., Fleig, G. (Hrsg., 1998), Integrationsmanagement im Serienanlauf neuer Produkte, Düsseldorf 1998

Horváth, P., Gentner, A. (1992), Integrative Controllingsysteme, in: *Hanssen, Kern* (Hrsg., 1992), S. 169 - 182

Horváth, P., Lamla, J., Höfig, M. (1994), Rapid Prototyping - der schnelle Weg zum neuen Produkt, in: HBM, 16 (1994) 3, S. 42 - 53

Horváth, P., Scholl, K., Wangenheim, S. v. (1997), Controlling der Produktentwicklung - eine Einführung, in: *Horváth et al.* (Hrsg., 1997), S. 1 - 11

Horváth, P., Urban, G. (Hrsg., 1990), Qualitätscontrolling, Stuttgart 1990

House, C.H., Price, R. L. (1991), The Return Map: Tracking Product Teams, in: HBR, 68 (1991) 1, S. 92 - 100

Huber, R.K., Schelle, H., Hoffmann, H.W. (Hrsg., 1977), Waffensystemplanung, Systemtechnische Ansätze und Beiträge, München 1977

Hug, E. (1992), Kampf gegen Überkomplexität in Großunternehmen am Beispiel IBM, in: *Reiß, Gassert, Horváth* (Hrsg., 1992), S. 43 - 77

Huy, R. G. (1993), Konstruktion und Entwicklung: Die Chance für das deutsche Auto, in: Automobil-Produktion, 7 (1993) 2, S. 136 - 140

Imai, K., Nonaka, I., Takeuchi, H. (1985), Managing the New Product Development Process: How Japanese Factories Learn and Unlearn, in: *Clark, Hayes, Lorenz* (Hrsg., 1985), S. 337 - 375

Inness, J. (1995), Erfolgreicher Produktwechsel, Landsberg a. L. 1995

Jahn, S. (1991), Entwicklungsengineering: zeitorientierte Produktkonzeption und integrierte Prozesse, in: Bullinger (Hrsg., 1991), S. 157 - 172

Juran, J.M. (1962), Quality Control Handbook, New York 1962

Kahn, K.B. (1996), Interdepartmental Integration: A Definition with Implications for Product Development Performance, in: JPIM, 13 (1996) 3, S. 137 - 151

Kamiske, G., Brauer, J.-P. (1993), Qualitätsmanagement von A bis Z, München, Wien 1993

Kaufmann, L. (1995), Strategisches Sourcing, in: zfbf, 47 (1995) 3, S. 275 - 296

Kern, W. (1992a), Funktionsübergreifende Integration - Aufgaben und Probleme, in: *Hanssen, Kern* (Hrsg., 1992), S. 54 - 62

Kern, W. (1992b), Technologieübergreifende Integration - Aufgaben und Probleme, in: Hanssen, Kern (Hrsg., 1992), S. 63 - 68

Kern, W. (1992c), Industrielle Produktionswirtschaft, 5. Aufl., Stuttgart 1992

Kern, W., Schröder, H.-H., Weber, J. (Hrsg. 1995), Handwörterbuch der Produktionswirtschaft, 2. Aufl., Stuttgart 1995

Kieser, A., Kubicek, H. (1992), Organisation, 3. Aufl., Berlin, New York 1992

Kilger, W., Scheer, A.-W. (Hrsg., 1985), Rechnungswesen und EDV, 6. Saarbrücker Arbeitstagung, Würzburg, Wien 1985

Koch, H., Barth, G. (1995), Cyber-Benz AG, in: manager Magazin, 25 (1995) 11, S. 284 - 289

Kolks, U. (1987), Konfigurationsmanagement: Eine Methode zur Bewältigung von Änderungsprozessen in Softwareprojekten, in: zfo, 56 (1987) 4, S. 249 - 254

Komorek, C. (1992), Integrierte Produktentwicklung in der metallverarbeitenden Industrie - ein weiter Weg, in: VDI-Z, 134 (1992) 12, S. 24 - 28

Korn, G. (1995), MDS: a system for decision support in the economic efficiency analysis and controlling of the product development process, in: *Bullinger, Warschat* (Hrsg., 1995), S. 267 - 280

Kromrey, H. (1994), Empirische Sozialforschung, Modelle und Methoden der Datenerhebung und Datenauswertung, 6. Aufl., Opladen 1994

Krystek, U., Zur, E. (1991), Projektcontrolling, Frühaufklärung von projektbezogenen Chancen und Bedrohungen, in: Controlling, 3 (1991) 6, S. 304 - 311

Kuba, R. (1987), Plan und Wirklichkeit beim Entwickeln und Einführen von Neuerungen, in: controller magazin, 12 (1987) 3, S. 141 - 144

Lawrence, P., Lorsch, J. (1967), Organization and Envrionment, Managing Differentiation and Integration, Boston 1967

Lederle, H. (1985), Planung, Verrechnung und Kontrolle von Forschungs- und Entwicklungskosten in der Automobilindustrie, in: *Kilger, Scheer* (Hrsg., 1985), S. 189 - 205

Leenders, M. R., Henderson, R. (1980), Startup Research Presents Purchasing Problems and Opportunities (I), in: International Journal of Operations and Production Management, 1 (1980) 2, S. 83-94

Liesegang, D. G. (1992), Produkt- und generationsübergreifende Integration, in: *Hanssen, Kern* (Hrsg., 1992), S. 93 - 101

Likert, R. (1967), The Human Organization: Its Management and Value, New York u.a. 1967

Löffler, F. (1995), Die praktische Anwendung des Target Costing, in: *Horváth* (Hrsg., 1995), S. 133 - 147

Madauss, B. (1994), Handbuch Projektmanagement: mit Handlungsanleitungen für Industriebetriebe, Unternehmensberater und Behörden, 5. Aufl., Stuttgart 1994

Madauss, B. (1997), Projektkostenschätzung im Rahmen der Produktentwicklung, in: *Horváth et al.* (Hrsg., 1997), S. 20 - 25

Mass, N. J., Berkson, B. (1995), Going slow to go fast, in: The McKinsey Quarterly, 31 (1995) 4, S. 19 - 29

Mayer, E., Liessmann, K. (Hrsg., 1994), F + E-Controllerdienst, Stuttgart 1994

McElroy, J. (1991), Fast, Faster, Fastest, in: Automotive Industries, 171 (1991) 9, S. 45 - 49

Mercedes-Benz AG (Hrsg., 1996), Rastatt - ein Werk macht sich fit für den neuen Mercedes, Pressemitteilung vom 18. Juni 1996, Stuttgart 1996

Merli, G. (1990), Total Manufacturing Management: production organization for the 1990s, Cambridge, Mass. 1990

Meyer, A. de (1992), The development/manufacturing interface: empirical analysis of the 1990 European manufacturing futures survey, in: *Susman* (Hrsg., 1992), S. 69 - 81

Meyer, C. (1994), How the right measures help teams excel, in: HBR, 72 (1994) 3, S. 95 - 103

Meyer, M. H., Utterback, J. M. (1995), Product Development Cycle Time and Commercial Success, in: IEEE Transactions on Engineering Management, 42 (1995) 4, S. 297 - 304

Moll, H.H., Warnecke, H.J. (Hrsg., 1976), RKW-Handbuch Forschung, Entwicklung, Konstruktion (F+E), Berlin 1976

Monden, Y., Sakurai, M. (Hrsg., 1989), Japanese Management Accounting, A World Class Approach to Profit Management, Cambridge 1989

Monka, M., Voß, W. (1996), Statistik am PC, Lösungen mit Excel, München, Wien 1996

Moore, R. F. (1970), Five Ways to Bridge the Gap between R&D and Production, in: Research Management, 13 (1970) September, S. 367 - 373

Motzel, E. (1989), Fortschrittskontrolle im Anlagenbau, in: *Reschke, Schelle, Schnopp* (Hrsg., 1989), S. 509 - 528

Müller, U. (1994), Die Spielregeln für den Erfolg, in: Automobilproduktion, 9 (1994) Sonderheft Automobil-Entwicklung, S. 38 - 42

Murmann, P. (1994), Zeitmanagement für Entwicklungsbereiche im Maschinenbau, Wiesbaden 1994

Nevens, T. M. (1990), Commercializing Technology: What the Best Companies Do, in: Planning Review, 18 (1990) 6, S. 20 - 25

Nieder, A. (1994), Reifebestimmung zur Optimierung von Entwicklungsprozessen, in: *Zimmermann, Altrock* (Hrsg., 1994), S. 31 - 40

Nieschlag, R., Dichtl, E., Hörschgen, H. (1997), Marketing, 18. Aufl., Berlin 1997

Nippa, M., Reichwald, R. (1990), Theoretische Grundüberlegungen zur Verkürzung der Durchlaufzeit in der industriellen Entwicklung, in: *Reichwald, Schmelzer* (Hrsg., 1990), S. 65 - 114

Noth, T. (1986), Aufwandschätzung von FuE-Projekten, in: *Platz, Schmelzer* (Hrsg., 1986), S. 161 - 180

o.V. (1994), 36 Monate Entwicklungszeit, in: Automobilproduktion, 9 (1994) August, S. 26 - 34

OECD (Hrsg., 1994), Frascati Manual 1993: the measurement of scientific and technological activities, proposed standard practice for surveys of research and experimental development, Paris 1994

Parkinson, C. N. (1966), Parkinsons Gesetz und andere Untersuchungen über die Verwaltung, Reinbek 1966

Pfeifer, T. (1993), Qualitätsmanagement, Strategien, Methoden, Techniken, München, Wien 1993

Pfeiffer, W., Weiss, E. (Hrsg., 1990), Technologiemanagement, Philosophie - Methodik - Erfahrungen, Göttingen 1990

Picot, A., Reichwald, R., Nippa, M. (1988), Zur Bedeutung der Entwicklungsaufgabe für die Entwicklungszeit - Ansätze für die Entwicklungszeitgestaltung, in: *Brockhoff, Picot, Urban* (Hrsg., 1988), S. 112 - 134

Platz, J. (1986a), Phasenorganisation, in: *Platz, Schmelzer* (Hrsg., 1986), S. 107 - 129

Platz, J. (1986b), Projektplanung, in: *Platz, Schmelzer* (Hrsg., 1986), S. 131 - 159

Platz, J. (1986c), Projektsteuerung, in: *Platz, Schmelzer* (Hrsg., 1986), S. 211 - 236

Platz, J. (1989), Produkt- und Projektstrukturpläne als Basis der Projektplanung, in: *Reschke, Schelle, Schnopp* (Hrsg., 1989), S. 229 - 259

Platz, J. (1995), Erfolgreiches F&E-Controlling, Vortrag auf der Tagung Controlling in Forschung und Entwicklung am 29. und 30. Mai 1995 in Frankfurt

Platz, J., Schmelzer, H.-J. (Hrsg., 1986), Projektmanagement in der industriellen Forschung und Entwicklung, Einführung anhand von Beispielen aus der Informationstechnik, Berlin, Heidelberg, New York u.a. 1986

Pleschak, F. (1991), Prozeßinnovationen, Stuttgart 1991

Premauer, T. (1989), Simultaneous Engineering - eine Chance zur Effizienzsteigerung der Produktionsplanung im Automobilbau, in: *VDI* (Hrsg., 1989), S. 123 - 152

Reichwald, R. (1990), Entwicklungszeiten als wettbewerbsentscheidender Faktor für den langfristigen Erfolg eines Industriebetriebes, in: *Reichwald, Schmelzer* (Hrsg., 1990), S. 9 - 25

Reichwald, R., Conrat, J.-I. (1994), Vermeidung von Änderungskosten durch Integrationsmaßnahmen im Entwicklungsbereich, in: *Zülch* (Hrsg., 1994), S. 221 - 245

Reichwald, R., Conrat, J.-I. (1995), Integrationslösungen für die Produktentwicklung, in: VDI-Z, 137 (1995) 5, S. 58 - 60

Reichwald, R., Schmelzer, H.J. (Hrsg., 1990), Durchlaufzeiten in der Entwicklung, Praxis des industriellen F&E-Managements, München 1990

Reinertsen, D. G. (1983), Whodunit? The search for the new product killers, in: Electronic Business, 9 (1983) Juli, S. 62 - 66

Reiß, M. (1992a), Unternehmensübergreifende Integration, in: *Hanssen, Kern* (Hrsg., 1992), S. 119 - 147

Reiß, M. (1992b), Komplexität beherrschen durch „ORGA-TUNING“, in: *Reiß, Gassert, Horváth* (Hrsg., 1992), S. 1 - 41

Reiß, M., Gassert, H., Horváth, P. (Hrsg., 1992), Komplexität meistern - Wettbewerbsfähigkeit sichern, Stuttgart 1992

Reschke, H., Schelle, H., Schnopp, R. (Hrsg., 1989), Handbuch Projektmanagement, Köln 1989

Riedl, J. (1990), Projekt-Controlling in Forschung und Entwicklung, Berlin 1990

Roever, M. (1991), Überkomplexität I, in: Manager Magazin, 21 (1991) 10, S. 218 - 233.

Rommel, G., Brück, F., Diederichs, R., Kempis, R.-D., Kaas, H.-W., Fuhry, G., Kurfess, V. (1995), Qualität gewinnt - Mit Hochleistungskultur und Kundennutzen an die Weltspitze, Stuttgart 1995

Rose, B. (1988), Der lange Weg von der Idee zum Markt, in: Blick durch die Wirtschaft, Nr. 238, 9. Dezember 1988, S. 7

Rosenthal, S. (1992), Effective product design and development: how to cut lead time and increase customer satisfaction, New York 1992

Saunders, J., Jobber, D. (1994), Product Replacement: Strategies for Simultaneous Product Deletion and Launch, in: JPIM, 11 (1994) 4, S. 433 - 450

Saynisch, M. (1984), Konfigurationsmanagement - Entwurfssteuerung, Dokumentation, Änderungswesen, Köln 1984

Saynisch, M. (1989), Konfigurationsmanagement - Wesen, Konzepte, Methoden und Anwendungen, in: *Reschke, Schelle, Schnopp* (Hrsg., 1989), S. 561 - 589

Scheer, A.-W. (Hrsg., 1992), Simultane Produktentwicklung, München 1992

Schelle, H. (1977), Probleme der integrierten Zeit-, Kosten- und Leistungsplanung bei F+E-Projekten, in: *Huber, Schelle, Hoffmann* (Hrsg., 1977), S. 315 - 353

Schelle, H. (1996), Entwicklungsstand und Perspektiven des Projektmanagements, in: *VDI* (Hrsg. 1996), S. 449 - 469

Scherer, P. (1998), Gestaltung des Serienanlaufs bei zentraler Entwicklung und dezentraler Produktion, in: *Horváth, Fleig* (Hrsg., 1998), n.o.S.

Schirmer, A. (1990), Planung und Einführung eines neuen Produktes am Beispiel der Automobilindustrie, in: zfbf, 42 (1990) 10, S. 892 - 907

Schmelzer, H.J. (1990), Steigerung der Effektivität und Effizienz durch Verkürzung von Entwicklungszeiten, in: *Reichwald, Schmelzer* (Hrsg., 1990), S. 27 - 63

Schmelzer, H.J. (1992), Organisation und Controlling von Produktentwicklungen: Praxis des wettbewerbsorientierten Entwicklungsmanagement, Stuttgart 1992

Schmelzer, H.J. (1993), Entwicklungscontrolling: Ziele, Anforderungen, Komponenten, in: Controlling, 5 (1993) 4, S. 180 - 189

Schmelzer, H.J., Buttermilch, K.-H. (1988), Reduzierung der Entwicklungszeiten in der Produktentwicklung als ganzheitliches Problem, in: *Brockhoff, Picot, Urban* (Hrsg., 1988), S. 43 - 73

Schmelzer, H.J., Friedrich, W. (1997), Integriertes Prozeß-, Produkt- und Projektcontrolling, in: Controlling, 8 (1997) 5, S. 334 - 344

Schmitz, H., Windhausen, M. (1986), Projektplanung und Projektcontrolling: Planung und Überwachung von besonderen Vorhaben, 3. Aufl., Düsseldorf 1986

Scholl, K. (1997), Konstruktionsbegleitende Prozeßkostenprognose auf der Basis von Prototypen, Dissertation an der Universität Stuttgart, Stuttgart 1997

Scholz, L. (1977), Definition und Abgrenzung der Begriffe Forschung, Entwicklung, Konstruktion, in: *Moll, Warnecke* (Hrsg., 1976), 4. Ergänzungslieferung 1977, Nr. 2020, S. 1 - 26

Schorb, M. (1994), Verhaltensorientiertes FuE-Controlling, München 1994

Schuh, C. (1991), Die Car Clinic als Marktforschungsinstrument einer konsumentenorientierten Produktentwicklung, Köln 1991

Schuh, G. (1989), Gestaltung und Bewertung von Produktvarianten: Ein Beitrag zur systematischen Planung von Serienprodukten, Düsseldorf 1989

Schumpeter, J. A. (1947), The Creative Response in Economic History, in: The Journal of Economic History, 7 (1947) November, S. 149 - 159

Schwarze, J. (1990), Netzplantechnik - Eine Einführung in das Projektmanagement, 6. Aufl., Herne, Berlin 1990

Seghezzi, H.D. (1996), Integriertes Qualitätsmanagement, Das St. Galler Konzept, München, Wien 1996

Seidenschwarz, W. (1993), Marktorientiertes Zielkostenmanagement, München 1993

Seidenschwarz, W. (1994), Das Controlling der Markt- und Prozeßkette, in: *Horváth* (Hrsg., 1994), S. 161- 183

Seidenschwarz, W., Niemand, S. (1994), Zuliefererintegration im marktorientierten Zielkostenmanagement, in: Controlling, 6 (1994) 5, S. 262 - 270

Seiffert, W. (1994), Preiswerte Modellvielfalt, in: Automobil-Produktion, 9 (1994) Sonderheft Automobil-Entwicklung, S. 56 - 58

Siegwart, H., Senti, R. (1995), Product Life Cycle Management: die Gestaltung eines integrierten Produktlebenszyklus, Stuttgart 1995

Simon, H. (1989), Die Zeit als strategischer Erfolgsfaktor, in: ZfB, 59 (1989) 1, S. 70 - 93

Singer, S. (1994), F+E-Controlling (Siemens AG), Konzepte - Methoden - Erfahrungen, in: *Mayer, Liessmann* (Hrsg., 1994), S. 53 - 83

Slade, B. N. (1993), Compressing the product development cycle, New York 1993

Smith, P. G., Reinertsen, D. G. (1991), Developing products in half the time, New York 1991

Souder, W.E., Padmanabhan, V. (1989), Transferring new Technologies from R&D to Manufacturing, in: Research & Technology Management, 32 (1989) 5, S. 38 - 43

Specht, G., Beckmann, C. (1996), F & E-Management, Stuttgart 1996

Specht, G., Schmelzer, H. J. (1991), Qualitätsmanagement in der Produktentwicklung, Stuttgart 1991

Specht, G., Schmelzer, H.J. (1992), Instrumente des Qualitätsmanagements in der Produktentwicklung, in: zfbf, 44 (1992) 6, S. 531 - 547

Spiess, S. (1994), Management von Automobilentwicklungen, Umsetzung bereichsübergreifender Integration, Bamberg 1994

Stalk, G., Hout, T.M. (1990), Competing against Time, New York 1990

Steinmetz, O. (1993), Die Strategie der Integrierten Produktentwicklung, Braunschweig, Wiesbaden 1993

Stockbauer, H. (1991), F&E-Budgetierung aus der Sicht des Controlling, in: Controlling, 3 (1991) 3, S. 136 - 143

Studt, J. (1983), Projektkostenrechnung, Frankfurt 1983

Sullivan, L.P. (1986) Quality Function Deployment, in: Quality Progress, 19 (1986) June, S. 39 - 50

Susmann, G.I. (Hrsg., 1992), Integrating design and manufacturing for competitive advantage, New York, Oxford 1992

Takeuchi, H., Nonaka, I. (1986), Das neue Produktenwicklungsspiel, in: HBM, 8 (1986) 3, S. 40 - 47

Tanaka, M. (1989), Cost Planning and Control Systems in the Design Phase of a New Product, in: *Monden, Sakurai* (Hrsg., 1989), S. 49 - 71

Thurmond, R.C., Kunak, D. V. (1988), Assessing the Development/Production Transition, in: IEEE Transactions on Engineering Management, 35 (1988) 4, S. 232 - 237

Tiby, C. (1987), Von Anfang an schon ein „perfektes" Produkt anbieten. Die Verkürzung der Produktentwicklungszeit sichert Wettbewerbsvorteile, in: Blick durch die Wirtschaft, Nr. 21, vom 30.1.1987, S. 3

Tiby, C. (1988), Die Basis unternehmerischer Initiative: Systematisch neue Produkte und Leistungen entwickeln, Wiesbaden 1988

Traudt, H. (1997), Zuliefermanagement unter Kostenaspekten, in: *Franz, Kajüter* (Hrsg., 1997), S. 309 - 325

Tyre, M.J. (1991), Managing the introduction of new process technology: International differences in a multi-plant network, in: Research Policy, 20 (1991) 1, S. 57 - 76

VDA (1975), Sicherung der Qualität von Lieferungen in der Automobilindustrie, Frankfurt 1975

VDA (1986), Sicherung der Qualität vor Serieneinsatz, 2. Aufl., VDA-Schrift Nr. 4, Qualitätskontrolle in der Automobilindustrie, Frankfurt 1986

VDI (Hrsg., 1978), VDI-Richtlinie 2815: Begriffe für die Produktionsplanung und Produktionssteuerung, Düsseldorf 1978

VDI (Hrsg., 1989), Simultaneous Engineering: Neue Wege des Projektmanagements, VDI-Bericht 758, Düsseldorf 1989

VDI (Hrsg., 1993), VDI-Richtlinie 2221: Methodik zum Entwickeln und Konstruieren technischer Systeme und Produkte, Düsseldorf 1993

VDI (Hrsg., 1994), Wettbewerbsvorteile durch integrierte Produktentwicklung, VDI-Bericht 1136, Düsseldorf 1994

Vincent, G. (1989), Managing new product development, London 1989

Wangenheim, S. v. (1996), Controlling des Serienanlaufs, Forschungsbericht Nr. 46, Lehrstuhl für Allgemeine Betriebswirtschaftslehre und Controlling der Universität Stuttgart, Stuttgart 1996

Warnecke, H.-J. (1993a), Der Produktionsbetrieb 1, Organisation, Produkt, Planung, 2. Aufl., Berlin, Heidelberg, New York u.a. 1993

Warnecke, H.-J. (1993b), Der Produktionsbetrieb 2, Produktion, Produktionssicherung, 2. Aufl., Berlin, Heidelberg, New York u.a. 1993

Warschat, J., Wasserloos, G. (1991), Simultaneous Engineering - Strategie zur ablauforganisatorischen Straffung des Entwicklungsprozesses, in: FB/IE, 40 (1991) 1, S. 22 - 27

Weiss, E., Neyer, B. (1990), Determinanten erfolgreicher technologischer Innovationen, in: *Pfeiffer, Weiss* (Hrsg., 1990), S. 41 - 125

Wheelwright, S., Clark, K. (1993), Revolution der Produktentwicklung, Spitzenleistungen in Schnelligkeit, Effizienz und Qualität durch dynamische Teams, Frankfurt, New York 1993

Wildemann, H. (1992), Simultaneous Engineering als Baustein für Just-in-time in Forschung, Entwicklung und Konstruktion, in: VDI-Z, 134 (1992) 12, S. 18 - 23

Wildemann, H. (1993a), Den Reifegrad der Produktions-Informationen maximieren - Qualität von Informationsprozessen in der Produktion, in: Blick durch die Wirtschaft, Nr. 222 vom 16. 11. 1993, S. 7

Wildemann, H. (1993b), Just-In-Time in Forschung & Entwicklung und Konstruktion, in: ZfB, 63 (1993) 12, S. 1251 - 1270

Wildemann, H. (1993c), Die Luft wird rauher - wie Zulieferer überleben können, in: HBM, 15 (1993) 3, S. 34 - 44

Wilken, H. (1987), Probleme des F+E-Managements in der Automobilindustrie - dargestellt am Beispiel einer Kfz-Klimaanlage, in: *Danert, Horváth* (1987), S. 26-41

Williamson, I. (1993), Der Wandel des Geschäfts durch Simultaneous Engineering, in: CIM-Management, 9 (1993) 2, S. 42 - 46

Witte, K. (1994), Markt- und kostengerechte Produkte fordern neue Formen der funktionalen Zusammenarbeit, in : *VDI* (Hrsg., 1994), S. 121 - 147

Womack, J.P., Jones D.T., Roos, D. (1990), The Machine that Changed the World, New York, Toronto, Oxford u.a. 1990

Wright, T.P. (1936), Factors Affecting the Cost of Airplanes, in: Journal of Aeronautical Sciences, 3 (1936) 4, S. 122 - 128

Yamanouchi, T. (1989), Break through: the Development of the Canon Personal Copier, in: Long Range Planning, 22 (1989) 10, S. 11 - 21

Zahn, E., Schmid, U. (1996), Produktionswirtschaft I: Grundlagen und operatives Produktionsmanagement, Stuttgart 1996

Zanger, C. (1995), Produkt- und Prozeßentwicklung, in: *Kern, Schröder, Weber* (Hrsg., 1995), Sp. 1426 - 1438

Zenz, P. (1981), Die betriebswirtschaftliche Beurteilung von Forschungs- und Entwicklungsleistungen im Industriebetrieb, Thun, Frankfurt 1981

Zimmermann, H. J., Altrock, C. v. (Hrsg., 1994), Fuzzy Logic, Band 2, Anwendungen, München 1994

Zülch, G. (Hrsg., 1994) Vereinfachen und verkleinern: die neuen Strategien der Produktion, Stuttgart 1994

ANHANG

A Auszug aus dem deutschsprachigen Fragebogen

B Auszug aus dem japanischen Fragebogen

C Kritik an der Schnittstelle zwischen Automobilhersteller und -zulieferer aus der Sicht der Zulieferer

Abschnitt A Angaben zum Entwicklungsprojekt

A.1 Wie beurteilen Sie den Innovationsgrad des Neuprodukts?	sehr gering ☐ ☐ ☐ ☐ ☐ ☐ ☐ sehr hoch
A.2 Wie beurteilen Sie den Innovationsgrad der Produktionsprozesse für das Neuprodukt?	sehr gering ☐ ☐ ☐ ☐ ☐ ☐ ☐ sehr hoch
A.3 Wie hoch ist die Gesamtzahl der zu montierenden Teile im betreffenden Produkt?	☐ < 10 ☐ 11-30 ☐ 31-100 ☐ 101-200 ☐ >200
A.4 Wie hoch ist der Anteil an neu konstruierten Teilen im betreffenden Produkt?	☐ < 30% ☐ 30-50% ☐ 51-80% ☐ 81-100%
A.5 Wie hoch ist der Anteil an Gleichteilen im betreffenden Produkt, die Sie auch in anderen Produkten Ihres Programms verwenden?	☐ 0% ☐ < 10% ☐ 10-20% ☐ 21-50% ☐ > 50%
A.6 Wie hoch ist Ihre eigene Fertigungstiefe für das betreffende Produkt?	☐ < 30% ☐ 30-50% ☐ 51-80% ☐ 81-100%
A.7 Wie hoch ist die geplante Produktionskapazität für das betreffende Produkt?	____________ Stück/Tag
A.8 Wie lange benötigten Sie für die Entwicklung vom Projektstart bis zum Produktionsstart?	____________ Monate

Abschnitt B Fragen zur Integration bei Ihrem Kunden

B.1 Wer ist Ihr direkter Kunde?

☐ Automobilhersteller ☐ Systemzulieferer

B.2 Wie wurden Sie für die Entwicklung/ Produktion des Neuprodukts ausgewählt?

☐ Zusammenarbeit stand durch langjährige Partnerschaft bereits vorher fest
☐ Konzeptwettbewerb auf Basis technischer Rahmendaten (black box)
☐ Konzeptwettbewerb auf Basis detaillierter Konstruktionsdaten (Detailvorgabe mit geringen Freiräumen)
☐ Angebotsabgabe auf Basis bereits festgelegter Konstruktion
☐ weiß ich nicht

B.3 Wann wurden Sie in den Entwicklungsprozeß Ihres Kunden involviert?

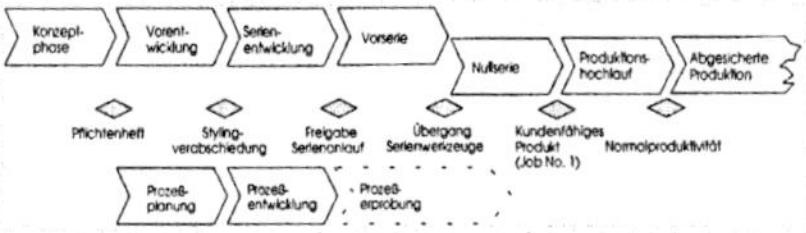

☐ In der Konzeptphase vor Erstellung des Pflichtenhefts
☐ In der Vorentwicklungsphase vor der Stylingverabschiedung
☐ in der Serienentwicklungsphase vor der Freigabe für den Serienanlauf
☐ in der Vorserie vor dem Übergang auf Serienwerkzeuge
☐ in der Nullserie vor Beginn der Produktion
☐ nach Produktionsbeginn
☐ weiß ich nicht

Abschnitt C Fragen zur Pilotserie

C.1 Wieviele Prototypen produzierten Sie in der Pilotserie insgesamt?	________ Stück
C.2 Wieviele Prototypen lieferten Sie davon zu Testzwecken und Pilotmontagen an Ihren Kunden?	________ % der in den Pilotserie gefertigten Prototypen
C.3 Wo führten Sie die Teilefertigung in der Pilotserie durch?	☐ auf separaten Pilotserienanlagen im Entwicklungsbereich ☐ auf separaten Pilotserienanlagen im Fertigungsbereich ☐ auf neuen Anlagen für die spätere Serienfertigung ☐ als Charge auf Anlagen in der laufenden Serienfertigung des Vorgängers
C.4 Wo führten Sie die Pilotmontage durch?	☐ auf einer separaten Pilotserienanlage im Entwicklungsbereich ☐ auf einer separaten Pilotserienanlage im Fertigungs-/Montagebereich ☐ auf einer neuen Anlage für die spätere Serienmontage ☐ auf der Anlage für die laufende Serienmontage der Vorgängerprodukte ☐ bei laufender Montage des Vorgängers ☐ bei Montagestop des Vorgängers
C.5 Wer führte die Pilotfertigung und -montage durch?	☐ Entwicklungsingenieure ☐ Modellbauer ☐ speziell geschulte Kräfte für die Pilotanlage ☐ Mitarbeiter aus der Serienfertigung und -montage ☐ Sonstige:________________________
C.6 Wieviel Zeit wurde insgesamt für die Pilotserien eingeplant?	_____ Wochen
C.7 Wurde die geplante Zeit für die Pilotserien überschritten?	☐ Nein ☐ Ja, geringfügig (< 10%) ☐ Ja, deutlich (> 10%)

C.8 Wenn ja, was waren die Gründe hierfür?	1 (trifft nicht zu)	2	3	4	5	6	7 (trifft voll zu)
• *Zu hohe Anzahl der geforderten Prototypen*	☐	☐	☐	☐	☐	☐	☐
• *Unzureichende Kapazitäten für die Pilotserie*	☐	☐	☐	☐	☐	☐	☐
• *Intern ausgelöste Änderungen wegen nicht erreichter Kostenziele*	☐	☐	☐	☐	☐	☐	☐
• *Intern ausgelöste Änderungen wegen mangelnder Produktfunktionalität (Fortsetzung)*	☐	☐	☐	☐	☐	☐	☐

Abschnitt D Fragen zum Produktionshochlauf

D.1 Wieviele Wochen vor dem Produktionsstart der neuen Serie beim Kunden mußten Sie mit der Produktion Ihres Produktes starten?	________ Wochen
D.2 Löste das neu zu entwickelnde Produkt ein anderes Modell/ Produkt in der Produktion ab?	☐ Ja ☐ Nein
D.3 Wenn ja, wie erfolgte der Wechsel vom Vorgänger- zum Nachfolgeprodukt in der Teilefertigung?	☐ Fließend als chargenweise Fertigung von Teilen des alten und des neuen Produkts mit jeweiligem Werkzeugwechsel. ☐ Die Fertigung der Teile des alten Produkts wurde zu einem vorbestimmten Termin beendet, danach erfolgte der Anlauf der Fertigung für die Neuteile. ☐ Es bestand kein direkter Übergang durch die Verwendung getrennter Fertigungsanlagen für die Neuteile.
D.4 Wenn ja, wie erfolgte der Wechsel vom Vorgänger- zum Nachfolgeprodukt in der Montage?	☐ Fließend durch parallele Montage von alten und neuen Produkten. ☐ Die Montage des alten Produkts wurde zu einem vorbestimmten Termin beendet, danach erfolgte der Anlauf der Montage für das neue Produkt. ☐ Es bestand kein direkter Übergang durch die Verwendung getrennter Montageanlagen für das neue Produkt.
D.5 Wenn ja, wie gewährleisten Sie die Ersatzteilversorgung für das Vorgängerprodukt?	☐ Durch chargenweise Fertigung und Montage des Vorgängerprodukts bei Bedarf. ☐ Durch Aufbau eines ausreichenden Lagerbestands vor Beendigung der Produktion des Vorgängerprodukts. ☐ Die Verantwortung für die spätere Ersatzteilversorgung wurde durch den Kunden übernommen.
D.6 Nach wieviel Wochen sollte die Normalproduktivität laut Plan erreicht werden?	Nach ______ Wochen
D.7 Wurde die geplante Zeit bis zum Erreichen der Normalproduktivität überschritten?	☐ Nein ☐ Ja, geringfügig (< 10%) ☐ Ja, deutlich (> 10%)

D.8 Wenn ja, was waren die Gründe hierfür?	trifft nicht zu 1	2	3	4	5	6	trifft voll zu 7
• *Intern ausgelöste Änderungen wegen nicht erreichter Kostenziele*	☐	☐	☐	☐	☐	☐	☐
• *Intern ausgelöste Änderungen wegen mangelnder Produktfunktionalität*	☐	☐	☐	☐	☐	☐	☐

(Fortsetzung Frage D.8)

自動車メーカーとの調整に関する質問

- 貴社が当該自動車部品の開発・生産に選ばれた経緯をお答えください。
  - □長期の協力関係があり、最初の段階から一緒に開発を行った。
  - □ラフな技術データ（ブラック・ボックス）が与えられた上で、コンセプト・コンペがあった。
  - □きわめて詳細なデータと図面（自社のアイデアをはさむ余地が少ない詳細な指示）が与えられた上で、コンセプト・コンペがあった。
  - □設計図を与えられた上で、入札。
- 貴社はどの時点で自動車メーカーの開発プロセスに参画しましたか。
  - □自動車メーカーの商品企画（コンセプト計画）の終了時
  - □自動車メーカーでコンポーネントや部品の構想が具体的に決まってから
  - □自動車メーカーの設計段階。ただし、詳細設計案が最終的に決まる前。
  - □自動車メーカーの設計段階。ただし、詳細設計案が最終決定された後。
  - □自動車メーカーの設計段階が終了した後。
- 貴社は自動車メーカーの開発プロセスにどのように参加しましたか。
  - □貴社のエンジニアが自動車メーカーの開発部門で働いた。
  - □自動車メーカーの開発チームと定期的にミーティングを行った。
  - □自動車メーカーの開発エンジニアが貴社の開発部門を定期的に訪れた。
  - □開発は別々に行ったが、問題が発生したり、図面の変更があった場合に、随時ミーティングをもった。
- 開発指示があってから、生産開始予定までどの程度の時間がありましたか。

  ____________月

- 貴社では、製品開発の進捗状況をどのようにチェックしますか。
  - □マイルストーンをつくり、それをチェックする。
  - □目標原価を設定し、それをチェックする。
  - □機能に関して目標を設定し、それをチェックする。
  - □設計図面とプロトタイプに対する品質査定。
  - □生産・組立プロセスに対する品質査定。
- 貴社では、どれ位の頻度で製品開発の進捗状況をチェックしますか。
  - □常時
  - □定期的に
  - □マイルストーン毎
  - □問題発生時

- 試作の生産と組立を誰が行いますか。
  □開発エンジニア
  □試作プラントの専属スタッフ
  □モデルづくりのワーカー
  □量産工場のワーカー

  □その他＿＿＿＿＿＿＿＿＿＿＿＿＿＿＿＿＿＿＿＿＿＿＿＿
- 試作の期間は予定では何日でしたか。

  ＿＿＿＿＿＿日
- 試作はスケジュールどおり進みましたか。
  □はい
  □いいえ、多少遅れた（10％以下）。
  □いいえ、相当遅れた（10％以上）。
- もし遅れたのであれば、その理由は何だったでしょうか。該当する数字に○をお付けください。

	皆無						頻繁
試作のプロトタイプの数が多すぎた。	1	2	3	4	5	6	7
試作の生産設備が不足していた。	1	2	3	4	5	6	7
目標原価を達成できず、設計変更した。	1	2	3	4	5	6	7
製品の性能が不十分なため、設計変更した。	1	2	3	4	5	6	7
生産が安定しなかったため、設計変更した。	1	2	3	4	5	6	7
自動車メーカーから要求の変更があった。	1	2	3	4	5	6	7
自社の担当部分に関係した他の部品が変わった影響で、設計変更した。	1	2	3	4	5	6	7
自社部品のいくつかが間に合わずに遅れた。	1	2	3	4	5	6	7
購入部品のいくつかが間に合わずに遅れた。	1	2	3	4	5	6	7
工具・機械のいくつかが間に合わずに遅れた。	1	2	3	4	5	6	7

□その他＿＿＿＿＿＿＿＿＿＿＿＿＿＿＿＿＿＿＿＿＿＿＿＿

＿＿＿＿＿＿＿＿＿＿＿＿＿＿＿＿＿＿＿＿＿＿＿＿＿＿＿＿

＿＿＿＿＿＿＿＿＿＿＿＿＿＿＿＿＿＿＿＿＿＿＿＿＿＿＿＿

生産立ち上げに関する質問

生産立ち上げとは、量産開始から生産性が正常レベルに達するまでの局面と理解します。立ち上げ時につくられる製品は自動車メーカーに出荷される。

- 自動車メーカーの生産開始の何週間前に、貴社で生産を始めましたか。

  ____________週間前

- 貴社では、旧製品を生産ラインからはずして、新製品を生産しましたか。
  - □はい
  - □いいえ
  - □はい、しかし新旧製品は無関連であった。
- 貴社では、新旧製品の切り替えにさいして、製品用の部品の生産体制をどのように切り替えましたか。
  - □新製品の生産立ち上げは、旧製品の打ち切りと同時並行的に行った。
  - □ある日をもって旧製品の生産をやめ、その直後に新製品の生産を開始した。
  - □新製品に対して、新しい生産ラインを使ったので、はっきりと切り替えの必要はなかった。
- 貴社では、新旧製品の切り替えにさいして、組立体制をどのように切り替えましたか。
  - □新製品の生産立ち上げは、旧製品の打ち切りと同時並行的に行った。
  - □ある日をもって旧製品の生産をやめ、その直後に新製品の生産を開始した。
  - □新製品に対して、新しい生産ラインを使ったので、はっきりと切り替えの必要はなかった。
- 貴社では、旧製品の取替部品をどのように供給していますか。
  - □要求に応じて、旧製品の取替部品をロット生産する。
  - □旧製品の生産打ち切りの前に、十分な量の生産を行い、在庫としてもっておく。
  - □旧製品の取替部品を供給する必要はない。
- 新製品の生産性が正常になるのに何週間かかると予定していましたか。

  ____________週間

- 予定どおりに正常の生産性に到達しましたか。
  - □はい
  - □いいえ、多少遅れた(10%以下)。
  - □いいえ、相当遅れた(10%以上)。

Kategorie/ Problembeschreibung	*Nennungen*
Mängel in der Planung / Vorgaben durch den Automobilhersteller	
1. Zu kurzer Zeitraum zwischen Auftragserteilung und Produktionsstart.	16
2. Unzureichendes, lückenhaftes Pflichten- und Lastenheft.	13
3. Ergänzung und Erweiterung des Pflichten- und Lastenhefts während der Entwicklung.	5
4. Zu späte Einbindung in die Entwicklung.	3
5. Unzureichende Termin- und Stückzahlprognosen.	3
6. Mangelnde Übereinstimmung zwischen Kostenzielen und technischen Zielen.	3
7. Pflichten- und Lastenheft zu spät.	2
Mängel in der Informationsversorgung durch den Automobilhersteller	
8. Zu späte/ verzögerte Freigabe von eingereichten Unterlagen und Prototypen.	11
9. Widersprüchliche Informationen und Vorgaben durch verschiedene Fachabteilungen, unzureichende Koordination der Fachabteilungen.	7
10. Ständige Änderungen von Mengen- und Lieferterminen für Pilotserienteile.	7
11. Notwendige Informationen werden nicht rechtzeitig mitgeteilt.	2
12. Keine objektiven Beurteilungskriterien für Design und Funktion.	1
13. Keine rechtzeitige Verfügbarkeit von Pilotfahrzeugen.	1
Änderungsverhalten Automobilhersteller	
14. Zu hoher Änderungsumfang in späten Phasen.	22
15. Zu späte Entscheidung über bekannte, notwendige Produktänderungen.	15
16. Zu frühe Forderung nach Verwendung von Serieneinrichtungen (bei gleichzeitig hohen Änderungsumfängen).	6
17. Nicht-Einhalten von Änderungsstops.	4
18. Hoher Umfang von Änderungen an Anbauteilen, die zu Änderungen an prozeßsicher gefertigten Teilen führen.	3
19. Zu kurze Zeitvorgabe für die Durchführung von Änderungen.	3

Mängel in der Planung beim Automobilzulieferer		
1.	Zu kurze Entwicklungszeit.	8
2.	Zu späte Bestellung von neuen Werkzeugen und Anlagen.	8
3.	Zu späte Erprobung der Prozeßsicherheit.	5
4.	Mangelhafte Kapazitätsplanung.	4
5.	Mangelhafte Terminplanung.	2
6.	Zu späte Teileabstimmung.	1
7.	Hoher Testumfang vor der Lieferung zum Kunden.	1
Mängel in der Informationsversorgung beim Automobilzulieferer		
8.	Unzureichende Kommunikation zwischen den Fachabteilungen.	4
9.	Erkenntnisse aus der Prototyp-Phase werden nicht umgesetzt.	1
10.	Terminüberwachung unzureichend.	1
Sonstige		
1.	Lange Lieferzeiten und zu späte Lieferung von Werkzeugen durch Unterlieferanten.	6
2.	Änderungskosten werden vom Kunden nicht übernommen.	4
3.	Unzureichendes Handling der Teile durch Automobilhersteller.	2
4.	Ressourcenengpässe beim Kunden.	1
5.	Toleranzangaben werden von allen nicht eingehalten.	1
6.	Temporärer Bedarf an hochqualifiziertem Personal in der Pilotserie und im Produktionshochlauf.	1

Tabelle A-1: Problemfelder im Serienanlauf bei Automobilzulieferern